U0191036

普通高等教育"十三五"规划教材

AutoCAD 2014 工程制图

第 3 版

主　编　邱龙辉
副主编　程建文
参　编　叶　琳　李　旭　高晓芳　骆华锋
　　　　陈　东　宋晓梅　张慧英　刘　昆

机 械 工 业 出 版 社

本书在第 1 版和第 2 版的基础上，研究了最新的教学需要，并广泛听取了读者的意见和建议，依照《机械工程 CAD 制图规则》（GB/T 14665—2012），以 AutoCAD 2014 为基础，根据工程制图对计算机绘图的基本要求编写而成。本书按照工程制图的授课思路编排章节，将计算机绘图与工程制图有机结合，从平面图形入手，由简单机件图样，到复杂机件图样，最后完成零件图和装配图的表达。本书以实例形式重点介绍了在工程制图中使用频率较高的命令，精心编排的例题将命令学习与图形绘制过程紧密相连，突出了本书的实用性。

本书采用的软件为 AutoCAD 2014（中文版），以"工作空间"模式来介绍软件界面。全书共 10 章，内容包括：绘图前的准备知识、绘图设置、绘制平面图形、绘制简单机件的图样、绘制较复杂机件的图样、绘制零件图、绘制装配图、提高绘图效率的方法、图形打印输出、三维实体造型。

本书提供配套多媒体课件和教学演示用例题的 AutoCAD 图形文件，任课教师可通过机械工业出版社教育服务网（www.cmpedu.com）下载。

本书可供普通高等院校理工类各专业的学生使用，也可供工程技术人员自学参考。

图书在版编目（CIP）数据

AutoCAD 2014 工程制图/邱龙辉主编. —3 版. —北京：机械工业出版社，2016. 3（2022. 1 重印）
普通高等教育"十三五"规划教材
ISBN 978-7-111-52289-8

Ⅰ.①A… Ⅱ.①邱… Ⅲ.①工程制图-AutoCAD 软件-高等学校-教材
Ⅳ.①TB237

中国版本图书馆 CIP 数据核字（2015）第 308182 号

机械工业出版社（北京市百万庄大街 22 号　邮政编码 100037）
策划编辑：舒　恬　责任编辑：舒　恬　陈瑞文　版式设计：霍永明
责任校对：张　征　封面设计：张　静　　　　责任印制：邰　敏
北京富资园科技发展有限公司印刷
2022 年 1 月第 3 版第 7 次印刷
184mm×260mm · 20.5 印张 · 504 千字
标准书号：ISBN 978-7-111-52289-8
定价：42.00 元

电话服务　　　　　　　　网络服务
客服电话：010-88361066　机　工　官　网：www.cmpbook.com
　　　　　010-88379833　机　工　官　博：weibo.com/cmp1952
　　　　　010-68326294　金　书　网：www.golden-book.com
封底无防伪标均为盗版　机工教育服务网：www.cmpedu.com

前　言

计算机绘图是工程技术人员必须具备的一项基本技能，在高校工科专业教学中，该课程已成为一门重要的基础课。本书自2004年以来，历经初版（以AutoCAD 2000英文版为基础）和再版（以AutoCAD 2009中文版为基础），已在教学中应用十余载，得到了广泛的好评。

第3版教材是在研究了最新的教学需要，并广泛听取了读者的意见和建议的基础上，依照《机械工程CAD制图规则》（GB/T 14665—2012），以AutoCAD 2014为基础编写而成。第3版坚持了教材一贯的特点，面向工程制图的实际应用和教学需要进行编写，进一步突出了注重应用的特色，深化了应用的内涵，具有较强的针对性和实用性。

本书简明而清晰地介绍了使用AutoCAD绘制工程图样的基本方法，以及从实践中得到的绘图技巧。

第3版教材具有如下特点：

1）坚持前两版的主要特色。按照工程制图的授课顺序编排讲述内容，将计算机绘图与工程制图有机结合，从平面图形入手，将图样绘制分为简单图样和较复杂图样，由浅入深，最后完成零件图和装配图的绘制。书中介绍了常用的提高绘图效率的方法和技巧，以及三维造型的方法；注重上机实践的指导作用，每一实例均给出了详细的上机交互操作步骤；在绘图命令的介绍中，对于重要命令采用了前后关联、渐进完成一个图形的模式，使学生在学习命令操作的过程中，逐步体会图形的绘制过程；每一章后均附有上机指导和习题，便于学生在练习中提高。

2）为适应大多数Windows系统的版本，采用了能够支持Windows XP系统的AutoCAD 2014版，按照工作空间模式的界面编写全书；提炼出该软件在工程制图中使用频率较高的内容，并结合实例介绍使用方法和技巧，便于学生在较短的时间内掌握该软件的基本应用。

3）根据教学的实际需要，将文字输入部分集中到了第5章介绍。

4）针对工程应用和教学实际，删除了第2版书中最后一章"三维实体生成工程视图"的内容，但为了培养学生三维设计的思想，保留了介绍三维实体造型的基本思路和方法的相关章节。

5）教材使用可根据具体条件，采用与制图课程"分离式"或"融入式"的教学方法。

本书由青岛科技大学的邱龙辉任主编，程建文任副主编，参加本书编写工作的还有叶琳、李旭、高晓芳、骆华锋、陈东、宋晓梅、张慧英、刘昆。

本书提供配套多媒体课件和教学演示用例题的AutoCAD图形文件，任课教师可通过机械工业出版社教育服务网（www.cmpedu.com）下载。

由于编者水平有限，书中疏漏欠妥之处在所难免，望读者批评指正。

编　者

说　　明

本书中命令说明的格式：

说明命令
的作用

说明调用
该命令的
位置

说明命令
在菜单中
和工具栏
上的位置

命令在选
项面板中的
位置图示

命令的使
用过程和
方法说明

3.2.1 **绘制直线**

【功能】在两个坐标点之间创建直线段，AutoCAD 绘制一条直线段后会继续提示输入点，用户可以绘制一组连续的线段，其中每条线段都是一个独立的对象。

【调用方法】

说明功能区内命令的位置，方括号的顺次为[选项卡]、[选项组]、[按钮]

- 选项组：［默认］→［绘图］→ 直线 ✓（图 3-3 圈示位置）
- 菜单：［绘图］→［直线］
- 工具栏：［绘图］
- 命令名称：LINE ，别名：L

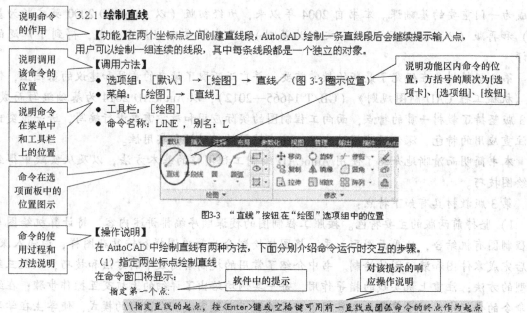

图3-3　"直线"按钮在"绘图"选项组中的位置

【操作说明】

在 AutoCAD 中绘制直线有两种方法，下面分别介绍命令运行时交互的步骤。

（1）指定两坐标点绘制直线

在命令窗口将显示：

软件中的提示

对该提示的响应操作说明

指定第一个点：

\\指定直线的起点，按<Enter>键或空格键可用前一直线或圆弧命令的终点作为起点

对话框中的选项卡、选项区和下拉列表框的区别：

选项卡

下拉列表框

选项区域

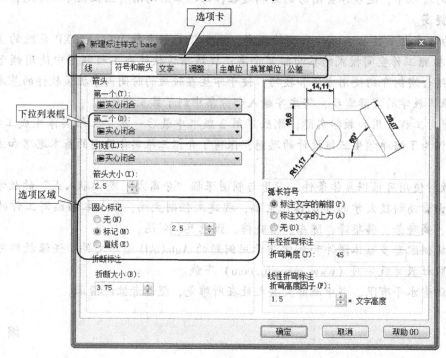

目 录

第1章 绘图前的准备知识

本书并不是软件的使用手册，而是精选了 AutoCAD 软件与绘制工程图样密切相关的内容。本章介绍的是软件的一些基础知识，是在学习绘制工程图样的方法和技巧之前需要掌握和了解的知识。

1.1 AutoCAD 的启动

1.1.1 启动图标

本书以 Windows 系统为基础，介绍使用 AutoCAD 2014 版软件绘制工程图样的方法和技巧。现在 Windows 操作系统各个版本之间的界面变化较大，程序的启动位置也不尽相同，但不论在哪个位置启动 AutoCAD 2014，只要双击标注有 AutoCAD 字样的图标（见图 1-1）即可打开。

1.1.2 启动界面

图 1-1 AutoCAD 2014
图标

软件启动后的程序界面如图 1-2 所示。

在启动界面中，前方的窗口为新功能专题研习窗口，主要介绍 AutoCAD 的新增功能；后方的窗口为首次启用 AutoCAD 2014 时的工作界面。

图 1-2 AutoCAD 2014 的启动界面

1.2 AutoCAD 2014 的工作界面

1.2.1 关于工作空间

工作空间是 AutoCAD 提供的针对不同用户的工作界面组织方式，是由分组组织的菜单、工具栏、选项组和功能区控制面板组成的集合，使用户可以在专门的、面向任务的绘图环境中工作。使用工作空间时，只会显示与系统默认的任务相关的菜单、工具栏和选项组。

AutoCAD 2014 提供了 4 种工作空间：草图与注释（见图 1-3）、三维基础（见图 1-22）、三维建模（见图 1-23）和 AutoCAD 经典（见图 1-24）。

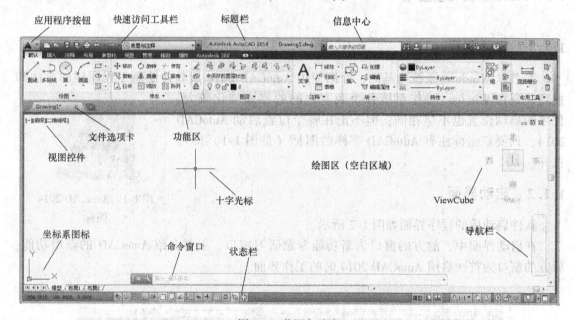

图 1-3 草图与注释

1.2.2 "草图与注释"工作空间界面的默认组成

"草图与注释"工作空间界面主要由标题栏、快速访问工具栏、功能区、绘图区、命令窗口、状态栏、应用程序按钮和信息中心等几个部分组成。绘图区中还有视图控件、ViewCube 和导航栏等绘图观察工具，以及十字光标和坐标系图标等绘图定位工具。

1. 标题栏

AutoCAD 2014 的标题栏从左到右分别为窗口标题、当前图形名称，如图 1-4 所示。

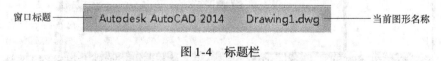

图 1-4 标题栏

2. 快速访问工具栏

快速访问工具栏用于存储经常访问的命令。用户可以在快速访问工具栏上添加、删除和重新定位命令。默认状态下，快速访问工具栏包含新建、打开、保存、另存为、打印、放弃和重做 7 个按钮，以及工作空间下拉列表框，如图 1-5 所示。工具栏最右侧是一个下拉菜单按钮，单击可以打开"自定义快速访问工具栏"菜单。

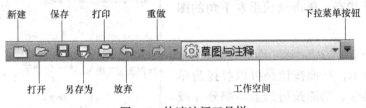

图 1-5　快速访问工具栏

★ 用鼠标左键单击工具栏中的按钮即可启动相应的命令。

3. 功能区、选项卡和选项组

功能区由一系列选项卡组成，这些选项卡是按逻辑分组来组织工具的。选项卡由各种选项组组成，其中包括创建或修改图形所需的工具和控件，如图 1-6 所示。

功能区默认状态，以水平方向固定在绘图区的上方。

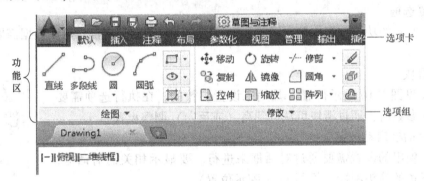

图 1-6　功能区、选项卡、选项组

功能区中的选项卡和选项组具有以下几个特点：

（1）滑出式选项组

如图 1-7 所示，选项组标题中若含有箭头 ，则表示该选项组可以滑出以显示其他工

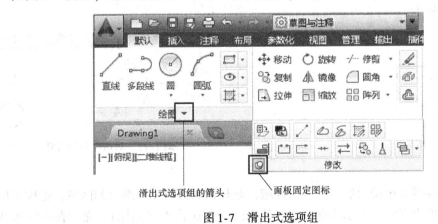

图 1-7　滑出式选项组

具和控件。单击选项组的名称即可显示滑出式
选项组中的内容。默认情况下，当单击其他选
项组时，滑出式选项组将自动关闭。要使展开
的面板保持展开状态，单击选项组左下角的图
钉图标 即可。

（2）功能按钮

如图1-8所示，功能按钮是可以收拢为单
个按钮的选项集合。功能按钮的上半部分（或
左半部分）是一个切换显示按钮，显示操作中
最后一次选择的列表项目。单击下半部分（或
右半部分）中的箭头图标可弹出下拉菜单，显
示列表中包含的所有项目。功能按钮可以是一
些命令的集合（此时单击切换显示按钮可调用
该命令），也可以是一些绘图状态的切换（此
时切换显示按钮只显示当前状态）。

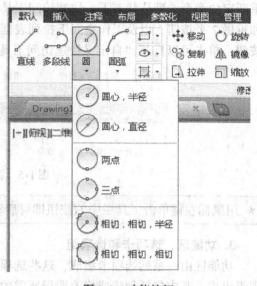

图1-8　功能按钮

（3）复选框

图1-9所示的功能按钮中包含了若干个可以同时勾选的复选框，可以根据需要勾选或取
消勾选。

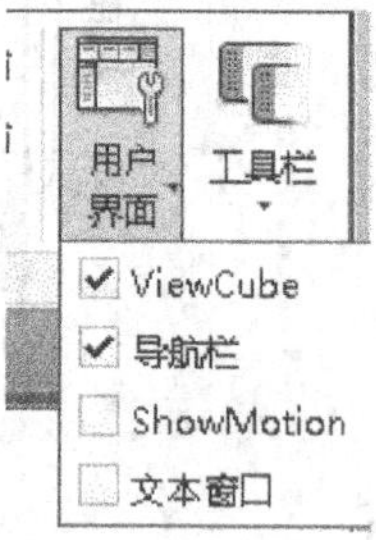

（4）滑块

滑块（见图1-10圈示位置）是用来设置参数的，在执行选项需要
设置不同的参数时，通过滑块可从低到高（或反向）调整设置。

（5）对话框启动按钮

一些选项组的设置需要通过对话框来进行。要显示相关的对话框，
可单击右下角的箭头图标（见图1-11圈示位置）。

（6）上下文选项卡

当选择特定类型的对象（如文字）或执行某些命令（如图案填充）
时，将显示特殊的上下文功能区选项卡而非工具栏或对话框，一般显示
在选项卡的最后一个位置上。当结束命令时，上下文选项卡会关闭。图1-12所示为文字编
辑器的上下文选项卡。

图1-9　复选框

图1-10　滑块

图1-11　对话框启动按钮

4. 绘图区

绘图区是软件界面中最大的一片空白区域，是显示和编辑图形对象的区域，也称工作区
或绘图窗口。区域中显示了表示当前坐标点的光标（常称作十字光标），光标在不同状态下

图 1-12　上下文选项卡

可能以十字、拾取框、虚线框和箭头等形式显示。在此区域的左下角显示工作区的坐标系，图 1-3 中看到的为世界坐标系（WCS），此外还有用户坐标系（UCS，参见第 5 章）。

5. 文件选项卡

文件选项卡位于绘图区的上方。文件选项卡提供了一种简单方法来帮助访问应用程序中所有打开的图形。文件选项卡通常显示完整的文件名，单击其右端的加号按钮可以显示"选择样板"对话框以创建新图形。

6. 命令窗口

AutoCAD 界面的核心部分是命令窗口（见图 1-13），它通常固定在应用程序窗口的底部（见图 1-3）。命令

图 1-13　命令窗口

窗口可以显示提示、选项和消息。通过更改命令窗口的位置和显示可以适合用户的各种工作方式。命令窗口可固定、锚定和隐藏且可以调整大小。

在命令窗口中可以直接输入需要调用功能的命令名称，无须通过功能区、工具栏和菜单。系统提供了自动完成功能，开始输入命令时，系统会按英文字母的顺序将可能的命令列表显示，如图 1-14a 所示，此时可以通过单击鼠标左键选择，或使用键盘箭头键并按 ＜Enter＞ 键或空格键来进行选择。

当"动态输入"模式（参见 3.2.4 节）打开时，输入命令的提示窗口显示如图 1-14b 所示。

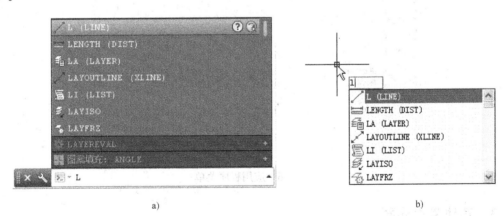

a)　　　　　　　　　　　　　　　　b)

图 1-14　输入命令列表

a) 命令窗口　b) 动态输入

要通过"命令窗口"查看命令历史，可以单击右侧箭头来查看，或通过拖动其边界调整命令窗口的大小来查看，或在文本窗口中查看。文本窗口可以显示当前工作任务的完整的命令历史记录，按 ＜F2＞ 键可以打开文本窗口。

7. 应用程序状态栏

如图 1-15 所示，应用程序状态栏可显示十字光标的坐标值、绘图状态切换工具以及用于快速查看和注释缩放的工具，还可以切换工作空间。

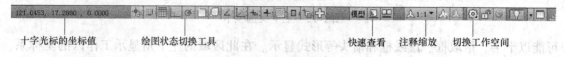

十字光标的坐标值　　　　绘图状态切换工具　　　　　　快速查看　注释缩放　切换工作空间

图 1-15　应用程序状态栏

8. 应用程序菜单

应用程序菜单中包括菜单区、文件列表区、命令搜索输入窗口和选项对话框等几部分，如图 1-16 所示。其中，文件列表区显示的内容可以通过文件列表区内容切换按钮改变。如果不知道如何访问命令，则可以通过命令搜索输入窗口进行搜索。

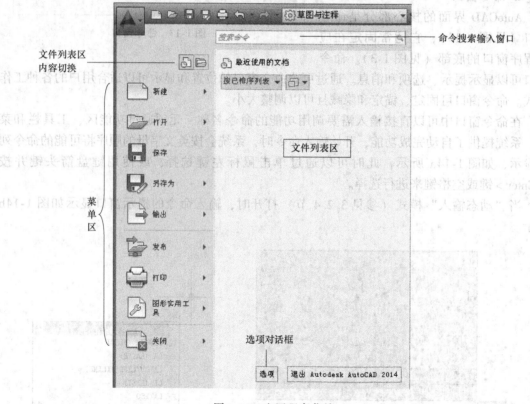

图 1-16　应用程序菜单

1.2.3　其他常用界面

AutoCAD 还有一些常用的经典界面元素，包括菜单栏和工具栏。

1. 菜单栏

菜单栏是以列表方式显示的 AutoCAD 的命令集合。AutoCAD 2014 的菜单栏（见图 1-17）在草图与注释、三维基础和三维建模空间都是隐藏的。

菜单栏的显示与隐藏方法参见 1.3.3 节。

图1-17 菜单栏

2. 工具栏

如图1-18所示，工具栏中包含启动命令的按钮。当将鼠标或定点设备移到按钮上时，工具提示将显示按钮的名称。可以显示或隐藏工具栏，也可以创建自定义工具栏。

工具栏以浮动或固定方式显示。浮动工具栏可以显示在绘图区域的任意位置，可以将浮动工具栏拖动至新位置、调整其大小或将其固定。固定工具栏附着在绘图区域的任意边上。可以通过将固定工具栏拖动到新的固定位置来移动它。

AutoCAD中提供了52种标准化工具栏，利用这些工具栏可以方便地实现各种操作。工具栏在草图与注释、三维基础和三维建模空间都是隐藏的。在AutoCAD经典空间的工作界面中，默认打开了8个常用的标准化工具栏且都以固定方式显示。

工具栏的设置方法参见1.3.4节。

图1-18 工具栏

1.2.4 工作空间的切换

工作空间之间可以自由切换。

【操作方法】

● 快速访问工具栏：［工作空间列表］（见图1-19）

● 状态栏：单击状态栏右侧的"切换工作空间"图标 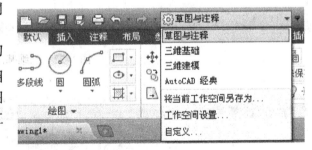 （见图1-20圈示位置），可以打开控制菜单（见图1-21），名称前面有"√"的为当前工作空间。

● 菜单：［工具］→［工作空间］

图1-19 快速访问工具栏切换工作空间控制菜单

● 工具栏：［工作空间］

通过上述4种方法都会显示一个工作空间列表，从列表中选择对应名称即可切换工作空间。

【例1-1】 将工作空间在"草图与注释""三维基础""三维建模"和"AutoCAD经典"之间切换。

操作过程参考：

1）单击"状态栏"中"切换工作空间"图标 或"快速访问工具栏"，打开控制菜单。

2）在下拉菜单中选择"三维基础"，操作结果如图1-22所示。

重复1），在下拉菜单中选择"三维建模"，操作结果如图 1-23 所示；重复1），在下拉菜单中选择"AutoCAD 经典"，操作结果如图 1-24 所示；重复1），在下拉菜单中选择"草图与注释"，操作结果如图 1-3 所示。

图 1-20 切换工作空间的图标在状态栏中的位置　　　　图 1-21 状态栏切换工作空间控制菜单

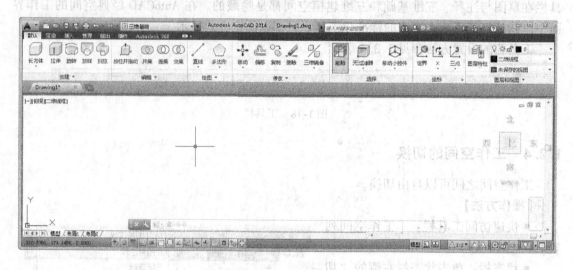

图 1-22 三维基础

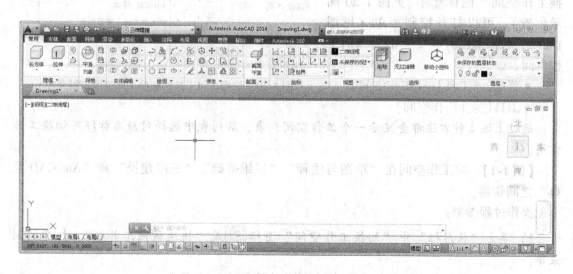

图 1-23 三维建模

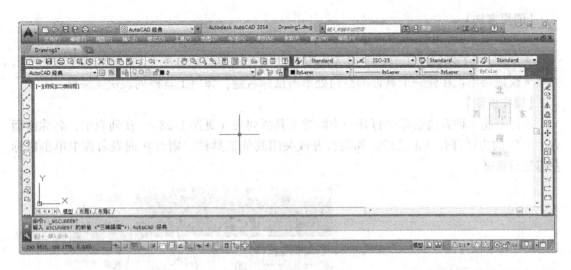

图 1-24　AutoCAD 经典

1.3　工作环境的设置方法

绘图时，通常需要根据个人的习惯和工作的需要对软件的工作环境进行适当的设置。

1.3.1　选项卡的显示与隐藏

在功能区内的任意位置单击鼠标右键，打开快捷菜单，在"显示选项卡"子菜单（见图 1-25）中，名称前面有"√"的为已显示的选项卡，单击选项卡的名称可以将选中的选项卡在显示与隐藏之间切换。

1.3.2　选项组的显示与隐藏

在功能区内的任意位置单击鼠标右键，打开快捷菜单，在"显示面板"子菜单（见图 1-26）中将显示当前选项卡包含的选项组的名称列表，名称前面有"√"的为已显示的选项组，单击选项组的名称可以将选中的选项组在显示与隐藏之间切换。

图 1-25　"显示选项卡"子菜单

1.3.3　菜单栏的显示与隐藏

菜单栏可在"快速访问工具栏"上的下拉菜单按钮（见图 1-5）打开的菜单中，通过"显示菜单栏"选项（见图 1-27）来控制其显示或隐藏。

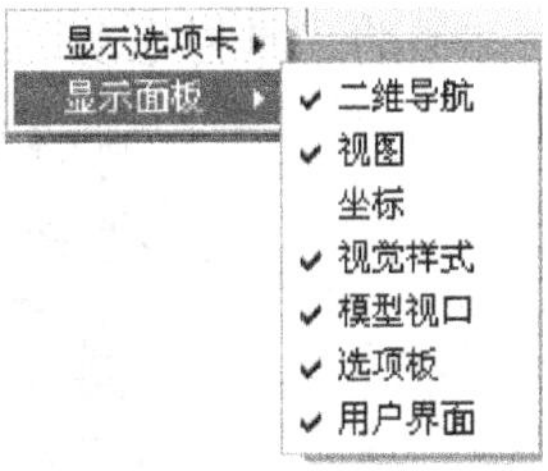

1.3.4　工具栏的显示、隐藏与定位

1. 显示和隐藏工具栏
显示和隐藏工具栏的常用方法如下。

图 1-26　"显示面板"子菜单

【调用方法】

- 选项组：[视图]→[用户界面]→工具栏（见图1-28圈示位置）
- 菜单：[工具]→[工具栏]→[AutoCAD]
- 快捷菜单：在任一工具栏的空白处单击鼠标右键，弹出工具栏列表快捷菜单。

【操作说明】

选择上述3种方法后都会打开一个标准工具栏列表（见图1-28），在列表中，名称前面有"√"的为已打开的工具栏。如需打开或关闭其他工具栏，则可在列表名称中单击鼠标左键进行选择。

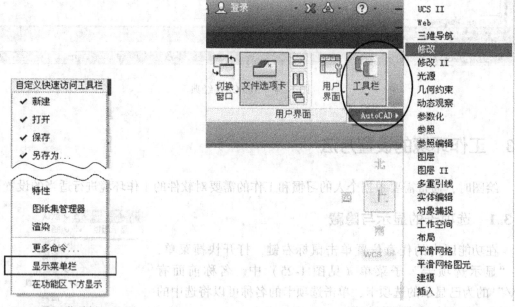

图1-27 "显示菜单栏"选项　　　　　　　　　　　图1-28 标准工具栏列表

2. 工具栏的定位

工具栏在工作界面中有两种状态，即浮动和固定，如图1-29所示。其中，浮动工具栏可以显示在绘图区域的任意位置。

【工具栏调整方法】

1）可以通过浮动工具栏左右两侧的灰色区域，按住鼠标左键将其拖动到新位置。

2）在工具栏四周，当出现双向箭头时，可以调整工具栏大小。

3）将工具栏拖动到绘图区的四周可将其固定。

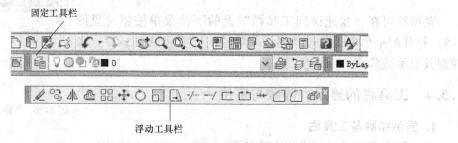

图1-29 浮动工具栏和固定工具栏

4）当固定工具栏附着在绘图区域的任意边上时，可以通过固定工具栏左侧（工具栏水平放置时）或上方（工具栏竖直放置时）的灰色区域将固定工具栏移出固定位置。

1.3.5 工作空间的保存

经过自定义的工作空间，如果需要重复使用，则必须要保存，常用的保存方法如下。

【调用方法】

- 快速访问工具栏：[工作空间列表]→[将当前工作空间另存为]（见图1-30a 圈示位置）
- 状态栏：单击状态栏右侧的"切换工作空间"图标 （见图1-20 圈示位置），将打开控制菜单，选择"将当前工作空间另存为"即可，如图1-30b 所示。

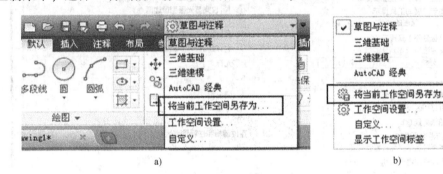

图1-30 将当前工作空间另存

a）快速访问工具栏 b）状态栏

- 菜单：[工具]→[工作空间]
- 工具栏：[工作空间]

【操作说明】

选择上述 4 种方法后都会打开"保存工作空间"对话框（见图1-31），此时输入新工作空间的名称或从下拉列表框中选择一个名称，单击"保存"按钮即可。

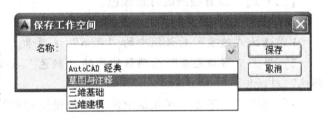

图1-31 "保存工作空间"对话框

1.3.6 选项对话框设置系统环境

"选项"对话框中提供了大量有关系统环境的设置选项。

【调用方法】

- 应用程序菜单：[选项]（见图1-16）
- 菜单：[工具]→[选项]
- 命令名称：OPTIONS，别名：OP

【操作说明】

命令调用后将弹出"选项"对话框（见图1-32），该对话框中包含"文件""显示""打开和保存""打印和发布""系统""用户系统配置""绘图""三维建模""选择集""配置"和"联机"，共11 个选项卡。下面通过实例介绍几个常用的设置，其他设置可参阅系统帮助。

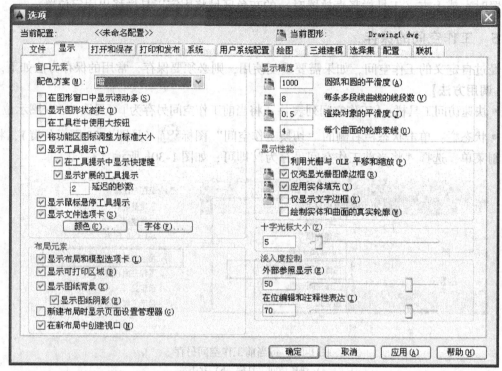

图1-32 "选项"对话框

【例1-2】 设置绘图区背景颜色。

操作过程参考：

1）选择"选项"对话框中的"显示"选项卡。

2）单击"窗口元素"选项区域内的"颜色"按钮，弹出如图1-33所示的"图形窗口颜色"对话框。

3）选择"上下文"列表框中的"二维模型空间"，选择"界面元素"列表框中的"统一背景"，在"颜色"下拉列表框中选择所需颜色，如"白"。

4）单击"应用并关闭"按钮，返回"选项"对话框。

5）单击"确定"按钮完成设置。

★"上下文"指一定的工作环境，"界面元素"指工作环境中可以显示的项目。

【例1-3】 设置默认的文件存储格式。

操作过程参考：

1）选择"选项"对话框中的"打开和保存"选项卡（见图1-34）。

2）在"文件保存"选项区域内的"另存为"下拉列表框中选择所需要的文件保存格式，如选择"AutoCAD 2004/LT 2004图形（*.dwg)"。

3）单击"确定"按钮完成设置。

【例1-4】 设置自动捕捉标记的颜色。

操作过程参考：

1) 选择"选项"对话框中的"绘图"选项卡 (见图1-35)。

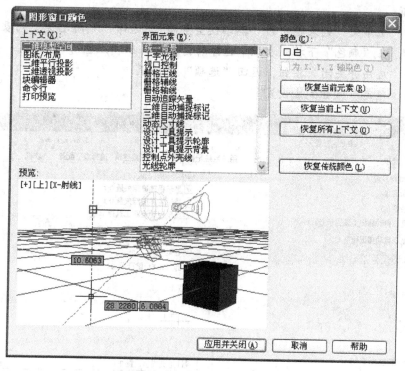

图1-33 "图形窗口颜色"对话框

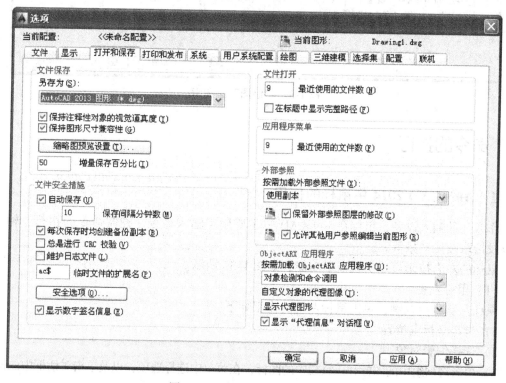

图1-34 "打开和保存"选项卡

2）单击"自动捕捉设置"选项区域内的"颜色"按钮，弹出如图1-33的"图形窗口颜色"对话框。

3）选择"上下文"列表框中的"二维模型空间"，选择"界面元素"列表框中的"自动捕捉标记"，在"颜色"下拉列表框中选择所需颜色，如"红色"。

4）单击"应用并关闭"按钮，返回"选项"对话框。

5）单击"确定"按钮完成设置。

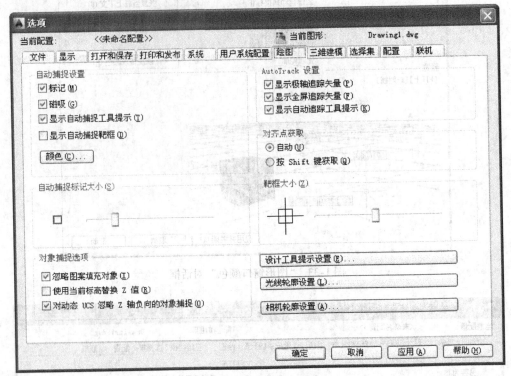

图1-35 "绘图"选项卡

1.4 命令的执行

1.4.1 AutoCAD 2014 中鼠标的使用

作为一种输入设备，鼠标在 AutoCAD 中主要用于输入命令、控制命令的执行、输入坐标以及拾取图元对象等。

鼠标的左右按键可以实现以下功能，如图1-36所示。

（1）鼠标左键

鼠标左键为拾取键，单击鼠标左键的作用如下：

1）指定坐标点位置。

2）选择编辑对象。

3）单击选项组中的图标和工具栏中的图标，在菜单中选择选项，以及单击对话框中的按钮。

双击鼠标左键的作用为：

1）双击图形对象进入"对象特性修改"对话框。

2）双击注释对象进入编辑状态。

（2）鼠标滚轮

鼠标滚轮提供了显示观察功能（参见1.6.5节）。

（3）鼠标右键

鼠标右键的使用取决于当前光标的位置和命令运行的状态。

单击鼠标右键的作用如下：

1）结束当前操作。

2）显示快捷菜单。

3）按住 <Shift> 键时显示"对象捕捉"菜单。

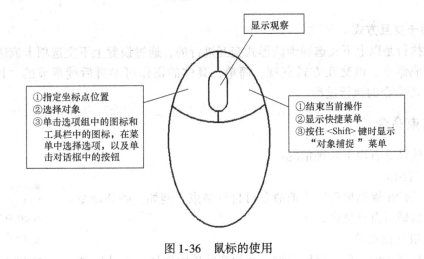

图 1-36　鼠标的使用

1.4.2　调用命令

在 AutoCAD 中调用命令主要有以下几种方式：

1）在功能区、工具栏或菜单中进行选择。

2）在命令窗口中输入命令，命令可以输入全名，也可以输入别名。

3）在动态输入工具提示中输入命令。

1.4.3　命令执行过程

调用命令后，命令被激活，进入命令执行状态。

命令执行过程有两类，即简单对话交互方式和选项卡交互方式。

1. 简单对话交互方式

简单对话交互方式指通过命令窗口响应命令提示来控制命令的执行过程，并在绘图窗口中显示执行结果。注意从例 1-5 中体会命令的交互运行过程。

调用命令后，许多命令会在命令窗口中显示一系列提示。例如，调用"画圆"命令，并响应第一个提示后，将显示如图 1-37 所示的提示。在此情况下，默认值是"指定圆的半径"。可以单击输入一个数值或在屏幕中单击确定。

方括号中为命令运行的可选项，要选择不同的选项，可直接用鼠标单击该选项，或通过输入彩色字母来选择选项，输入时字母大小写均可。例如，要选择"直径"选项，可输入"d"，然后按 < Enter > 键。

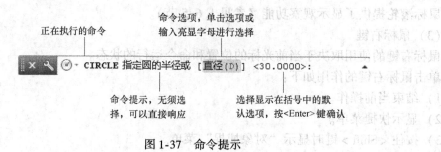

图 1-37　命令提示

2. 选项卡交互方式

命令的执行是以上下文选项卡的形式交互进行的，通过设置上下文选项卡或选择需要的选项，以完成命令。该交互方式直观、简单，具体的操作可参看后续章节的"图案填充"和"阵列"等命令的执行过程。

1.4.4　结束命令

结束当前命令有以下几种情况：

（1）自行结束

当命令运行步骤结束后，当前命令可自行结束。例如，画圆命令在输入半径后即可自行结束。

（2）右键快捷菜单

命令运行过程中，单击鼠标右键，在快捷菜单中选择"确认"选项即可结束当前命令。如图 1-38 所示。

（3）快捷键 < Esc > 键

任何一个正在执行的命令，均可通过按下键盘上的 < Esc > 键结束，同时取消当前操作。

（4）选择下一个需执行的命令结束当前命令

图 1-38　快捷菜单中的结束命令

在当前命令执行过程中直接选取下一个要执行的命令，则当前命令结束，所选择的下一个命令被激活，进入执行状态。

1.4.5　重复命令

对于刚结束的命令，当需要再次执行时，可以通过下述方法重复执行。

（1）< Enter > 键或空格键

直接按一次 < Enter > 键或空格键便可重复执行命令。

（2）右键快捷菜单

单击鼠标右键，弹出快捷菜单，在第一选区选择"重复"选项或在"最近输入选项"选项的子菜单中进行选择，即可重复执行命令。

1.4.6　放弃和重做已执行的操作

在图形编辑和命令执行的过程中，对于一些已经进行的操作，可以放弃和重做。

（1）放弃

【功能】放弃已经执行过的命令结果。

【调用方法】

- 快速访问工具栏：放弃按钮 （见图1-39圈示位置）
- 菜单：[编辑]→[放弃]
- 快捷菜单：[放弃]（无命令运行和无对象选定时可用）
- 工具栏：[标准]

图1-39　放弃按钮在快速访问工具栏中的位置

- 组合键：< Ctrl + Z >
- 命令名称：U 或 UNDO

【操作说明】

　　放弃操作可以连续执行，每次退后一步，直到将以前的所有操作取消，返回到图形与当前编辑任务开始时一样为止；也可以从下拉列表框中选择需要放弃的命令位置。对于一些当前图形的外部操作（如打印和写入文件等）是不能放弃的。当无法放弃某个操作时，将显示命令的名称但不执行任何操作。

★ 放弃操作中的"退后一步"只退后一个命令的执行结果。对于只执行了一次命令绘制的对象，只需执行一次放弃操作即可取消。

（2）重做

【功能】将已放弃的命令结果恢复。

【调用方法】

- 快速访问工具栏：重做按钮 （见图1-40圈示位置）
- 菜单：[编辑]→[重做]
- 快捷菜单：[重做]（无命令运行和无对象选定情况下可用）
- 工具栏：[标准]

图1-40　重做按钮在快速访问工具栏中的位置

- 组合键：< Ctrl + Y >
- 命令名称：REDO

【操作说明】

重做可以恢复上一个放弃的效果，该操作必须紧随放弃命令之后进行。

【例1-5】 通过画直线，体验命令的调用和交互过程。

操作过程参考：

1）确认当前工作空间为"草图与注释"。

2）单击"默认"选项卡"绘图"选项组中的"直线"按钮，调用直线命令。

3）观察命令窗口，系统已经启动直线命令，要求"指定第一个点"（见图1-41）。

图1-41　直线命令提示一

4）观察绘图区，此时绘图区状态如图1-42所示，十字光标右下角提示的内容后续章节将介绍，这里先单击鼠标左键指定第一点的坐标值。

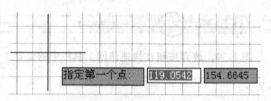

图1-42　调用命令后绘图区的显示情况

5）观察命令窗口，系统再次给出提示，要求"指定下一点"（见图1-43）。

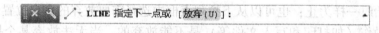

图1-43　直线命令提示二

6）观察绘图区，移动鼠标，此时绘图区状态如图1-44所示，再次单击鼠标左键指定第二点的坐标值。

7）观察命令窗口，系统再次给出图1-43所示的提示，可以重复第6步的操作多绘制几条直线。

8）按键盘上的<Esc>键结束命令。

9）按键盘空格键，重复调用直线命令。

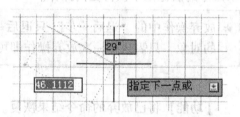

图1-44　指定第一点后绘图区的显示情况

10）按第3~6步的过程绘制直线。

11）观察命令窗口，在"指定下一点"提示后还有"或［闭合（c）/放弃（u）］"等提示，在"［］"中的内容为命令运行的可选项，用于控制命令的运行方式，这里选择闭合，输入其后的字母"c"即可，可以获得与图1-45所示的类似的运行结果。

12）单击快速访问工具栏中的按钮调用"放弃"命令，观察绘图区的变化。

13）单击快速访问工具栏中的按钮调用"重作"命令，观察绘图区的变化。

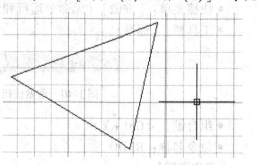

图1-45　选择［闭合（c）］选项后绘图区的显示情况

1.5 图形文件管理

1.5.1 建立新的图形文件

【功能】建立新图形文件。

【调用方法】

● 快速访问工具栏：新建按钮 （见图 1-46 圈示位置）

● "文件"选项卡：右端的加号按钮

● 应用程序菜单：[新建]→[图形]

● 菜单：[文件]→[新建]

● 工具栏：[标准]

图 1-46 新建按钮在快速访问工具栏中的位置

● 组合键：<Ctrl + N>

● 命令名称：NEW 或 QNEW

【操作说明】

在默认情况下，AutoCAD 2014 中创建新图形是以使用样板的方式进行的。

调用命令后，弹出"选择样板"对话框（见图 1-47），在对话框中选择样板文件来创建

图 1-47 "选择样板"对话框

新图形。如果不使用样板，则可单击对话框中"打开"按钮右侧的三角按钮进行选择，无样板打开时将使用内部默认的测量系统和设置。

> ★ 新建图形文件请使用样板"acadiso. dwt"，将建立图形界限为 A3 幅面的图纸。

1.5.2 存储图形文件

在对图形进行处理时，应当经常进行保存。保存操作可以在出现意外事故时防止图形及数据的丢失。图形文件的扩展名为". dwg"，系统默认保存的文件类型为"AutoCAD 2013 图形（ * . dwg)"，可在"选项"对话框中进行修改，参见 1.3.6 节的例 1-3。

【功能】 保存已有图形文件。

【调用方法】

• 快速访问工具栏：保存按钮

（见图 1-48 圈示位置）

图 1-48　保存按钮在快速访问工具栏中的位置

• 应用程序菜单：[保存]

• 菜单：[文件]→[保存]

• 工具栏：[标准]

• 组合键：＜Ctrl + S＞

• 命令名称：SAVE 或 QSAVE

【操作说明】

新建的还没有保存过的文件，当调用保存命令时将弹出"图形另存为"对话框（见图 1-49)，此时需要在"保存于"下拉列表框中选择保存路径、在"文件名"下拉列表框中输入图形文件的名称，也可以修改文件类型使文件按不同的格式进行存储。

如果是对已经保存过的文件进行再次保存，则只执行命令而不弹出"图形另存为"对话框。

1.5.3 改变名称存储图形文件

【功能】 将现有文件更换名称并保存。

【调用方法】

• 快速访问工具栏：另存为按钮 （见图 1-50 圈示位置）

• 应用程序菜单：[另存为]

• 菜单：[文件]→[另存为]

【操作说明】

对已保存过的文件更改保存路径、名称和文件类型，可执行"另存为"命令，同样弹出图 1-49 所示的对话框，指定好新的保存路径、文件名和文件类型后，单击"保存"按钮即可。

1.5.4 打开图形文件

打开已有图形文件的常用方法如下。

1. 通过命令打开文件

【功能】 打开已有图形文件。

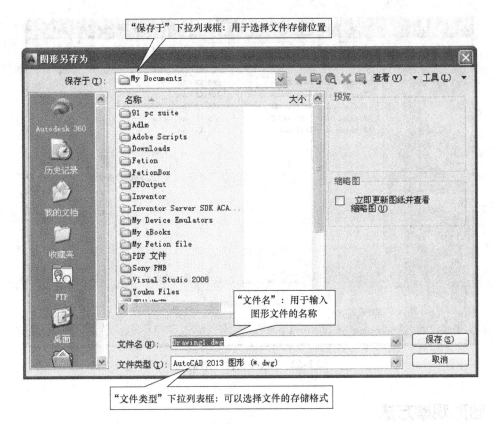

图 1-49 "图形另存为"对话框

图 1-50 保存按钮在快速访问工具栏中的位置

【调用方法】

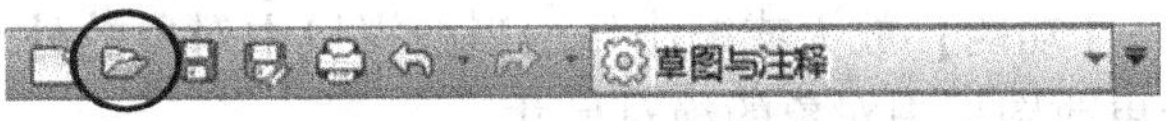

• 快速访问工具栏：打开按钮
（见图 1-51 圈示位置）

图 1-51 打开按钮在快速访问工具栏中的位置

• 应用程序菜单：[打开]→[图形]

• 菜单：[文件]→[打开]

• 工具栏：[标准]

• 组合键：< Ctrl + O >

• 命令名称：OPEN

【操作说明】

执行命令时将弹出如图 1-52 所示的"选择文件"对话框，指定好查找范围（路径）和文件名后，单击"打开"按钮即可打开一个已有的文件。

2. 通过 Windows 资源管理器打开文件

在 Windows 资源管理器中双击图形文件启动 AutoCAD 2014 后可打开图形文件。如果程序正在运行，则将在当前软件窗口中打开图形，而不会启动另一软件窗口后再打开图形。

21

图1-52　"选择文件"对话框

1.6　图形观察方法

在 AutoCAD 中绘制工程图样时，由于计算机显示器的屏幕空间所限，因此为了看清楚需要使用图形观察命令对图形进行缩放或移动。

1.6.1　缩放视图

【功能】放大或缩小显示当前视口中对象的外观尺寸（即改变视图的放大比例），但不会更改图形中对象的绝对尺寸。

【调用方法】

- 选项组：［视图］→［二维导航］→图 1-53a 圈示位置
- 导航栏：（见图 1-53b 圈示位置）
- 菜单：［视图］→［缩放］
- 工具栏：［标准］
- 命令名称：ZOOM，别名：Z

【操作说明】

图形缩放的几个常用方法如下。

（1）全部缩放

选择"全部缩放"命令后将在当前视口中显示整个图形。在平面视图中，图形将在"图形界限"（参见第 2 章）和"当前图形最大尺寸范围"两者中间，取较大者经过缩放显示在绘图窗口中。即使图形超出了图形界限也能显示所有对象。

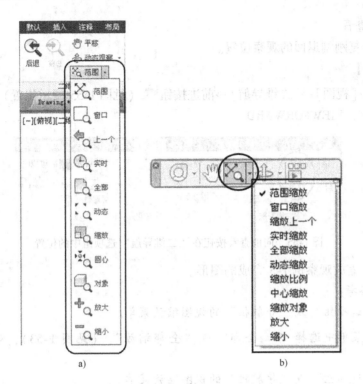

图 1-53 "二维导航"选项组中的缩放菜单

a) 选项组 b) 导航栏

（2）范围缩放

选择"范围缩放"命令后将以当前图形的最大尺寸范围缩放，并在绘图窗口中显示图形，且会尽最大可能显示所有对象。

（3）窗口缩放

通过选择两个对角点确定一个矩形，放大显示矩形窗口框定的区域。

选择"窗口缩放"命令后需要通过命令窗口交互完成操作，参见例1-6。

1.6.2 向后查看和向前查看

（1）向后查看

【功能】将显示内容返回到前面的观察位置。

【调用方法】

● 选项组：[视图]→[二维导航]→后退按钮 （见图1-54圈示位置）

● 命令名称：VIEWBACK

图 1-54 向后查看按钮在"二维导航"选项组中的位置

（2）向前查看

【功能】恢复刚刚退回的观察位置。

【调用方法】

• 选项组：［视图］→［二维导航］→前进按钮🔍（见图 1-55 圈示位置）

• 命令名称：VIEWFORWARD

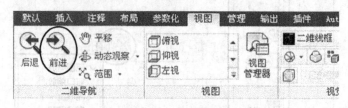

图 1-55 向前查看按钮在"二维导航"选项组中的位置

【例 1-6】 缩放观察例 1-5 完成的图形。

操作过程参考：

1）打开"选项组"或"导航栏"的视图缩放菜单。

2）在下拉菜单中选择"🔍全部"或"全部缩放"（见图 1-53），观察图形缩放的结果。

3）打开"选项组"或"导航栏"的视图缩放菜单。

4）在下拉菜单中选择"🔍范围"或"范围缩放"，观察图形缩放的结果。

5）打开"选项组"或"导航栏"的视图缩放菜单。

6）在下拉菜单中选择"🔍窗口"或"窗口缩放"。

7）查看命令窗口提示，系统要求"指定第一个角点"，在希望放大的区域左上角单击鼠标左键。

8）查看命令窗口提示，系统要求"指定对角点"，在希望放大的区域右下角单击鼠标左键，观察图形缩放的结果。

9）在"选项组"上单击"🔍后退"，观察图形缩放的结果。

10）在"选项组"或"导航栏"位置处当前的图标是窗口缩放🔍，直接单击鼠标左键进行选择。

11）重复步骤 7～8，缩放另一个矩形区域，观察图形缩放的结果。

1.6.3 实时平移

【功能】在当前视口中沿任意二维方向移动所显示的图像。

【调用方法】

• 选项组：［视图］→［二维导航］→实时平移按钮✋（见图 1-56 圈示位置）

• 导航栏：实时平移按钮✋（见图 1-57 圈示位置）

• 菜单：［视图］→［平移］→［实时］。

• 工具栏：［标准］

• 命令名称：PAN

● 快捷菜单：当绘图区无对象选择时单击鼠标右键，在弹出的快捷菜单中选择"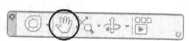平移"选项。

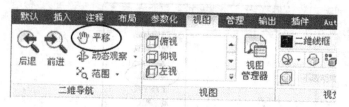

图 1-56　实时平移按钮在"二维导航"选项组中的位置

图 1-57　实时平移按钮在
导航栏中的位置

【操作说明】

执行命令后在窗口中光标变为""，按住鼠标左键可以锁定光标于当前位置，此时移动鼠标即可在绘图窗口中移动图形。图形显示随光标向同一方向移动。到达逻辑范围（图纸空间的边缘）时，将在此边缘上的手形光标上显示边界栏。根据此逻辑范围处于图形的顶部、底部还是两侧，将相应地显示出水平（顶部或底部）或垂直（左侧或右侧）边界栏，如图 1-58 所示。

图 1-58　手形光标边界栏

释放鼠标左键，平移将停止。可以释放鼠标左键，将光标移动到图形的其他位置，然后再单击鼠标左键，接着从该位置平移显示。

按 <Esc>、<Enter> 和空格键均可停止平移。

1.6.4　实时缩放

【功能】利用鼠标，在逻辑范围内交互缩放。

【调用方法】

● 选项组：[视图]→[二维导航]→实时缩放按钮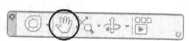（见图 1-59a 圈示位置）
● 导航栏：实时缩放（见图 1-59b 圈示位置）
● 菜单：[视图]→[缩放]→[实时]
● 工具栏：[标准]
● 快捷菜单：当绘图区无对象选择时单击鼠标右键，在弹出的快捷菜单中选择"缩放"选项。

【操作说明】

执行命令后，光标将变为状，在窗口的中点处按住鼠标左键并垂直移动光标到窗口顶部则放大 100%。反之，在窗口的中点处按住鼠标左键并垂直向下移动到窗口底部则缩小 100%。按 <Esc>、<Enter> 和空格键均可退出。

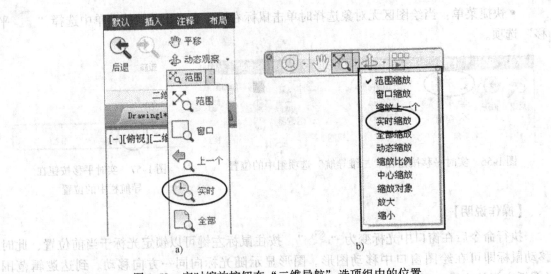

图 1-59 实时缩放按钮在"二维导航"选项组中的位置

a）选项组 b）导航栏

1.6.5 通过鼠标滚轮观察图形

滚轮可以通过转动或按下，对图形进行缩放和平移，其可以实现的功能如下。

1）转动滚轮：放大或缩小图形。

2）双击滚轮：缩放到图形范围。

3）按住滚轮并拖动鼠标：平移图形。

4）按住滚轮和 <Ctrl> 键并拖动鼠标：平移图形窗口。

5）按住 <Shift> 键和 <Ctrl> 键并单击滚轮：动态观察图形。

1.6.6 图形显示刷新

对于某些编辑操作时留在显示区域中的加号形状的标记（称为点标记）和杂散像素，可以使用"重画""重生成"或"全部重生成"命令进行调整。

1. 重画

【功能】用于删除点标记，刷新当前视口中的显示。

【调用方法】

●菜单：[视图]→[重画]

●命令名称：REDRAW 或 REDRAW

2. 重生成

【功能】用于删除杂散像素，从当前视口重生成整个图形。

【调用方法】

●菜单：[视图]→[重生成]

●命令名称：REGEN

【操作说明】

在当前视口中重生成整个图形并重新计算所有对象的屏幕坐标。此外，还重新创建图形数据库索引，从而优化显示和选择对象的性能。

3. 全部重生成

【功能】用于删除杂散像素，在绘图窗口重新生成整个图形。

【调用方法】

• 菜单：［视图］→［全部重生成］

• 命令名称：REGENALL

【操作说明】

在当前视口中重新生成绘图区域的所有图形并重新计算所有对象的屏幕坐标，重新创建图形数据库索引，优化图形显示和对象选择的性能。

> ★ 当所画的圆显示为多边形时，可以使用"重生成"或"全部重生成"命令进行调整。

1.7　视图控制

所谓视图是指某张图在屏幕上的显示，它可以是任何比例图形的任一部分。对视图可以进行以下控制操作：

（1）更改视图

可以放大图形中的细节以便仔细查看，或将视图移动到图形的其他部分。如果按名称保存视图，则可以在日后恢复。

（2）使用三维观察工具

在三维中绘图时，可以显示不同的视图以便能够在图形中看见和验证三维效果。

（3）使用视口在模型空间中显示多个视图

要同时查看多个视图，可将"模型"选项卡的绘图区域拆分成多个单独的查看区域，这些区域称为模型空间视口。可以将模型空间视口的排列保存起来以便随时重复使用。

在这里对一些常用的视图控制做一些简单的介绍。

1.7.1　命名视图

使用"视图管理器"，按名称保存特定视图后，可以在布局和打印或需要参考特定的细节时恢复它们。

使用"命名视图"创建的命名视图包含特定的比例、位置和方向。命名视图时，可保存的信息包括：比例、圆心和视图方向；指定给视图的视图类别；视图的位置；保存视图时图形中的图层可见性；用户坐标系；三维透视；活动截面；视觉样式；背景。

创建"命名视图"后，即可利用命名视图打开图形，也称为恢复保存的视图。

【调用方法】

• 选项组：［视图］→［视图］→"视图管理器"按钮（见图1-60圈示位置）

• 菜单：［视图］→［命名视图］

• 命令名称：VIEW

1.7.2　模型视口

将绘图区域拆分成一个或多个相邻的矩形视图，这些矩形视图称为视口。"视口"可以

图 1-60 "视图管理器"按钮在"视图"选项组中的位置

简单地理解为"查看和编辑图形的窗口"。

在大型或复杂的图形中，显示不同的视图可以缩短在单一视图中缩放或平移的时间。而且，在一个视图中出现的错误可能会在其他视图中表现出来。在一个视口中做出修改后，其他视口也会立即更新。

在"模型空间"创建的视口称为模型空间视口。图 1-61 显示了"四个：相等"模型空间视口。

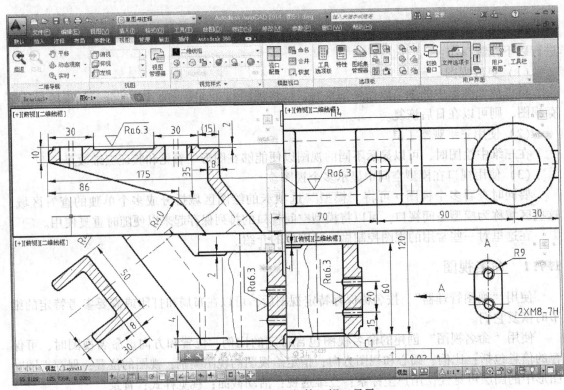

图 1-61 "四个：相等"视口显示

【调用方法】
- 选项组：[视图]→[模型视口]→图 1-62 圈示位置
- 菜单：[视图]→[视口]
- 命令名称：VPORTS

【操作说明】
（1）视口配置

图 1-63 所示的一系列"视口配置"类型，用于创建新视口。

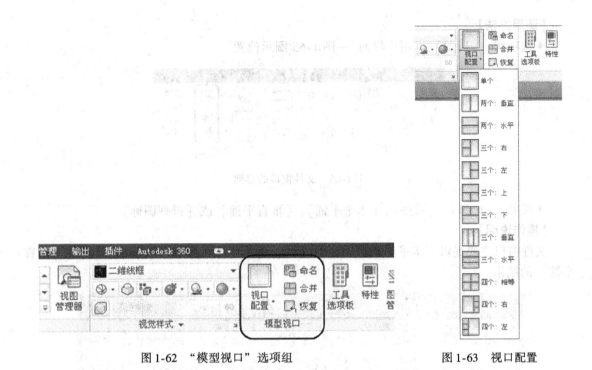

图 1-62　"模型视口"选项组　　　　　　　　　图 1-63　视口配置

（2）命名视口

单击图 1-63 中的"命名"按钮，将打开"命名视口"选项卡，用于命名视口。

（3）合并

单击图 1-63 中的"合并"按钮，在选择一个视口作为主视口后，再选择一个要合并的视口，可以将两个视口合并为一个视口。

1.8　多个文件窗口的管理

当在一个 AutoCAD 2014 中打开多个图形文件时，图形文件将按打开的顺序显示在文件选项卡中。下面简单介绍文件窗口的管理方法。

1.8.1　关闭文件

【功能】将选中的图形文件关闭。

【操作方法】

- 文件选项卡控制按钮：图 1-64 圈示位置
- 应用程序菜单：[关闭]
- 菜单：[窗口]→[关闭] 或 [全部关闭]

【操作说明】

图 1-64　文件选项卡控制按钮

"关闭"用于关闭当前文件；"全部关闭"用于关闭所有打开的文件。

1.8.2　文件窗口显示方式

【功能】控制图形文件窗口的排列方式。

【调用方法】

● 选项组：[视图]→[用户界面]→图1-65 圈示位置

图 1-65 文件窗口的排列

● 菜单：[窗口]→[层叠]、[水平平铺]、[垂直平铺] 或 [排列图标]

【操作说明】

文件窗口主要提供了水平平铺、垂直平铺和层叠 3 种显示形式。图 1-66 所示为"垂直平铺"的结果。

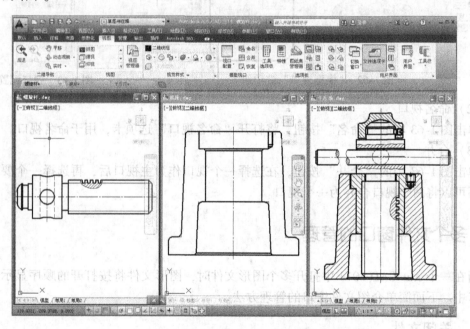

图 1-66 垂直平铺

1.8.3 激活文件

【功能】将选中的图形文件窗口放置到最前方。

【调用方法】

● 文件选项卡：选择对应选项卡

● 选项组：[视图]→[用户界面]→切换窗口

● 菜单：[窗口]→对应文件名

【操作说明】

被激活的文件名前面会出现符号"√"，而且该文件的标题栏呈现蓝色。

1.9 AutoCAD 2014 帮助的使用

帮助系统中包含了有关如何使用此程序的完整信息。掌握如何有效地使用帮助系统后，可以从中了解程序的详细使用方法和步骤，从而提高工作效率，获得最大受益。

和许多的软件一样，按 <F1> 键或执行菜单栏的帮助命令，均可以启动 AutoCAD 帮助系统，如图 1-67 所示。帮助窗口分左右窗格两部分，左侧窗格用于查找信息，右侧窗格中显示了信息主题的内容。

AutoCAD 还提供了快速进入命令帮助的方法，当将鼠标指针停放在目标图标上方时，按 <F1> 键即可快速打开对应命令的帮助。

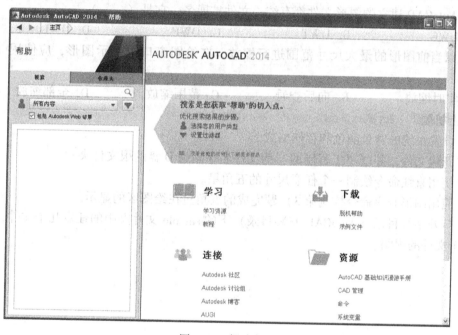

图 1-67 帮助窗口

在 AutoCAD 2014 中进行信息查找可使用"搜索"选项卡。使用"搜索"选项卡时可根据输入的关键字、通配符、搜索短语和布尔运算符等查找相关的主题。

上机指导及习题

1. 上机指导

本章应掌握以下内容：

1）启动 AutoCAD 2014。

2）切换工作空间的方法。

3）熟练掌握草图与注释空间的界面。

4）掌握调用菜单栏和工具栏的方法。

5）掌握命令的调用与执行过程。

6）熟练掌握创建、打开和保存图形文件的方法和步骤。

7）熟练掌握图形的观察方法。

8）掌握帮助窗口的使用方法。

2. 选择题

1）选项组位于 AutoCAD 软件界面中的（   ）区域中。

　　A. 工具栏　　　　　　B. 菜单栏　　　　　　C. 功能区　　　　　　D. 状态栏

2）取消当前操作的快捷键为（   ）。

　　A. <Enter>　　　　　B. <Esc>　　　　　　C. <Shift>　　　　　　D. 以上都不正确

3）把一个编辑完毕的图形换名并保存到磁盘上，应使用的菜单选项为（   ）。

　　A. 打开　　　　　　　B. 保存　　　　　　　C. 另存为　　　　　　D. 新建

4）AutoCAD 建立的图形文件都有统一文件扩展名，它是（   ）。

　　A. DWG　　　　　　　B. DWT　　　　　　　C. DWF　　　　　　　D. DWL

5）以当前图形的最大尺寸范围进行缩放，在绘图窗口中显示图形，应使用（   ）命令。

　　A. 实时缩放　　　　　B. 向后查看　　　　　C. 范围缩放　　　　　D. 全部缩放

3. 上机题

1）设置系统的背景颜色和存储格式。

2）新建文件，并以"工程制图"为文件名存储到 D 盘的根文件夹中。

3）使用直线命令绘制一个任意尺寸的五角星。

4）使用图形观察命令控制第 3）题完成的五角星在绘图区的显示。

5）打开系统目录（AutoCAD 安装目录）下的 sample 文件夹中的任意几个文件，练习控制这几个文件的视图。

第2章 绘图设置

2.1 设置图纸

2.1.1 图形单位的设置

【功能】 创建的所有对象都是根据图形单位进行测量的。开始绘图前，必须基于要绘制的图形确定一个图形单位代表的实际大小，然后据此创建实际大小的图形。例如，1 个图形单位的距离通常表示实际单位的 1mm、1cm、1in（1in = 2.54cm）或 1ft（1ft = 30.48cm）。

【调用方法】
- 菜单：［格式］→［单位］
- 命令名称：UNITS

【设置说明】

调用命令后，将打开"图形单位"对话框（见图 2-1）。

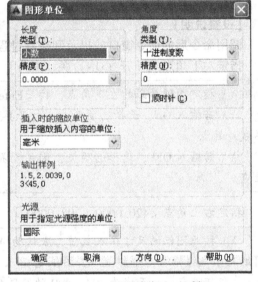

图 2-1 "图形单位"对话框

图形单位的设置主要包括以下几个方面：

（1）设置"长度"

开始绘图前，当输入线性单位并将其显示时，需要设置要使用的格式"类型"和小数位的"精度"。根据指定的格式"类型"，可以按小数（十进制格式）、分数或其他格式类型输入并显示。

（2）设置"角度"

角度设置包括 0°角的方向（东、南、西、北或自己任意确定）和角度测量的方向（顺时针、逆时针）。还可以设置格式"类型"和小数位的"精度"。

通过"方向"按钮打开"方向控制"对话框（见图 2-2），可以将 0°角设置为任意方向，系统默认的方向为"东"。

系统默认角度正值的测量方向为逆时针，可以通过图 2-1 中的"顺时针"复选框，指定角度的正值按顺时针方向测量。

角度格式"类型"可以以十进制、百分度、度/分/秒

图 2-2 "方向控制"对话框

33

等形式输入角度。小数位的"精度"应根据需要进行选择。

（3）确定插入时的缩放单位

插入时的缩放单位用于控制插入到当前图形中的块和图形的测量单位。如果创建块或图形时使用的单位与该选项指定的单位不同，则在插入这些块或图形时，将对其按比例缩放。插入比例是原块或图形使用的单位与目标图形使用的单位之比。

2.1.2　图纸范围设置——图限

【功能】为了保证在一定范围内绘图和方便图形的输出，绘图时应设置图纸范围，即设置并控制栅格显示的界限。

【调用方法】
- 菜单：［格式］→［图形界限］
- 命令名称：LIMITS

【设置说明】

调用命令后的命令窗口的提示和交互过程如下：

指定左下角点或 ［开（ON）/关（OFF）］ <0.0000, 0.0000>：

> \\ 指定图纸界限的左下角点，按<Enter>键默认使用当前坐标原点为左下角点
>
> \\ 若输入 ON，选择选项开，则打开界限检查。当界限检查打开时，将无法输入栅格界线外的点
>
> \\ 若输入 OFF，选择选项关，则关闭界限检查，但保持当前值用于下一次打开界限检查

指定右上角点 <420.0000, 297.0000>：

> \\ 按照图纸的尺寸输入数值，默认为 A3 幅面。当左下角点使用坐标原点时，可以按图纸尺寸直接输入，如横置 A2 图纸则输入 "594，420"（其左下角点为默认的坐标原点），即可限定一个面域为 594×420 的绘图区域

【例2-1】　设置图形界限为竖放的 A4（210×297）幅画。

操作过程参考：

1）选择格式菜单中的"图形界限"命令。

2）按<Enter>键，使用默认的原点作为左下角点。

3）响应"指定右上角点"提示，输入"210，297"，完成设置。

2.1.3　图纸范围的屏幕显示——栅格设置

【功能】如果要查看设置的图纸范围，则需要打开栅格，将设置的图限在屏幕中显示出来，如图 2-3 所示。

栅格是点或线的矩阵，遍布在指定为栅格界限的

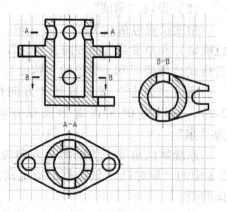

图 2-3　栅格显示

整个区域（见图 2-4）。使用栅格类似于在图形下放置一张坐标纸。利用栅格不仅可以显示图纸界限，还可以对齐对象、直观显示对象之间的距离。另外，栅格不会被打印。

【设置方法】

● 状态栏：单击状态栏中的栅格按钮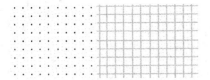（见图 2-5 圈示位置），图标变亮为打开，图标变暗为关闭。

图 2-4　栅格的两种形式　　　　　图 2-5　栅格按钮在状态栏中的位置

● 快捷菜单：右键单击栅格按钮▦即可打开快捷菜单，如图 2-6 所示。选中"启用"选项为打开，取消选中"启用"选项为关闭。选择"设置"，将打开"草图设置"对话框，在"捕捉和栅格"选项卡（见图 2-7）中可以完成如下功能设置。

① 打开和关闭栅格：勾选"启用栅格"复选框为打开，取消勾选则为关闭。

✔	启用 (E)
✔	使用图标 (U)
	设置 (S)...
	显示　　　　▶

图 2-6　栅格按钮的右键快捷菜单

② 栅格间距设置：在"栅格间距"选项区域内的"栅格 X 轴间距"和"栅格 Y 轴间距"文本框中输入栅格间距的数值。在默认情况下，栅格间距为 10。

③ 显示超出界限的栅格：勾选该复选框，绘图区将满区域显示栅格，取消勾选则仅显示"图形界限"设置区域中的栅格。

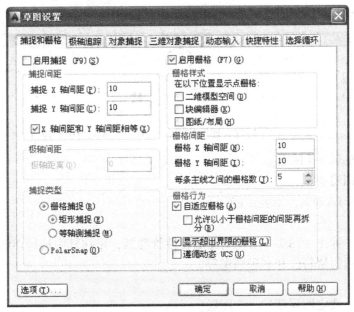

图 2-7　"捕捉和栅格"选项卡

● 键盘快捷键：<F7>，重复按<F7>键可在打开和关闭之间切换。

- 菜单：[工具]→[草图设置]
- 命令名称：GRID

【例2-2】 设置栅格显示在例2-1设置的图形界限范围内。

操作过程参考：

1）打开"草图设置"对话框。

2）确认当前选项卡是"捕捉和栅格"。

3）取消勾选"显示超出界限的栅格"复选框。

4）单击"确定"按钮，完成设置。

2.2　设置图层、线型以及颜色

图层用于按特性在图形中组织信息。使用图层将图形信息按特性编组，可以有利于执行线型、颜色及其他标准。图层是绘图中使用的主要组织工具。

2.2.1　图层特性管理器的使用

【功能】 可以为在设计概念上相关的每一组对象（如线型或标注）创建和命名新图层，并为这些图层指定常用特性。

通过将对象组织到图层中，可以分别控制大量对象的可见性和对象特性，还可以对其进行快速更改。在图形中可以创建的图层数以及在每个图层中可以创建的对象数实际上是没有限制的。

通过创建图层，可以将类型相似的对象指定给同一个图层使其相关联。例如，可以将图线、文字、标注和标题栏置于不同的图层上。

【调用方法】

- 选项组：[默认]→[图层]→图层特性管理器按钮 ![]（见图2-8圈示位置）

图2-8　图层特性管理器按钮在"图层"选项组中的位置

- 菜单：[格式]→[图层]
- 工具栏：图层工具栏
- 命令名称：LAYER，别名：LA

【操作说明】

调用命令后，弹出如图2-9所示的图层特性管理器，可在其中进行详细的设置，主要包括新建图层、设置图层特性和管理图层等。

1. 创建图层

用于基于某一选定图层新建一个图层。

单击新建按钮 ![]，在图层列表栏中出现新建图层列表，如图2-10所示。在显示"图层1"的位置输入新的图层名称即可。

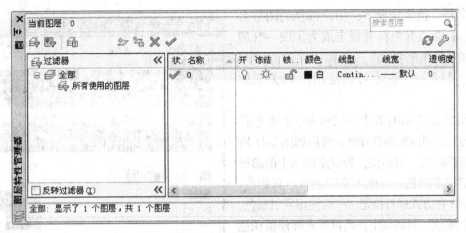

图 2-9　图层特性管理器

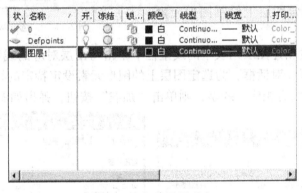

图 2-10　新建图层列表

2. 删除图层

删除当前图形中的多余图层。

在图层列表栏中选定想要删除的图层（泛蓝显示），单击删除按钮 ✗，该图层即被删除。

> ★ 当前层、包含对象的图层、锁定的图层以及 0 层不能删除。

3. 设置当前层

用于设置正在绘制和编辑的图形元素所在的图层。

在图层列表栏中选定图层，单击当前层按钮 ✓，该图层即被设置为当前图层。此后所绘制的所有图形均位于当前图层。

> ★ 每个图形都包含一个名为 0 的图层。无法删除或重命名图层 0。图层 0 有两个用途：
> ①确保每个图形至少包括一个图层；②提供与块中的控制颜色相关的特殊图层。
> ★ 建议绘图时创建几个新图层来组织图形，而不是将整个图形均创建在图层 0 上。

4. 设置图层属性

图层属性指某一图层所带有的名称、颜色和线型等特性。

（1）名称——对新建图层进行命名

图层名最多可以包括 255 个字符（双字节或字母和数字），如汉字、字母、数字、空格和几个特殊字符。很多情况下，用户选择的图层名由企业、行业或客户标准规定或为了统一管理而设定统一的图层名。

（2）颜色——更改与选定图层相关联的颜色

在图 2-10 所示的新建图层列表中的颜色栏下单击与图层对应的颜色方框，弹出如图 2-11 所示的"选择颜色"对话框，为指定图层上的图形元素设定特定颜色，可使用索引颜色、真彩色、配色系统 3 种方式进行指定。一般使用索引颜色，在"选择颜色"对话框中，当鼠标光标停留在色块上时，将显示对应色块的索引号。

（3）线型——指定图层上绘制图形元素的线型种类

图 2-11 "选择颜色"对话框

在图 2-10 所示的新建图层列表中的线型栏下单击与图层对应的线型名称，弹出如图 2-12 所示的"选择线型"对话框，为选定图层上的图形元素设定特定的线型种类。

如果该对话框中没有相应的线型，则单击"加载"按钮，弹出如图 2-13 所示的"加载

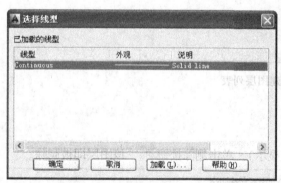

图 2-12 "选择线型"对话框

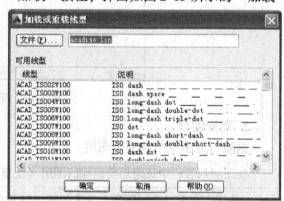

图 2-13 "加载或重载线型"对话框

或重载线型"对话框，在"可用线型"列表框中选择相应线型后，单击"确定"按钮，返回"选择线型"对话框。

如果需要设置新加载的线型为选定图层的线型，则需在"选择线型"对话框选中该线型。

（4）线宽——指定或更改图层上线型的线宽（粗细）

在图 2-10 所示的新建图层列表中的线宽栏下单击与图层对应的线宽线条，弹出如图 2-14 所示的"线宽"对话框，选择合适的线宽即可。一般地，粗实线线宽选择 0.50mm，其余采用 0.25mm。

图 2-14 "线宽"对话框

★"名称"命名可以考虑工作方便和图形的统一管理。

★"颜色"选择时最好选择索引颜色，基本编号为 1 ~ 9。"黑/白"指图线的颜色，是相对于绘图区域的背景颜色而言的，若背景色为白色则图线显示为黑色，若背景色为黑色则图线显示为白色。

★在 AutoCAD 绘图中，由于计算机屏幕的限制，一般不使用所见即所得功能，而是使用颜色来区分线型。因此，不同线型的图层应设置为不同的颜色。

【例 2-3】 新建"细点画线"层。

操作过程参考：

1）调用命令，打开"图层特性管理器"。

2）单击新建按钮 📝，在图层列表栏中出现新建图层列表。

3）修改默认图层名"图层 1"为"细点画线"，按 < Enter > 键确认。

4）单击"细点画线"层列表中的颜色方框，在弹出的"选择颜色"对话框的"索引颜色"选项卡中选择"红"（索引颜色为 1），单击"确定"按钮。

5）单击"细点画线"层列表中的线型名称"Continuous"，在弹出的"选择线型"对话框中单击"加载"按钮，在弹出的"加载或重载线型"对话框中选择"CENTER2"，单击"确定"按钮，返回"选择线型"对话框。

6）在"选择线型"对话框中选择刚加载的线型"CENTER2"，单击"确定"按钮。

7）单击"细点画线"层列表中的线宽线条，在弹出的"线宽"对话框中选择"0.50mm"，单击"确定"按钮。

至此完成"细点画线"层的新建。

2.2.2 图层状态

1. 图层状态的概念

常用的图层状态包括：开/关、冻结/解冻、锁定/解锁、打印/不打印等。

（1）开/关

图标为灯泡 💡 形状。图标为"黄色"亮灯泡时，图层处于打开状态；图标为"灰色"灯泡暗时，图层处于关闭状态。已关闭图层上的对象不可见，打开时对象可见。打开和关闭图层时，不会重新生成图形。

（2）冻结/解冻

图标为太阳 ☀ 和雪花 ❄ 形状。图标为太阳时，图层处于解冻状态；图标为雪花时，图层处于冻结状态。已冻结图层上的对象不可见，且不可打印；解冻状态的图层可见、可编辑、可打印。冻结不需要的图层将加快显示和重新生成图形的操作速度。解冻一个或多个图层可能会使图形重新生成。冻结和解冻图层比打开和关闭图层需要更多的时间。

（3）锁定/解锁

图标为锁头 🔒 形状。图标为锁着的锁 🔒 时，图层锁定；为打开的锁 🔓 时，图层处于解锁状态。锁定某个图层时，该图层上的所有对象可见但不可修改，直到解锁该图层。锁定图层可以减小对象被意外修改的可能性。仍然可以将对象捕捉应用于锁定图层上的对象，并且可以执行不会修改对象的其他操作。还可以淡入锁定图层上的对象。

(4) 打印/不打印

图标为打印机 形状。用于控制图形输出时是否输出该图层的对象，带有禁止符号时，不打印该图层对象；不带禁止符号时，则打印输出。

2. 图层状态的修改方法

【调用方法】

● 选项组：[默认]→[图层]→图层列表（见图 2-15 圈示位置）

图 2-15　图层列表在"图层"选项组中的位置

● 图层特性管理器：图层列表栏（见图 2-9）

【操作说明】

在对应位置单击对应图标即可改变图层的状态。

注意，当前层不能冻结。另外，图 2-15 中"图层"选项组的右上角的两个按钮（冻结）和 （锁定）分别用于冻结和锁定选定对象的图层。

2.2.3　设置当前层

绘图时，新绘制的图线等对象将放置在当前图层上。当前图层可以是默认的图层 0，也可以是用户自己创建并命名的图层。通过将某一图层设置为当前图层，随后创建的任何图形对象都将与新的当前图层关联并采用其颜色、线型和其他属性。不能将冻结的图层或依赖外部参照的图层设置为当前图层。

【设置方法】

当前层的设置可以按以下几种方法进行。

方法 1：

【操作说明】

使用 2.2.1 节中的方法设置当前层，此时在图层特性管理器的图层列表栏内，"状态"列中出现绿色"√"的那个图层为当前图层。

方法 2：

【操作说明】

在"图层"选项组中的图层列表栏中单击鼠标左键，打开图层列表（见图 2-16），在列表中选择要作为当前层的图层即可。

方法 3：

【操作说明】

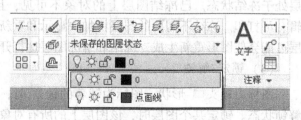

图 2-16　图层列表

选择一个图形对象后，在"图层"选项组中单击"将对象图层设为当前图层"按钮（见图 2-17 圈示位置），可将图形对象所在图层转换为当前层。

图 2-17　"将对象图层设为当前图层"按钮

2.3　修改图形对象的图层

在绘图过程中无法保证总是将图形对象绘制在对应的图层中，所以在绘图过程中总是需要经常调整图形对象所在的图层。修改图形对象所在的图层有以下两种方法。

方法 1：

【操作说明】

1）选中需要修改图层的图形对象。

2）在"图层"选项组的图层列表中选择对应的图层，如"点画线"和"粗实线"等。

3）按 < Esc > 键，取消图形对象的选择状态。

方法 2：

【调用方法】

● 选项组：[默认]→[图层]→图层匹配按钮（见图 2-18 圈示位置）

图 2-18　图层匹配按钮在"图层"选项组中的位置

● 菜单：[格式]→[图层工具]

● 工具栏：图层 II

● 命令名称：LAYMCH

【操作说明】

调用命令后在命令窗口将显示：

选择对象：

　　\\ 选择要更改图层的对象

选择对象：

　　\\ 选择对象提示将会重复，可以选择多个对象

　　\\ 按 < Enter > 键确认选择

选择目标图层上的对象或 [名称 (N)]:

    \\ 选择目标图层上的对象

2.4　线型外观调整

在绘图过程中，经常会出现因线型比例设置不合适而导致图线不能反映真实形状的现象，为避免这种现象出现，需要对线型的外观进行调整。

调整线型外观有两种基本方法，在这里主要讲解利用线型管理器来进行调整。

【调用方法】

- 菜单：[格式]→[线型]
- 命令名称：LINETYPE

【操作说明】

调用命令后将弹出"线型管理器"对话框（见图2-19），此时"详细信息"选项区域是隐藏的，需要单击右上方的"显示细节"按钮来打开，打开后如图2-20所示。通过"详细信息"选项区域对线型外观进行调整。

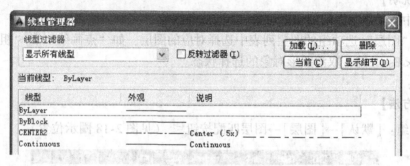

图2-19　"线型管理器"对话框

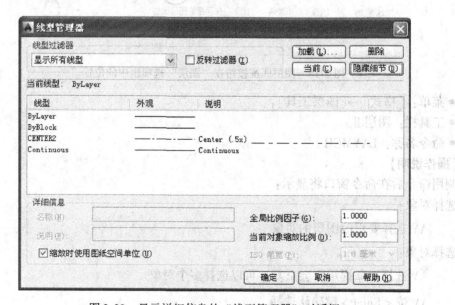

图2-20　显示详细信息的"线型管理器"对话框

2.4.1　指定全局线型比例因子

"全局比例因子"命令用于修改原有的所有线型比例和设置现有的线型比例，以控制线型的线段长短、点的大小和线段的间隔尺寸等。

2.4.2　指定当前线型比例

"当前对象缩放比例"命令用于设置当前图形对象的线型比例，该比例和全局比例的乘积为当前线型的最终比例因子。

2.5　对象特性及编辑

2.5.1　对象特性

对象特性是指某一对象所附加的，如颜色、线宽、线型、图层、文字样式和标注样式等的特性。对象的图层特性参见 2.2 节，文字样式和标注样式参见第 5 章和第 6 章。

在"默认"选项卡的"特性"选项组中显示了当前的颜色、线宽和线型 3 种对象特性（见图 2-21）。系统初始设置均为"ByLayer"，含义是"随层"，也就是说对象的颜色、线宽、线型特性与当前层的设置相同。

单击每个特性的列表可以看到除了对应的特性值外，每个列表中还都包含了一个"ByBlock"，含义是"随块"，这个设置是指所绘制的对象的相关特性使用它所

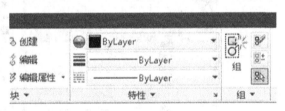

图 2-21　当前的颜色、线宽和线型特性

在的图块的特性，且可以随图块特性的改变而改变。关于"块"的内容请参见第 8 章。

在绘图时经常需要对对象特性进行编辑、修改和管理。下面通过 2.5.2、2.5.3、2.5.4 三节分别介绍 3 种特性编辑的基本方法。

2.5.2　对象特性选项板

【功能】　使用对象特性选项板可以方便有效地对图形对象的特性进行管理和编辑。

【调用方法】

● 选项组：［视图］→［选项板］→特性按钮 📋 （见图 2-22 圈示位置）

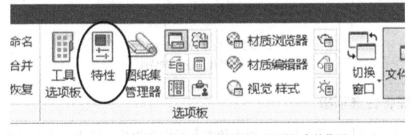

图 2-22　"特性"按钮在"选项板"选项组中的位置

- 菜单:[修改]→[特性]
- 工具栏:标准工具栏
- 命令名称:PROPERTIES
- 快捷菜单:选中一个图形对象后单击鼠标右键,弹出快捷菜单,在上下文菜单中选择"⊞ 特性"选项。

【操作说明】

图 2-23a 和图 2-23b 分别为选定图形中的一条直线和一个圆后的对象特性选项板。从这两个图中可以看出对于不同的对象,其特性也不同。

当选择单个对象时,对象特性选项板列出该对象的所有属性;当选择多个对象时,对象特性选项板列出多个对象的共有属性;无对象选择时,对象特性选项板显示整个图形的属性。

在对象特性选项板中对对象特性的修改和编辑可按以下几种方式进行。

方式 1:双击面板的属性栏,输入一个新属性值。

方式 2:从属性下拉列表框中选择一个新属性。

方式 3:在特性面板的右上角单击"快速选择"按钮,弹出"快速选择"对话框。选定需要修改的特性后,在"值"区域内输入新属性或新属性值即可。

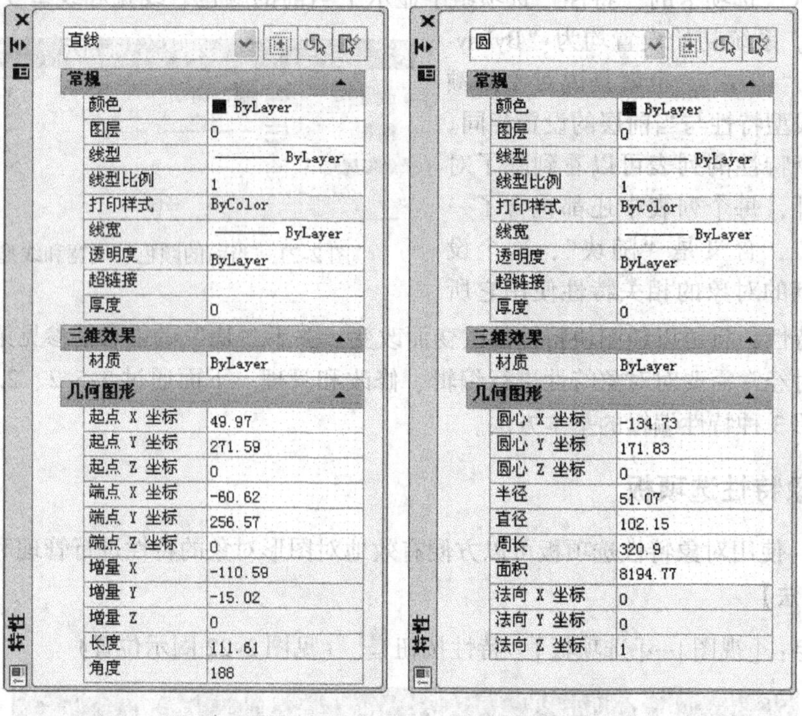

直线	
常规	
颜色	ByLayer
图层	0
线型	ByLayer
线型比例	1
打印样式	ByColor
线宽	ByLayer
透明度	ByLayer
超链接	
厚度	0
三维效果	
材质	ByLayer
几何图形	
起点 X 坐标	49.97
起点 Y 坐标	271.59
起点 Z 坐标	0
端点 X 坐标	-60.62
端点 Y 坐标	256.57
端点 Z 坐标	0
增量 X	-110.59
增量 Y	-15.02
增量 Z	0
长度	111.61
角度	188

a)

圆	
常规	
颜色	ByLayer
图层	0
线型	ByLayer
线型比例	1
打印样式	ByColor
线宽	ByLayer
透明度	ByLayer
超链接	
厚度	0
三维效果	
材质	ByLayer
几何图形	
圆心 X 坐标	-134.73
圆心 Y 坐标	171.83
圆心 Z 坐标	0
半径	51.07
直径	102.15
周长	320.9
面积	8194.77
法向 X 坐标	0
法向 Y 坐标	0
法向 Z 坐标	1

b)

图 2-23 对象特性选项板

a)直线的特性 b)圆的特性

2.5.3 快捷特性选项板

【功能】 快捷特性选项板是简化版本的对象特性选项板,用于一些需要快速修改特性的场合。

【调用方法】

●状态栏：单击状态栏中的快捷特性按钮（见图 2-24 圈示位置）。图标变亮为打开，此时选中任一图形对象，都会显示快捷特性选项板；图标变暗为关闭，此时快捷特性选项板不会自动打开。

图 2-24　快捷特性按钮在状态栏中的位置

●快捷菜单：选中一个图形对象后单击鼠标右键，弹出快捷菜单，在上下文菜单中选择"快捷特性"选项。

●双击对象

【操作说明】

图 2-25a 和图 2-25b 分别为选定图形中的一条直线和一个圆后的快捷特性选项板。快捷特性选项板中特性的修改方法与特性选项板相同。

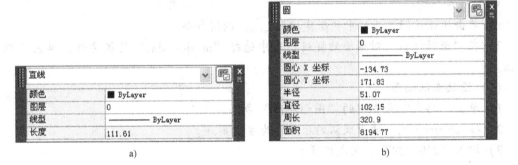

a)　　　　　　　　　　　　　　　　　b)

图 2-25　快捷特性选项板

a）直线的快捷特性　b）圆的快捷特性

2.5.4　特性匹配

【功能】　特性匹配可以快速地把选定对象的特性应用到其他对象上。

【调用方法】

●选项组：［默认］→［剪贴板］→特性匹配按钮 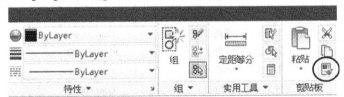（见图 2-26 圈示位置）

图 2-26　特性匹配按钮在"剪贴板"选项组中的位置

●菜单：［修改］→［特性匹配］

●工具栏：标准工具栏

● 命令名称：MATCHPROP，别名：MA

【操作说明】

调用命令后在命令窗口将显示：

选择源对象：

  \\ 选择带有需复制特性的图形对象

当前活动设置：颜色 图层 线型 线型比例 线宽 透明度 厚度 打印样式 标注文字 图案填充 多段线 视口 表格 材质 阴影显示 多重引线

选择目标对象或［设置（S）］：

  \\ 选择想要改变特性的图形对象

2.6 图纸设置实例

【例2-4】 按工程制图的要求设置一张竖放的 A4 幅面的图纸，并完成图层的设置。

操作过程参考：

（1）新建文件

1）单击快速访问工具栏中的新建按钮，调用命令。

2）在"选择样板"对话框的样板列表中选择"acadiso.dwt"样板文件，单击"确定"按钮。

（2）设置图纸幅面

1）单击"格式"菜单中的"图形界限"命令。

2）按＜Enter＞键，使用默认的原点作为左下角点。

3）输入"210，297"，完成设置。

（3）设置图层

1）单击"默认"选项卡"图层"选项组中的图层特性按钮调用命令。

2）按照表2-1所列的图层设置内容完成设置。

表2-1 图层设置内容

图层名	颜色	线型	线宽/mm
粗实线	白色(索引颜色:7)	Continuous	0.5
细点画线	红色(索引颜色:1)	CENTER2	0.25
细虚线	黄色(索引颜色:2)	HIDDEN2	0.25
细实线	绿色(索引颜色:3)	Continuous	0.25
剖面线	绿色(索引颜色:3)	Continuous	0.25
细双点画线	洋红(索引颜色:6)	PHANTOM2	0.25
标注	绿色(索引颜色:3)	Continuous	0.25
文字	绿色(索引颜色:3)	Continuous	0.25
粗虚线	棕色(索引颜色:44)	HIDDEN2	0.5

（4）保存文件

1）单击快速访问工具栏中的保存按钮调用命令。

2）在弹出的"图形另存为"对话框的"文件名"文本框中输入图形文件的名称。

3）单击"保存"按钮完成存储。

上机指导及习题

1. 上机指导

　　本章主要介绍了 AutoCAD 绘图时图形文件的设置等相关内容，对于图层等需要熟练掌握。上机练习时建议按照章节顺序完成各内容的对照软件练习操作，依次掌握各种命令的操作和命令的综合应用。完成例题的上机练习后，再选择习题中的题目进行练习，以进一步提高命令的使用能力。

2. 选择题

1）打开和关闭栅格显示的快捷键是（　　　）。

A.　＜F1＞　　　　　　　B.　＜F3＞　　　　　　C.　＜F5＞　　　　　　　D.　＜F7＞

2）在图层状态中，为使某一层上的图形在屏幕上不显示，且不参与图形的重新生成，则应使该层处于（　　　）状态。

A. 冻结　　　　　　　　B. 锁定　　　　　　　C. 关闭　　　　　　　　D. 不能实现

3）为了保持图形实体的颜色与该图形实体所在层的颜色一致，应设置该图形实体的颜色特性为（　　　）。

A. ByBlock　　　　　　B. ByLayer　　　　　　C. 白色　　　　　　　　D. 任意颜色

3. 上机题

1）新建一图形文件，文件名为"练习一"。图纸幅面 A2（594×420），绘图单位为mm，图层包括粗实线、细点画线、细虚线、细实线、剖面线、细双点画线、标注、文字和粗虚线，并为图层指定相应的线型、颜色和线宽。

2）在第 1）题的基础上，在粗实线、细实线、细点画线和细虚线图层上绘制至少一条线段。

3）将绘制在粗实线层上的图线改画到细点画线层上。

4）选择所画的细虚线或细点画线，单击鼠标右键，在弹出的快捷菜单中激活"特性"选项，查看并更改其特性，注意观察绘图区域的变化。

第 3 章 绘制平面图形

工程图样中最重要的部分是图形，掌握了工程图形的绘制才能完成设计绘图任务，而工程图形的主体是由平面图形组成的，本章将在前面 AutoCAD 绘图初始准备工作的基础上，介绍绘制平面图形的方法。

3.1 AutoCAD 中图形图线的定位

3.1.1 坐标系

坐标系的名称在第 1 章中已经提到过，AutoCAD 中有两种坐标系统：世界坐标系（World Coordinate System，WCS）和用户坐标系（User Coordinate System，UCS）。

1. 世界坐标系

世界坐标系是指原点及坐标方向固定的坐标系统，是绘图空间中图形元素的总定位系统。定义该名称的意图在于说明这个坐标系统所建立的空间是模拟真实物体存在的环境，其定位方法与数学中的坐标系统相同的。该坐标系统既可以绘制二维的平面图形又可以构建三维的形体。世界坐标系所建立的空间与现实世界的区别只是在 AutoCAD 中人为地定义了一个原点（0，0，0）——也就是各个坐标方向的度量起始点。通常，AutoCAD 构造新图形时会自动使用世界坐标系。此时，世界坐标系的 X 轴是水平的，Y 轴是垂直的，Z 轴则垂直于 XY 平面。X 轴向右为正，向左为负；Y 轴向上为正，向下为负。

2. 用户坐标系

用户坐标系是指原点和坐标方向可移动的坐标系，其原点相对于世界坐标系定位。使用用户坐标系可以更方便地绘制和编辑图形对象，具体内容参见第 5 章。

图 3-1 所示为绘图区二维显示状态下默认的坐标系图标的形式，图标中的字母所在方向为坐标的正方向。图 3-1a 所示为 WCS 图标，X、Y 轴交点处有一个小方框，图 3-1b 所示为 UCS 图标。图标默认显示在绘图区的左下角。

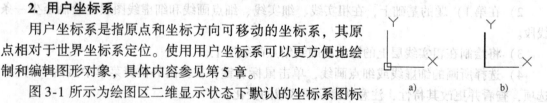

图 3-1 坐标系图标的形式

a）WCS 图标 b）UCS 图标

3.1.2 点坐标的指定

运行一个 AutoCAD 命令，当命令提示行出现含有"指定……点："或"圆心"的提示时，十字光标将从图 3-2a 所示的状态变化到图 3-2b 所示的状态，此时是系统要求用户在绘图区中指定一点的坐标。

在 AutoCAD 系统中可以采用以下两种方法指

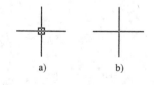

图 3-2 提示选择点时十字光标的变化

a）十字光标默认状态 b）十字光标拾取点状态

定点坐标：

（1）鼠标输入

利用鼠标将十字光标移至绘图区欲指定点的位置，然后单击鼠标左键。

该位置可以由鼠标任意指定，也可以通过捕捉方式来选择特殊点（见3.2.10节）。十字光标当前位置的坐标值会在窗口左下角的状态栏中显示。

（2）键盘输入

依照系统规定的坐标格式直接输入点坐标数值后，按空格键或 < Enter > 键。数值格式见3.1.3节。

3.1.3　键盘输入中的坐标格式

在 AutoCAD 中，为了方便绘图，规定了绝对坐标和相对坐标两种坐标形式，以及直角坐标、极坐标、柱坐标和球坐标等几种坐标格式。本节介绍两种坐标形式和与绘制平面工程图形有关的坐标格式。

1. 坐标形式

（1）绝对坐标

在 AutoCAD 中绝对坐标的度量以当前坐标系（WCS 或 UCS）原点为基准，输入的数值是从原点到该点的距离。

（2）相对坐标

在 AutoCAD 中，相对坐标是以某一点的位置到前一个点（参照点）位置的相对距离来定位该点。输入的数值是两点之间的距离。

★ 表达相对坐标时，在坐标数值前加"@"符号。

2. 坐标格式

（1）直角坐标（笛卡儿坐标）

平面直角坐标系包含两个坐标轴：X、Y。输入 X、Y 坐标值时，需要指定它们与坐标系原点或前一点的相应坐标值之间的距离和方向（＋或－）。在二维空间中，点位于 XY 平面上，这个平面也叫构造平面。构造平面与平铺的坐标纸相似。直角坐标的 X 值表示水平距离，Y 值表示垂直距离。原点（0，0）表示两轴相交的位置。直角坐标按坐标形式的不同可分为两种：绝对直角坐标和相对直角坐标。

绝对直角坐标格式："X，Y"（实际输入时不加引号）。

例：70，80 表示 X 坐标为 70，Y 坐标为 80。

相对直角坐标格式："@dx，dy"，"@"符号表示该坐标值为相对坐标（实际输入时不加引号）。

例：@25，－10 表示与前一点的距离在 X 方向为 25，Y 方向为－10。

若前一点的坐标是"50，36"，则输入点的绝对坐标是"75，26"。

（2）极坐标

极坐标系用距离和角度确定点的位置。输入极坐标值，需要给出输入点相对于原点或其前一点的距离，以及两点连线与当前坐标系的 X 轴所成的角度。极坐标按坐标形式的不同也可分为两种：绝对极坐标和相对极坐标。

绝对极坐标格式：距离<角度，其中距离指输入点与坐标系原点之间的距离，角度指输入点与原点连线X轴的夹角大小，两值用"<"隔开。系统规定以X轴正向为基线，逆时针方向角度值为正值，顺时针方向角度值为负值。

例：105<80 表示相对原点距离为105，与X轴的夹角为80°。

相对极坐标格式：@距离<角度，其中距离指以前一点为基准点，基准点至输入点的连线长度，角度指输入点与基准点的连线与X轴正向的夹角。

例：@90<45 表示相对前一点的距离为90，两点连线相对于X轴的夹角为45°。

3.2 AutoCAD制图命令及操作

在AutoCAD中有大量的与绘图有关的命令及操作，为了能够循序渐进地掌握工程图形的绘制方法，本节将介绍其中使用频率较高的绘图命令、编辑命令和绘图辅助功能。

★ 为有利于合理地规划学习顺序，建议先将状态栏中的绘图状态切换工具区域（位置见图1-15）的所有工具关闭，即单击图标使其呈灰色。

3.2.1 绘制直线

【功能】 在两个坐标点之间创建直线段，AutoCAD绘制一条直线段后会继续提示输入点，用户可以绘制一组连续的线段，其中每条线段都是一个独立的对象。

【调用方法】

- 选项组：［默认］→［绘图］→直线／（图3-3圈示位置）
- 菜单：［绘图］→［直线］
- 工具栏：［绘图］
- 命令名称：LINE，别名：L

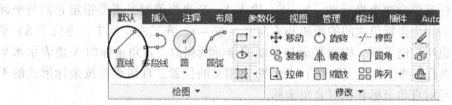

图3-3 "直线"按钮在"绘图"选项组中的位置

【操作说明】

在AutoCAD中绘制直线有两种方法，下面分别介绍命令运行时交互的步骤。

（1）指定两坐标点绘制直线

在命令窗口将显示：

指定第一个点：

    \\ 指定直线的起点，按<Enter>键或空格键可用前一直线或圆弧命令的终点作为起点

指定下一点或［放弃（U）］：

    \\ 指定直线的终点

指定下一点或［放弃（U）］：

　　\\ 指定下一段直线的终点或按 < Enter > 键或空格键结束命令

指定下一点或［闭合（C）/放弃（U）］：

　　\\ 指定下一段直线的终点；或按 < Enter > 键或空格键结束命令

（2）通过直接距离输入绘制直线

直接距离输入即直接输入两点间的距离。

在命令窗口中按如下步骤操作：

指定第一个点：

　　\\ 指定直线的起点，按 < Enter > 键或空格键可用前一直线或圆弧命令的终点作为起点

指定下一点或［放弃（U）］：

　　\\ 将十字光标移到所需方向，输入直线长度

指定下一点或［放弃（U）］：

　　\\ 将十字光标移到所需方向，输入直线长度；或按 < Enter > 键或空格键结束命令

指定下一点或［闭合（C）/放弃（U）］：

　　\\ 将十字光标移到所需方向，输入直线长度；或按 < Enter > 键或空格键结束命令

★ 输入 "C" 或直接单击命令窗口中的选项 "闭合（C）"，将以第一条直线的起点作为最后一条直线的端点，形成一个闭合的线段环。

★ 输入 "U" 或直接单击命令窗口中的选项 "放弃（U）"，将放弃前一步绘制的直线，多次重复将按绘制次序的逆序逐个删除线段。

★ 只有在绘制了一系列线段（两条以上）之后，才能使用 "闭合（C）" 选项。

★ 方法（2）中指定直线方向的方法可参见 3.2.2 节和 3.2.3 节。

【例 3-1】　使用直线按钮 ∕ 完成图 3-4 所示图形的绘制，图形中 ［1］点坐标为（50，80），其余点坐标请自行计算。图中数字为点说明序号，不需要绘制。

这里通过输入点坐标的方法完成绘制，从 ［1］点开始，按逆时针方向绘制，绘图过程如下：

指定第一个点：50，80

　　\\ 输入 ［1］点坐标

指定下一点或［放弃（U）］：@0，-30

　　\\ 输入 ［2］点的相对直角坐标

指定下一点或［放弃（U）］：@50，0

　　\\ 输入 ［3］点的相对直角坐标

指定下一点或［闭合（C）/放弃（U）］：@0，15

　　\\ 输入 ［4］点的相对直角坐标

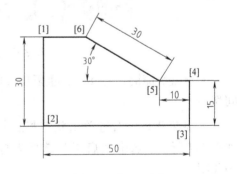

图 3-4　例 3-1 图

指定下一点或 ［闭合 (C)/放弃 (U)］：@ -10，0

\\ 输入 ［5］ 点的相对直角坐标

指定下一点或 ［闭合 (C)/放弃 (U)］：@30＜150

\\ 输入 ［6］ 点的相对极坐标

指定下一点或 ［闭合 (C)/放弃 (U)］：c

\\ 输入 "C" 或直接单击命令窗口中的 "闭合 (C)" 选项闭合图形

★ 若图形在绘制过程中没有全部显示在屏幕上或显示太小，可使用图形观察功能进行调整。

3.2.2 使用正交模式辅助画水平线和垂直线

【功能】 限制坐标值沿水平或垂直方向变化，主要用于绘制水平线和垂直线。有两种状态：打开和关闭。处于 "指定……点" 状态时，正交打开，光标状态如图 3-5a 所示，其中文字提示为当前点相对于前一点的相对极坐标；正交关闭，光标状态如图 3-5b 所示。

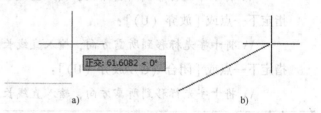

图 3-5 正交模式影响光标移动状态
a) 正交打开时十字光标移动状态 b) 正交关闭时十字光标移动状态

【设置方法】

• 状态栏：单击状态栏中的正交图标 ⌐ （图 3-6 圈示位置），图标变亮为打开，图标变暗为关闭。

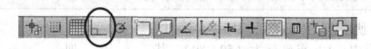

图 3-6 正交在状态栏中的位置

• 键盘快捷键：＜F8＞，重复按＜F8＞键可在打开和关闭状态之间切换。

• 快捷菜单：右键单击状态栏 ⌐ 图标即可打开正交快捷菜单，如图 3-7 所示。选中 "启用" 选项为打开，取消选中 "启用" 选项为关闭。

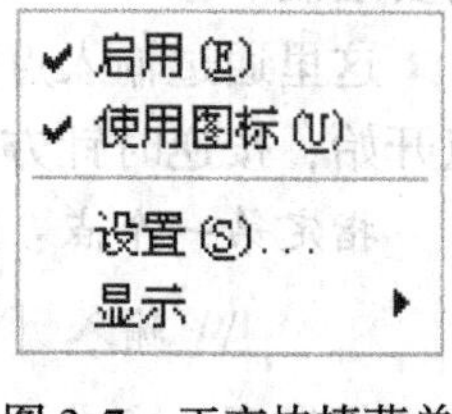

✓ 启用 (E)
✓ 使用图标 (U)

设置 (S)…
显示 ▶

图 3-7 正交快捷菜单

• 命令名称：ORTHO （或'ORTHO'用于透明使用）

在命令窗口中输入 ORTHO，命令窗口将显示：

输入模式 ［开 (ON)/关 (OFF)］ ＜关＞：

\\ 输入 "ON" 打开、输入 "OFF" 关闭，按＜Enter＞键或空格键确认；或单击命令窗口中的选项；不输入选项，直接按＜Enter＞键或空格键表示接受 "＜＞" 内的缺省值

★ 正交模式不影响键盘输入。

★ AutoCAD 将水平定义为平行于坐标系的 X 轴，将垂直定义为平行于 Y 轴。

【例 3-2】　利用正交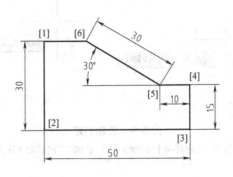功能和直接距离输入方法画直线的方法完成图 3-8 中图形的绘制，左上角点坐标在绘图区任意指定，注意不要与前例图形重叠。体会绘图过程与例 3-1 的区别。

图 3-8　例 3-2 图

绘图过程如下：

> \\ 观察状态栏，确认正交当前状态。若未打开，则右键单击状态栏中的正交图标，打开正交模式

指定第一个点：

> \\ 在绘图区任选一点作为 [1] 点

指定下一点或 [放弃 (U)]：30

> \\ 将鼠标光标移到 [1] 点的正下方（注意体会正交模式），输入直线长度 30

指定下一点或 [放弃 (U)]：50

> \\ 将鼠标光标移到 [2] 点的正右方，输入直线长度 50

指定下一点或 [闭合 (C)/放弃 (U)]：15

> \\ 将鼠标光标移到 [3] 点的正上方，输入直线长度 15

指定下一点或 [闭合 (C)/放弃 (U)]：10

> \\ 将鼠标光标移到 [4] 点的正左方，输入直线长度 10

指定下一点或 [闭合 (C)/放弃 (U)]：@30 < 150

> \\ 正交不能辅助画角度线，所以输入 [6] 点的相对极坐标

指定下一点或 [闭合 (C)/放弃 (U)]：c

> \\ 输入"C"或直接单击命令窗口中的"闭合 (C)"选项闭合图形

> \\ 单击状态栏中的正交图标，关闭正交模式

3.2.3　使用极轴追踪模式辅助绘图

【功能】　沿指定角度值（称为增量角）的倍数角度（称为追踪角）移动十字光标，如

指定角度值为30°，即可沿30°的倍数移动，如30°、60°等，如图3-9所示。系统沿设定的极轴角增量显示临时的对齐路径（以虚线显示），将命令的起点和光标对齐，用于以精确的位置和角度绘制对象，其中文字提示为当前点相对于前一点的相对极坐标。

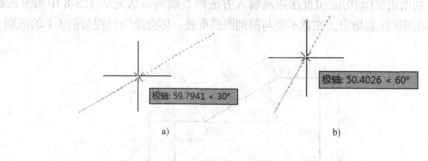

图 3-9　极轴追踪

a）沿30°方向移动十字光标　b）沿60°方向移动十字光标

【设置方法】

● 状态栏：单击状态栏中的极轴追踪按钮 （见图3-10圈示位置），图标变亮为打开，图标变暗为关闭。

图 3-10　极轴追踪按钮在状态栏中的位置

● 键盘快捷键：< F10 >，重复按 < F10 > 键可在打开和关闭状态之间切换。

● 快捷菜单：右键单击状态栏中的极轴追踪按钮 即可打开极轴追踪快捷菜单，如图3-11所示。选中"启用"选项为打开，取消选中"启用"选项为关闭；通过选择菜单中的数值选项也可以选择增量角。

● 菜单：［工具］→［草图设置］→［极轴追踪］选项卡（见图3-12）

在"草图设置"对话框的"极轴追踪"选项卡（见图3-12）中首先掌握如下功能设置：

打开、关闭极轴追踪：选中"启用极轴追踪"选项为打开，取消选中为关闭；

极轴追踪增量角设置：在"极轴角设置"选项区的"增量角"弹出列表中选择。在默认情况下，极轴追踪角增量设置为90°。

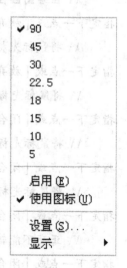

图 3-11　极轴追踪快捷菜单

极轴角测量方式：在"极轴角测量"选项区中选中"绝对"，即以 X 轴为0°角方向进行测量。在"极轴角测量"选项区中选中"相对上一段"，则按相对值度量角度，即相对于已完成前一段直线。如果绘制直线是以另一条直线的端点、中点或最近点为起点（参考对象捕捉），则以该直线作为度量基准。

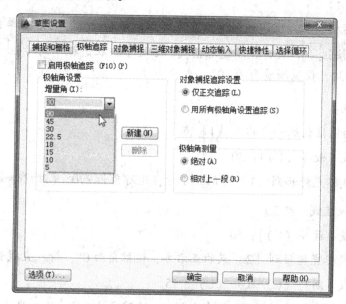

图3-12　"草图设置"对话框中的"极轴追踪"选项卡

• 命令名称：DSETTINGS（或 DSETTINGS，用于透明使用）

在命令窗口中输入 DSETTINGS，将打开"草图设置"对话框，操作同前。

【操作说明】

（1）极轴追踪的使用方法

当需要沿极轴追踪角增量的倍数方向绘制图线时，可以在确定起点后将光标移动到接近极轴角的位置，将显示临时对齐路径（见图 3-13 所示虚线）和工具提示（见图 3-13 所示文字），移动到所需位置确定下一点即可。

图3-13　极轴追踪临时的
对齐路径和工具提示

（2）临时追踪角的设置

可以在绘图输入临时极轴追踪角度。

方法：命令提示"指定……点："时输入角度值。

格式：在角度数值前添加一个左尖括号"<"，如"<36"为指定临时追踪角为36°。

★ 不能同时打开正交模式和极轴追踪，AutoCAD 在正交模式打开时会关闭极轴追踪，但打开了极轴追踪，AutoCAD 将关闭正交模式。

【例3-3】　利用极轴追踪 ⊘ 功能和直接距离输入方法画直线的方法完成图 3-14 中图形的绘制，左上角点坐标在绘图区任意指定，注意不要与前例图形重叠。体会绘图过程与例 3-1 和例 3-2 的区别。

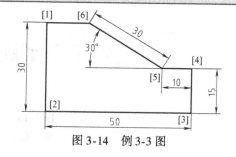

图3-14　例 3-3 图

绘图过程如下：

> \\ 观察状态栏，确认极轴追踪当前状态。若未打开，则右键单击状态栏中的极轴追踪按钮 ⟨⟩，打开极轴追踪模式。右键单击状态栏中的按钮 ⟨⟩，在快捷菜单中选择30，设置增量角为 30°

指定第一个点：

> \\ 在绘图区任选一点作为 [1] 点

指定下一点或 [放弃 (U)]：30

> \\ 将鼠标光标移到 [1] 点的正下方，追踪角为 270°（注意体会极轴追踪模式）
>
> \\ 输入直线长度30

指定下一点或 [放弃 (U)]：50

> \\ 将鼠标光标移到 [2] 点的正右方，追踪角为 0°，输入直线长度50

指定下一点或 [闭合 (C)/放弃 (U)]：15

> \\ 将鼠标光标移到 [3] 点的正上方，追踪角为 90°，输入直线长度15

指定下一点或 [闭合 (C)/放弃 (U)]：10

> \\ 将鼠标光标移到 [4] 点的正左方，追踪角为 180°，输入直线长度10

指定下一点或 [闭合 (C)/放弃 (U)]：30

> \\ 将鼠标光标移到 [5] 点的左侧，追踪角为 150°，输入直线长度30

指定下一点或 [闭合 (C)/放弃 (U)]：c

> \\ 输入 "C" 或直接单击命令窗口中的 "闭合 (C)" 选项闭合图形
>
> \\ 单击状态栏中的极轴追踪按钮 ⟨⟩，关闭极轴追踪模式

3.2.4 使用动态输入模式辅助绘图

【功能】 "动态输入"是在光标附近提供了一个命令界面。启用"动态输入"后，工具提示将在光标附近显示信息，如图 3-15 所示，其中图 3-15a 为指针输入状态，图 3-15b

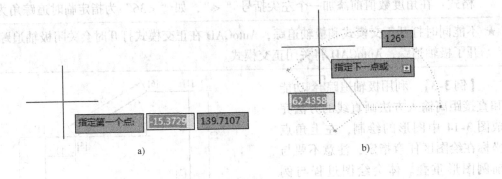

a)   b)

图 3-15 动态输入

a) 指针输入 b) 标注输入

为标注输入状态，图中的文字说明称为动态提示，数值框称作输入字段。该信息会随着光标的移动而动态更新。动态输入模式的作用在于：为用户提供输入交互响应信息的位置，部分取代命令窗口，使用户能够专注于绘图区域。

【设置方法】

● 状态栏：单击状态栏中的动态输入按钮 ⬚（见图 3-16 圈示位置），图标变亮为打开，图标变暗为关闭。

图 3-16　动态输入按钮在状态栏中的位置

● 键盘快捷键：＜F12＞，重复按＜F12＞键可在打开和关闭状态之间切换；在动态输入打开状态下，按住＜F12＞键不放，可以暂时将其关闭。

● 快捷菜单：右键单击状态栏中的按钮 ⬚ 即可打开动态输入快捷菜单，如图 3-17 所示。选中"启用"选项为打开，取消选中"启用"选项为关闭。单击"设置"命令可以打开图 3-18 所示的"草图设置"对话框的"动态输入"选项卡。

● 菜单：［工具］→［草图设置］→［动态输入］选项卡（见图 3-18）

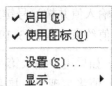

图 3-17　动态输入快捷菜单

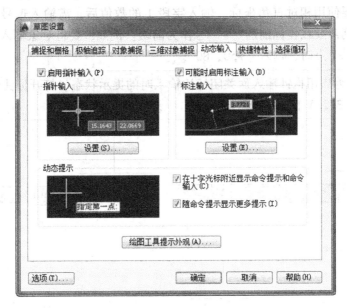

图 3-18　"动态输入"选项卡

在"草图设置"对话框的"动态输入"选项卡中可以完成如下状态设置：

打开、关闭指针输入：勾选"启用指针输入"复选框为打开，取消勾选为关闭；

打开、关闭标注输入：勾选"可能时启用标注输入"复选框为打开，取消勾选为关闭；

打开、关闭动态提示：勾选"在十字光标附近显示命令提示和命令输入"复选框为打开，取消勾选为关闭。

使用指针输入的设置可修改坐标的默认格式，以及控制指针输入工具提示何时显示，相关内容请参考软件帮助。

使用标注输入的设置可修改夹点编辑（参见3.2.11节）时绘图区显示的动态提示种类。

- 命令名称：DSETTINGS（或'DSETTINGS，用于透明使用）

在命令窗口中输入"DSETTINGS"，将打开"草图设置"对话框，操作同前。

【操作说明】

（1）指针输入使用方法

启用指针输入后，在执行命令时，十字光标位置的坐标值将在光标附近的工具提示中显示（见图3-19a）。

此时可以在工具提示中输入需要指定的坐标值，而不用在命令窗口中输入。在输入字段中输入值并按逗号键或 < Tab > 键后，该字段将显示一个锁定图标，并且光标会受用户输入的值约束（见图3-19b）。随后可以在第二个输入字段中输入值。

★ 如果用户输入第一字段的值，然后按 < Enter > 键，则第二个输入字段将被忽略，且该值将被现为直接距离输入。

第二个点和后续其他点的默认设置为相对极坐标，即以距离、角度形式定位（见图3-19c），不需要输入@符号。若使用 < Tab > 键切换字段1和字段2的输入，则直接使用相对极坐标。若需要使用相对直角坐标，输入字段1的数值后，需输入逗号"，"。如果需要使用绝对坐标，则需要在坐标前加"#"号作为前缀。例如，要将对象输入坐标"50，80"，则在提示输入第二个点时，输入"#50，80"。

★ 图3-19c所示为启用指针输入而关闭标注输入时的提示状态。打开标注输入后，工具提示的显示参考3.2.5节。

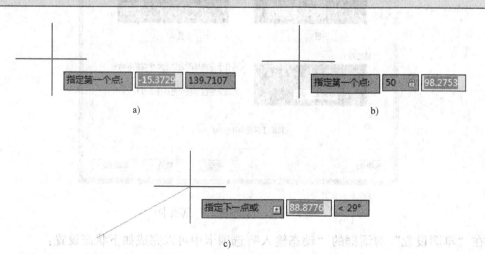

图3-19 动态输入的指针输入
a）指针输入显示坐标值 b）< Tab > 键切换输入字段 c）指针输入中第二点输入格式

（2）标注输入使用方法

启用标注输入后，在命令提示输入第二点时，工具提示将显示当前十字光标所处的相对极坐标，即与第一点之间的距离和与坐标系 X 轴构成的角度数值（见图 3-20a）。

> ★ 相对极坐标角度度量方向与当前十字光标的位置有关：若位于前一点的上方，则按逆时针方向度量；若位于前一点下方，则按顺时针方向度量；输入的角度数值没有正负区分。

在输入字段中输入值并按逗号键或 <Tab> 键后，该字段将显示一个锁定图标，并且光标会受用户输入的值约束（见图 3-20b）。随后可以在第二个输入字段中输入值。

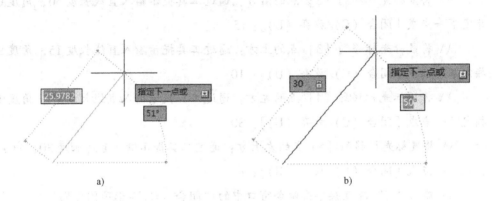

图 3-20 动态输入的标注输入

a）标注输入的工具提示 b）<Tab> 键切换输入字段

> ★ 标注输入可用于直线、圆、圆弧、多段线和椭圆命令。
> ★ 输入字段时，注意逗号键和 <Tab> 键的使用。
> ★ 在系统默认状态下，打开动态输入时指针输入和标注输入均打开。

【例 3-4】 利用动态输入 功能配合直线 按钮完成图 3-21 中图形的绘制，左上角点坐标在绘图区任意指定，注意不要与前例图形重叠。体会绘图过程与前例的区别。

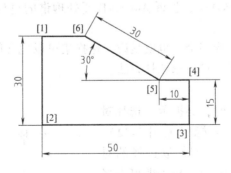

图 3-21 例 3-4 图

绘图过程如下：

\\ 观察状态栏，确认动态输入当前状态。若未打开，则右键单击状态栏中的

　　\\ 动态输入按钮⊞，打开动态输入模式

指定第一个点：

　　\\ 在绘图区任选一点作为 [1] 点，注意观察十字光标移动时，工具提示的变化
　　也可以通过工具提示输入点坐标（注意体会动态输入模式）

指定下一点或 [放弃 (U)]：90

　　\\ 将鼠标光标移到 [1] 点的下方：通过工具提示输入直线长度30，角度90°

指定下一点或 [放弃 (U)]：50

　　\\ 将鼠标光标移到 [2] 点的右方：通过工具提示输入直线长度50，角度0°

指定下一点或 [闭合 (C)/放弃 (U)]：15

　　\\ 将鼠标光标移到 [3] 点的上方：通过工具提示输入直线长度15，角度90°

指定下一点或 [闭合 (C)/放弃 (U)]：10

　　\\ 将鼠标光标移到 [4] 点的左方：通过工具提示输入直线长度10，角度180°

指定下一点或 [闭合 (C)/放弃 (U)]：30

　　\\ 将鼠标光标移到 [5] 点的左上方：通过工具提示输入直线长度30，角度150°

指定下一点或 [闭合 (C)/放弃 (U)]：c

　　\\ 输入 "C" 或直接单击命令窗口中的 "闭合 (C)" 选项闭合图形

　　\\ 单击状态栏中的动态输入按钮⊞，关闭极轴追踪模式

3.2.5　选择需处理的对象

　　手工制图的过程实际上就是不断地绘制新对象和处理已有的图形对象（用橡皮擦除多余的图线和辅助线），处理已有的图形对象的工作量甚至占到50%。手工制图处理对象的过程是：图形→眼睛→大脑判断→手控制铅笔绘制或橡皮擦除。而使用计算机辅助绘图（AutoCAD 绘图）处理对象的过程为：图形→眼睛→大脑判断→手控制鼠标→AutoCAD 处理。与手工制图相比，其中多了一步控制 AutoCAD 软件，也就是说，用户要告诉 AutoCAD 要处理谁和如何处理它。在 AutoCAD 中，告诉 AutoCAD 要处理谁的过程叫作对象选择或创建对象的选择集。

　　对象选择可以选择一个或多个，也就是说，选择集可以包含单个对象，也可以包含更复杂的编组。AutoCAD 提供了多种对象选择方法。

1. 使用鼠标点选对象

　　当系统需要确认处理谁时，会提示 "选择对象："并用拾取框代替十字光标（见图 3-22）。这时就可以用鼠标移动拾取框圈住欲选择的对象，该对象会亮显（见图3-23a），单击即可选择对象，AutoCAD 将以虚线形式显示被选择的对象（见图 3-23b）。若动态输入关闭，则没有文字提示。

图 3-22　拾取对象提示
十字光标变化

a）十字光标默认状态　b）对象拾取框

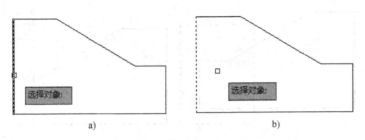

图 3-23 点选对象的过程（动态输入打开时）

a）拾取框圈住对象　b）选中该对象后

2. 选择窗口

选择窗口是指在绘图区域中，通过指定两个对角点确定的一个矩形区域。根据"选择对象："提示指定角点的顺序不同，选择窗口分为以下两种选择方式。

（1）窗口方式

在指定了第一个角点后，从左向右拖动形成矩形窗口选择框，此时矩形显示为实线（见图 3-24a），指定了第二点后，只会选择完全包含在矩形区域内的对象（见图 3-24b），图形对象有任何一部分在窗口以外都不能被选中。

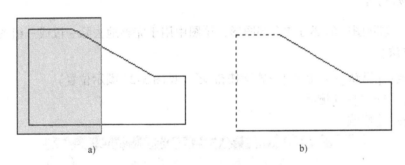

图 3-24 窗口方式选择对象的过程

a）指定窗口矩形　b）对象选择结果

（2）交叉窗口方式

在指定了第一个角点后，从右向左拖动形成矩形窗口选择框，此时矩形显示为虚线（见图 3-25a），指定了第二点后，则可选择包含在选择区域内以及与选择区域的边框相交叉的对象（见图 3-25b），即只要对象有任何一部分在窗口内均被选中，也称为"窗交"。

3. 选择全部对象

选择全部对象通过在"选择对象："提示后输入"all"响应实现。

4. 选择靠近或重叠对象

当对象相邻或重叠时，可以使用下述方法选择对象：

1）在状态栏中查看按钮 的亮暗状态，确保"选择循环"已启用。

2）在"选择对象："提示下，当在对象上移动光标时，会出现一个图标 ，该图标表示有多个对象可供选择。

3）单击鼠标左键，即可弹出"选择集"对话框，在对话框中可以查看靠近或重叠对象

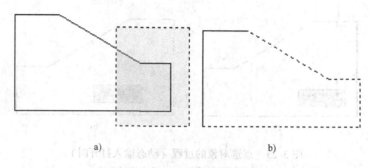

a)   b)

图 3-25　交叉窗口方式选择对象的过程

a）指定交叉窗口的矩形　b）对象选择结果

的列表，在列表中即可选择所需对象。

5. 取消已选择对象

要取消选择对象，需按住 < Shift > 键并单击欲取消选择的对象，或按住 < Shift > 键并使用窗口方式或交叉窗口方式来选择欲取消选择的对象。

按 < Esc > 键可以取消选择全部选定对象。

3.2.6　删除对象

【功能】　删除图中的部分或全部图形，绘图中用于完整地去除一段或一组图线。

【调用方法】

- 选项组：［默认］→［修改］→删除按钮 ✐ （见图 3-26 圈示位置）
- 菜单：［修改］→［删除］
- 工具栏：［修改］

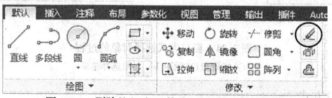

图 3-26　删除按钮在"修改"选项组中的位置

- 命令名称：ERASE，别名：E

【操作说明】

在命令窗口将显示：

选择对象：

\\ 使用 3.2.5 节中的方法选择要删除的目标

选择对象：

\\ 继续选择要删除的目标或按 < Enter > 键或空格键确认选择并结束命令

★ 按 < Enter > 键或空格键确认选择并结束命令时执行删除工作。

【例 3-5】　使用删除按钮 ✐ 参考图 3-23 ~ 图 3-25 分别使用不同的选择方法删除前面几

个例题中所绘制的图形中的部分图线。

操作过程参考：

1）单击"修改"选项组中的删除按钮✏️调用命令；

参考图3-23使用鼠标左键点选图线，按<Enter>键或空格键确认选择并结束命令。

2）单击"修改"选项组中的删除按钮✏️调用命令；

参考图3-24选择图线，按<Enter>键或空格键确认选择并结束命令。

3）单击"修改"选项组中的删除按钮✏️调用命令；

参考图3-25选择图线，按<Enter>键或空格键确认选择并结束命令。

★ 若选择对象时拾取框有跳跃现象，则查看状态栏中的捕捉按钮▦，如果是亮显，则单击将其关闭即可。

3.2.7　使用偏移命令绘制平行线

【功能】　创建一个与指定图线对象（如直线、圆、弧、多义线等）平行并保持指定距离或通过指定点确定位置的新图线对象。偏移按钮经常用来绘制图形中的平行线和底稿中定位的辅助线。

【调用方法】

● 选项组：[默认]→[修改]→偏移 （见图3-27圈示位置）

● 菜单：[修改]→[偏移]

● 工具栏：[修改]

图3-27　偏移按钮在"修改"选项组中的位置

● 命令名称：OFFSET，别名：O

【操作说明】

使用偏移按钮可以绘制指定距离的平行线，也可以绘制通过指定一点的平行线，下面分别介绍两种平行线的绘制方法。

（1）绘制指定距离的平行线

在命令窗口将显示：

指定偏移距离或[通过（T）/删除（E）/图层（L）]<通过>：　30

　　　　\\ 输入平行线间的距离

选择要偏移的对象，或[退出（E）/放弃（U）]<退出>：

　　　　\\ 选择偏移的基准目标对象，如图3-28a所示选择直线[1]

指定要偏移的那一侧上的点，或[退出（E）/多个（M）/放弃（U）]<退出>：

　　　　\\ 在要绘制平行线的一侧指定点，如图3-28b所示在直线[1]左侧绘制平行线选择要偏移的对象，或 [退出 (E)/放弃 (U)] <退出 >：

\\ 可以继续重复前面的选择基准对象和指定点的操作，也可以按 <Enter > 键或空格键退出

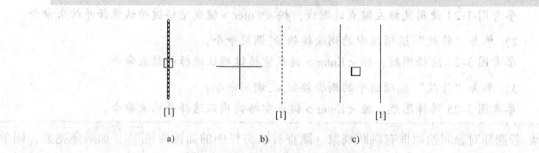

a)　　　　　　　　　　b)　　　　　　　　　　c)

图3-28　绘制指定距离的平行线

a) 选择基准对象　b) 选择偏移方向　c) 平行线绘制结果

（2）绘制通过指定点的平行线

在命令窗口将显示：

指定偏移距离或 [通过 (T)/删除 (E)/图层 (L)] <30.0000 >：　t

\\ 输入"T"或直接单击命令窗口中的"通过 (T)"选项，当 < > 中为"通过"时，也可直接按 <Enter > 键

选择要偏移的对象，或 [退出 (E)/放弃 (U)] <退出 >：

\\ 选择偏移的基准目标对象

指定通过点或 [退出 (E)/多个 (M)/放弃 (U)] <退出 >：

\\ 指定欲通过的点坐标

选择要偏移的对象，或 [退出 (E)/放弃 (U)] <退出 >：

\\ 可以继续重复前面的选择基准对象和指定点的操作，也可以按 <Enter > 键或空格键退出

★ Auto CAD 重复最后两步提示以连续创建多个偏移对象，按 <Enter > 键或空格键结束命令。
★ 输入距离偏移对象后，本次输入的距离将作为下一次执行命令的默认值。

【例3-6】　使用偏移按钮 完成图3-29 所示的图形。图中数字为直线说明序号，不需要画。

操作过程参考：

1）建立新文件。

2）确认状态栏正交 处在打开状态（或使用极轴追踪 和动态输入 功能）。

3）绘制直线①：

单击"绘图"选项组中的直线按钮 调用命令；

响应"指定第一点"提示，在绘图区单击鼠标左键选点；

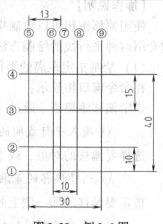

图3-29　例3-6图

将十字光标移到第一点正右方，输入 40（数值任意，大于 30 即可）；

按 < Enter > 键结束命令。

4）绘制直线⑤：

单击"绘图"选项组中的直线按钮 / 调用命令；

响应"指定第一点"提示，参考图 3-29，在直线①左侧下方单击鼠标左键选点；

将十字光标移到第一点正上方，输入 50（数值任意，大于 40 即可）；

按 < Enter > 键结束命令。

5）绘制水平平行线②：

单击"修改"选项组中的偏移按钮 ⊥ 调用命令；

响应"指定偏移距离"提示，通过键盘输入 10；

响应"选择要偏移的对象"提示，选择直线①；

将十字光标移到直线①上方，单击鼠标左键；

按 < Enter > 键结束命令。

6）绘制水平平行线③、④：

使用与绘制直线②相同的方法，分别指定偏移距离为 40 和 15。

7）绘制竖直平行线⑥、⑧、⑨：

单击"修改"选项组中的偏移按钮 ⊥ 调用命令；

响应"指定偏移距离"提示，通过键盘输入 10；

响应"选择要偏移的对象"提示，选择直线⑤；

将十字光标移到直线⑤右侧，单击鼠标左键，绘制直线⑥；

响应"选择要偏移的对象"提示，选择刚绘制的直线⑥；

将十字光标移到直线⑥右侧，单击鼠标左键，绘制直线⑧；

响应"选择要偏移的对象"提示，选择刚绘制的直线⑧；

将十字光标移到直线⑧右侧，单击鼠标左键，绘制直线⑨；

按 < Enter > 键结束命令。

8）绘制竖直平行线⑦：

单击"修改"选项组中的偏移按钮 ⊥ 调用命令；

响应"指定偏移距离"提示，通过键盘输入 13；

响应"选择要偏移的对象"提示，选择直线⑤；

将十字光标移到直线⑤右侧，单击鼠标左键；

按 < Enter > 键结束命令。

9）单击状态栏中的正交按钮 ⌐，关闭正交模式（或关闭极轴追踪 Ⓖ 和动态输入 ⊞）。

10）单击快速访问工具栏中的保存按钮 🖫，输入文件名为：例 3-6。

11）关闭当前文件。

3.2.8　使用修剪命令擦除线段的一部分

【功能】　以指定图线作为边界（剪切边），将被其分割的图线中不需要的部分选择去除。可以实现的修剪状态如图3-30所示（文中和图中的数字为图线的编号）。

图3-30a：以①为边界，可以修剪①两侧的②；以②为边界，可以修剪②两侧的①。

图3-30b：以③为边界，可以修剪③两侧的①和②；以①为边界，可以修剪①两侧的③；以②为边界，可以修剪②两侧的③；以①、②为边界，可以修剪①、②之间的③和①及②外侧的③。

图3-30c：以②为边界，可以修剪②两侧的①；但以①为边界，不能修剪②，图线②需要使用删除的方法。

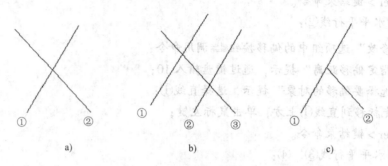

图3-30　可修剪的图形状态

a）两图线相交　b）多个图线相交　c）两图线点触或相切

【调用方法】

● 选项组：［默认］→［修改］→修剪 （见图3-31圈示位置）

● 菜单：［修改］→［修剪］

● 工具栏：［修改］

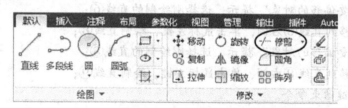

图3-31　修剪按钮在"修改"选项组中的位置

● 命令名称：TRIM，别名：TR

【操作说明】

修剪命令运行过程及各步的响应如下：

选择对象或 ＜全部选择＞：

　　　\\ 选择作为剪切边的对象

　　　\\ 单击鼠标右键或按＜Enter＞键可以选择全部对象作为剪切边

选择对象：

　　　\\ 选择剪切边提示将会重复，可以选择多个剪切边

　　　\\ 按＜Enter＞键确认选择

选择要修剪的对象，或按住＜Shift＞键选择要延伸的对象，或

[栏选 (F)/窗交 (C)/投影 (P)/边 (E)/删除 (R)/放弃 (U)]：

\\ 这里可以做如下响应：

\\ 1) 选择要修剪的对象：可以使用点选和窗交方式选择

\\ 2) 按住 <Shift> 键选择要延伸的对象，延伸选定对象而不是修剪

\\ 该选项提供了一种切换修剪命令和延伸命令的快捷方法

\\ 延伸命令请参考第 5 章

\\ 3) 按 <Enter> 键结束命令

【其他功能说明】

1) 如果有多个可能的修剪结果，那么第一个选择点的位置将决定结果。

2) 某些要修剪的对象的窗交选择不确定，若没有得到期望的结果，最好的方法是执行放弃操作，使用其他选择方式。

3) 选项 "投影" ——确定修剪操作的坐标空间。

4) 选项 "边" ——控制是否以延伸方式剪切。

5) 选项 "删除" ——不退出修剪命令，删除选定的对象。

6) 选项 "放弃" ——将命令执行过程中最后剪掉的图线恢复。

【例 3-7】 在绘图区绘制形状如图 3-32 所示的图形（尺寸随意，数字为图线标号，不用画），按下述步骤操作，体会修剪命令的运行过程。

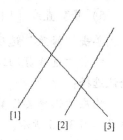

图 3-32 例 3-7 原图

操作过程：

1) 单击 "绘图" 选项组中的直线按钮 ，调用直线命令，绘制图 3-32 所示的图形，尺寸任意。

2) 修剪直线 [1] 右侧的直线 [3]。

单击 "修改" 选项组中的修剪按钮 调用命令；

响应 "选择对象" 提示，选择直线 [1]，按 <Enter> 键确认选择；

响应 "选择要修剪的对象" 提示，使用点选方式选择位于直线 [1] 右侧的直线 [3]，结果如图 3-33 所示；

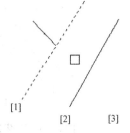

图 3-33 修剪直线 [1] 右侧的直线 [3]

按 <Enter> 键结束命令；

单击快速访问工具栏中的放弃按钮 ，取消修剪操作，使图形恢复到初始状态。

3) 使用点选方式选择对象，修剪直线 [3] 上方的直线 [1] 和直线 [2]。

单击 "修改" 选项组中的修剪按钮 调用命令；

响应 "选择对象" 提示，选择直线 [3]，按 <Enter> 键确认选择；

响应 "选择要修剪的对象" 提示，使用点选方式选择位于直线 [3] 上方的直线 [1] 和直线 [2]，结果如图 3-34 所示；

按 <Enter> 键结束命令；

单击快速访问工具栏中的放弃按钮 ，取消修剪操作，使图形恢复到初始状态。

4）使用窗交方式选择对象，修剪直线［3］上方的直线［1］和直线［2］。

单击"修改"选项组中的修剪按钮￫调用命令；

响应"选择对象"提示，选择直线［3］，按＜Enter＞键确认选择；

响应"选择要修剪的对象"提示，使用窗交方式选择位于直线［3］上方的直线［1］和直线［2］，选择过程如图3-35所示，结果如图3-34所示；

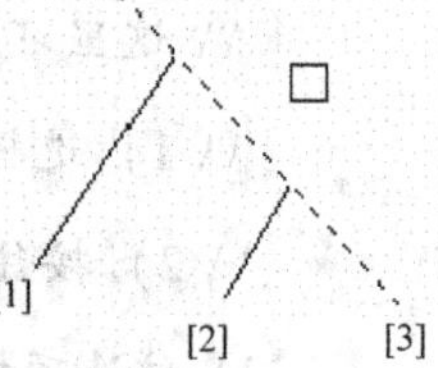

图3-34 修剪直线［3］上方的直线［1］和直线［2］

按＜Enter＞键结束命令；

单击快速访问工具栏中的放弃按钮，取消修剪操作，使图形恢复到初始状态。

5）修剪直线［1］和直线［2］之间的直线［3］。

单击"修改"选项组中的修剪按钮￫调用命令；

响应"选择剪切边…选择对象"提示，选择直线［1］和直线［2］，按＜Enter＞键确认选择；

响应"选择要修剪的对象"提示，选择位于直线［1］和直线［2］之间的直线［3］，结果如图3-36所示；

按＜Enter＞键结束命令；

单击快速访问工具栏中的放弃按钮，取消修剪操作，使图形恢复到初始状态。

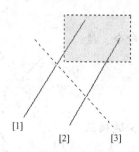

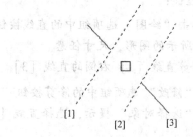

图3-35 窗交方式选择对象

图3-36 修剪直线［1］和直线［2］之间的直线［3］

6）使用选择全部对象作为剪切边方式修剪。

单击"修改"选项组中的修剪按钮￫调用命令；

响应"选择对象"提示，单击鼠标右键或按＜Enter＞键选择全部对象作为剪切边；

响应"选择要修剪的对象"提示，任意选择想要修剪的对象，观察修剪结果；

按＜Enter＞键结束命令。

【例3-8】 在例3-6的基础上，修剪相应图线，完成图3-37b所示的图形。比较图3-37a和图3-37b，明确图中图线的位置，确认每条图线需要被修剪的部分。

操作过程参考：

1）单击快速访问工具栏中的打开按钮，打开文件"例3-6"。

2）修剪外轮廓：

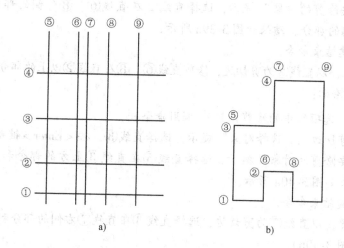

图 3-37 例 3-8 图
a）初始状态 b）修剪结果

单击"修改"选项组中的修剪按钮⊥调用命令；

响应"选择剪切边...选择对象"提示，选择直线①，按 < Enter > 键确认选择；

响应"选择要修剪的对象"提示，选择直线⑤、⑥、⑧、⑨在直线①以下的部分，结果如图 3-38a 所示；

按 < Enter > 键结束命令。

使用上述步骤，分别以直线④、⑤、⑨为剪切边，修剪直线⑦、⑨在直线④以上的部分（见图 3-38b），直线①、③在直线⑤左侧的部分（见图 3-38c），直线①、④在直线⑨右侧的部分（见图 3-38d）。

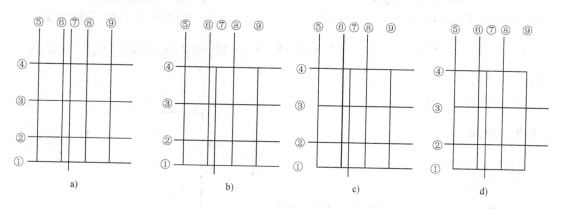

图 3-38 修剪外轮廓
a）以直线①为剪切边 b）以直线④为剪切边 c）以直线⑤为剪切边 d）以直线⑨为剪切边

3）修剪底部轮廓：

单击"修改"选项组中的修剪按钮⊥调用命令；

响应"选择剪切边...选择对象"提示，选择直线⑥、⑧，按 < Enter > 键确认选择；

响应"选择要修剪的对象"提示，选择直线②在直线⑥、⑧外侧的部分，选择直线①在直线⑥、⑧内侧的部分，结果如图 3-39a 所示；

按<Enter>键结束命令。

使用上述步骤，以直线②为剪切边，修剪直线⑥、⑧在直线②以上的部分（见图 3-39b）。

4）修剪顶部轮廓：

单击"修改"选项组中的修剪按钮 ╱ 调用命令；

响应"选择剪切边...选择对象"提示，选择直线③，按<Enter>键确认选择；

响应"选择要修剪的对象"提示，选择直线⑤在直线③上方的部分和直线⑦在直线③下方的部分，结果如图 3-40a 所示；

按<Enter>键结束命令。

使用上述步骤，以直线⑦为剪切边，选择直线③在直线⑦右侧的部分和直线④在直线⑦左侧的部分（见图 3-40b）。

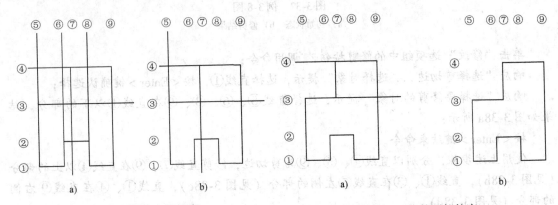

图 3-39　修剪底部轮廓
a）以直线⑥、⑧为剪切边　b）以直线④为剪切边

图 3-40　修剪顶部轮廓
a）以直线③为剪切边　b）以直线⑦为剪切边

5）单击快速访问工具栏中的保存按钮 🖫 ，保存文件。

6）关闭当前文件。

3.2.9　画圆

【功能】　画圆。

【调用方法】

• 选项组：[默认]→[绘图]→圆 ⊙（见图 3-41 圈示位置），默认为"圆心，半径"方式画圆，使用其他方式可通过单击下三角箭头，展开下拉菜单（见图 3-41 方框圈示位置）后选择。

• 菜单：[绘图]→[圆]→画圆方式的子菜单（见图 3-42）

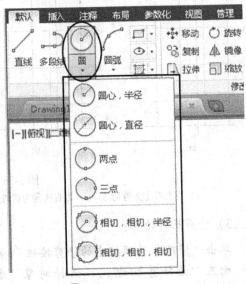

图 3-41　圆 ⊙ 按钮在"绘图"选项组中的位置

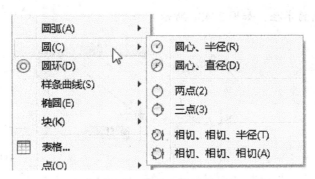

图 3-42　画圆方式的子菜单

● 工具栏：[绘图]

● 命令名称：CIRCLE，别名：C

【操作说明】

系统提供 6 种画圆方式：圆心、半径；圆心、直径；两点（直径的两端点）；三点；相切、相切、半径（选择与圆相切的两个对象并指定圆的半径）；相切、相切、相切（3 个相切对象）。

（1）已知圆心及半径画圆——圆心、半径

绘制过程如下：

指定圆的圆心或［三点（3P）/两点（2P）/切点、切点、半径（T）］：

　　　\\ 指定一点作为圆心

指定圆的半径或［直径（D）］：

　　　\\ 输入圆的半径

（2）已知圆心及直径画圆——圆心、直径

绘制过程如下：

指定圆的圆心或［三点（3P）/两点（2P）/切点、切点、半径（T）］：

　　　\\ 指定一点作为圆心

指定圆的半径或［直径（D）］<50.0000>：_d 指定圆的直径 <100.0000>：

　　　\\ 输入圆的直径

★ 命令提示中形如 "<50.0000>" 的内容为当前默认参数值，若为所需可直接确认，不必重新输入。

（3）已知圆半径和两个相切对象画圆——相切、相切、半径

绘图过程如下：

指定对象与圆的第一个切点：

　　　\\ 选择圆、圆弧或直线作为圆的第一条切线，如图 3-43a 所示

指定对象与圆的第二个切点：

　　　\\ 选择圆、圆弧或直线作为圆的第二条切线，如图 3-43b 所示

指定圆的半径：

\\ 输入圆的半径，如图3-43c 所示

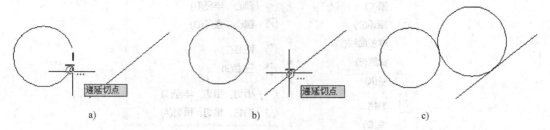

a)   b)   c)

图3-43 "相切、相切、半径"方式画圆
a）指定第一个切点 b）指定第二个切点 c）作图结果

★ 其他画圆方式请读者通过软件了解画图过程。

★ 使用"相切、相切、半径"方式画圆时，所选择的点应尽可能接近切点位置，以保证获得希望的圆。若画图过程中得到的结果不是所要的，请重新选择切点。

【例3-9】 参考下述步骤练习画圆。

操作过程参考：

1）使用"圆心、半径"方式画圆。

单击"绘图选项组中的圆按钮 调用命令；

响应"指定圆的圆心"提示，在绘图区任选一点；

响应"指定圆的半径 [直径（D）]"提示，输入50。

2）使用"圆心、直径"方式画圆。

单击"绘图选项组中的圆按钮 调用命令；

响应"指定圆的圆心"提示，在绘图区任选一点；

响应"指定圆的直径"提示，输入70。

3）使用"相切、相切、半径"方式画与前两个圆相切的圆。

这里自己构思一个相切的位置和半径，看画完后与自己想的是否一致。

单击"绘图选项组中的圆按钮 调用命令；

响应"指定对象与圆的第一个切点"提示，在第一个圆上选择切点；

响应"指定对象与圆的第二个切点"提示，在第二个圆上选择切点；

响应"指定圆的半径"提示，输入半径值。

3.2.10 鼠标精确定位绘图点——对象捕捉

工程制图的绘图习惯是先画图形中的定位基准线，在基准线的基础上再绘制其他图线，在这个过程中经常需要使用如"交点""圆心"等位置来定位画线，在绘图软件中是通过"对象捕捉"功能来实现的。利用对象捕捉功能捕获已有图线的特殊几何点，可完成绘图点的精确定位。对象捕捉是一个十分有用的功能，在绘图过程中，许多图线都需要利用已有图线的特殊几何点来完成绘制，如自圆心至直线的中点画线、绘制两圆的切线以及在两直线的

交点处画圆等。

在 AutoCAD 中对象捕捉有两种运行方法：单一点对象捕捉和自动对象捕捉。

1. 单一点对象捕捉

【功能】 设置针对特定一点的捕捉模式，设置仅针对当前的点选择有效。

【调用方法】

● 工具栏：对象捕捉工具栏（见图 3-44）。

图 3-44 对象捕捉工具栏

★ 打开对象捕捉工具栏的步骤：依次单击功能区中的"视图"选项卡→"用户界面"选项组→"工具栏"，从列表中选择对象捕捉工具栏。

● 快捷菜单：按住 < Shift > 键并单击鼠标右键，将在光标位置显示对象捕捉快捷菜单（见图 3-45）。

图 3-45 对象捕捉快捷菜单

● 命令名称：每一种对象捕捉方式均有其命令简称，见表 3-1。

【操作说明】

表 3-1 列举了 AutoCAD 中常用的对象捕捉功能。

使用对象捕捉时，将光标移至对象的捕捉点附近，系统会在捕捉点上显示相应的标记和文字提示。

表 3-1 常用的对象捕捉方式

按钮	命令	捕捉类别	功　　能	捕捉标记及提示
	end	端点	捕捉到直线或圆弧等对象的最近端点	端点
	mid	中点	捕捉到直线或圆弧等对象的中点	中点
	int	交点	捕捉到对象的交点	交点
	app	外观交点	捕捉三维空间中两个交叉对象的重影点；在平面中的单一点对象捕捉方式下，可以捕捉延长线相交的两对象的交点	延伸外观交点
	ext	延长线	捕捉直线和圆弧的延长线	范围: 11.6447 < 199°
	cen	圆心	捕捉圆弧、圆或椭圆的圆心	圆心
	qua	象限点	捕捉圆弧、圆或椭圆上最近的象限点(0°、90°、180°、270°)	象限点
	tan	切点	在圆或圆弧上捕捉一点，该点与前一点形成的直线与圆或圆弧相切	切点
	per	垂足	捕捉到与圆弧、圆、构造线、椭圆、直线、多段线、射线、实体或样条曲线等对象正交的点，也可以捕捉到对象延长线的垂足	垂足
	par	平行线	捕捉到选定对象平行线上一点，用于绘制平行线	平行: 36 < 213°

（续）

按钮	命令	捕捉类别	功　能	捕捉标记及提示
	ins	插入点	捕捉到块、文字、属性或属性定义的插入点	插入点
	nod	节点	捕捉到用"点"命令绘制的点对象	节点
	nea	最近点	捕捉对象与选择点距离最近的位置	最近点
	non	无捕捉	关闭选择下一点时的自动对象捕捉方式	

注：表中所提到的"最近"均指与选择点的距离。

在绘图过程中调用单一点对象捕捉可以采用以下 3 种方法：

1）单击对象捕捉工具栏中的一个捕捉方式按钮。

2）按 <Shift> 键并在绘图区域中单击鼠标右键，然后从弹出的快捷菜单中选择一种对象捕捉。

3）在命令窗口中输入对象捕捉的对应命令。

在 AutoCAD 中实现捕捉对象的点应按照如下步骤：

1）启动需要指定点的命令，如直线、圆等。

2）当命令提示输入点时，使用前述方法之一选择一种对象捕捉。

3）将光标移动到捕捉位置附近，系统会自动锁定捕捉点，然后单击鼠标左键即可。

★ 只有在绘图命令运行期间，提示输入点坐标时才可以用光标捕捉对象上的几何点。

★ 单一点对象捕捉方式可以临时替代自动对象捕捉方式

★使用单一点对象捕捉时，如果选择对象捕捉点以外的任意点，则 AutoCAD 将提示所选的点无效。

★"平行"捕捉可以用来绘制平行线。先指定直线的"第一点"，再选择"平行"对象捕捉，然后移动光标到平行基准线上，将显示平行线符号，表示此对象已经选定。再移动光标，将会在接近与选定对象平行时"跳到"平行的位置。

★使用"延长线"捕捉方式，在直线或圆弧端点上暂停后将显示小的加号（＋），表示直线或圆弧已经选定，移动光标即可在该对象延长线方向上显示约束路径。

【例 3-10】　使用对象捕捉辅助功能，绘制图 3-46a 所示的图形，不标注尺寸。

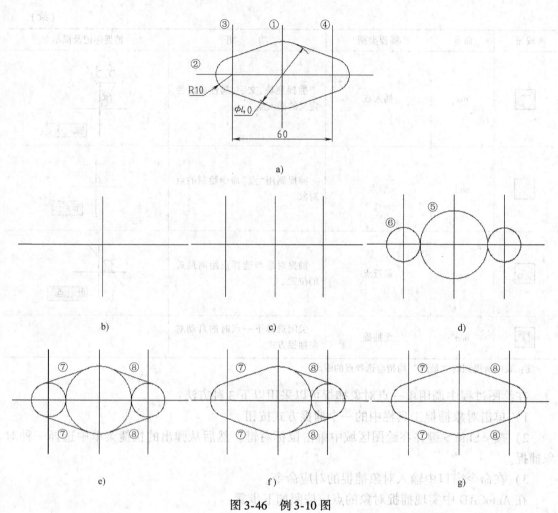

图 3-46 例 3-10 图

a）原图 b）绘制主要基准线 c）绘制辅助基准线 d）画圆 e）画切线 f）修剪内部左侧轮廓 g）修剪内部右侧轮廓

操作过程参考：

1）建立新文件。

2）确认状态栏正交 处在打开状态（或使用极轴追踪 和动态输入 功能）。

3）绘制绘图基准线：

单击"绘图"选项组中的直线 按钮绘制①、②两条正交直线，直线①长度>40，直线②长度>80，使交点接近两直线的中点（见图 3-46b）；

单击"修改"选项组中的偏移按钮 绘制③、④两条竖直直线，指定偏移距离为30（见图 3-46c）。

4）打开对象捕捉工具栏：

在标准工具栏（其他工具栏也可）上单击鼠标右键，弹出工具栏的快捷菜单，选中对象捕捉。

5）利用交点 捕捉定位圆心画圆：

76

单击"绘图"选项组中的圆按钮⊘调用命令；

响应"指定圆的圆心"提示，在对象捕捉工具栏中单击交点按钮☒，调用交点捕捉模式，将十字光标移到直线①和②交点附近，出现捕捉标记后单击鼠标左键选中该点；

响应"指定圆的半径 [直径 (D)]"提示，输入20；

使用同样方法分别捕捉②、③和②、④的交点为圆心，绘制半径为10的圆；

结果如图3-46d所示。

6）绘制圆的切线：

单击"绘图"选项组中的直线按钮╱调用命令；

响应"指定第一个点"提示，在对象捕捉工具栏中单击切点按钮⊘，调用切点捕捉模式，将十字光标移到图3-46d中⑤附近，出现捕捉标记后单击鼠标左键选中该点；

响应"指定下一点"提示，在对象捕捉工具栏中单击切点按钮⊘，调用切点捕捉模式，将十字光标移到图3-46d中⑥附近，出现捕捉标记后单击鼠标左键选中该点；

按 <Enter> 键结束命令，结果如图3-46e所示。

7）修剪内部轮廓：

单击"修改"选项组中的修剪按钮╱╱调用命令；

响应"选择剪切边…选择对象"提示，选择直线⑦（两条），按 <Enter> 键确认选择；

响应"选择要修剪的对象"提示，选择位于直线⑦之间的两段圆弧，结果如图3-46f所示；

按 <Enter> 键结束命令；

使用同样的方法以直线⑧为剪切边，修剪直线⑧之间的两段圆弧，结果如图3-46g所示。

8）单击快速访问工具栏中的保存按钮🖫，输入文件名为：例3-10。

9）关闭当前文件。

2. 自动对象捕捉

【功能】　自动运行预设的对象捕捉方式，无论是否选择点均保持捕捉有效，直至关闭。

【设置方法】

●状态栏：单击状态栏中的自动对象捕捉按钮▢（见图3-47圈示位置），图标变亮为打开，图标变暗为关闭。

图3-47　自动对象捕捉按钮在状态栏中的位置

●右键快捷菜单：右键单击状态栏中的按钮▢即可打开，如图3-48所示。选中"启用"选项为打开，取消选中"启用"选项为关闭；通过菜单中的"端点""中点"等对象捕捉模式选项也可以选择"预设对象捕捉模式"；选择"设置"选项可以打开图3-49所示的"对象捕捉"选项卡。

●键盘快捷键：<F3>，重复按<F3>键可在打开和关闭状态之间切换。

●菜单：[工具]→[草图设置]→[对象捕捉] 选项卡（见图3-49）。

图3-48　自动对象捕捉
的右键快捷菜单

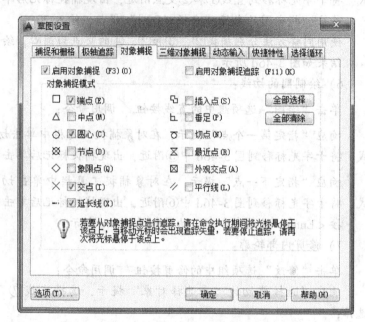

图3-49　"对象捕捉"选项卡

在"草图设置"对话框的"对象捕捉"选项卡中可以完成如下状态设置。

打开、关闭对象捕捉：勾选"启用对象捕捉"复选框为打开，取消勾选为关闭。

预设对象捕捉模式选择：勾选对应捕捉模式前的复选框，即可打开对应的捕捉模式，系统默认打开了"端点""圆心""交点"和"延长线"4种模式。

●工具栏：对象捕捉工具栏→ 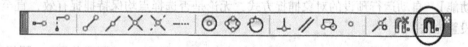 （见图3-50圈示位置），单击此按钮可打开图3-49所示的"对象捕捉"选项卡。

图3-50　自动对象捕捉设置按钮在工具栏中的位置

●命令名称：OSNAP（或′OSNAP，用于透明使用），别名：OS；
DSETTINGS（或′DSETTINGS，用于透明使用）

【操作说明】

使用自动对象捕捉包含两项设置：预设对象捕捉模式，自动对象捕捉的打开与关闭。

预设对象捕捉模式可通过"菜单""工具栏"和"右键快捷菜单"打开图3-49所示的"草图设置"对话框，在此对话框中的"对象捕捉"选项卡中勾选对象捕捉模式的复选框预设自动对象捕捉可用的对象捕捉方式。

完成对象捕捉方式预设后，在以后的绘图中即可单击"状态栏"或按快捷键<F3>随时打开或关闭自动捕捉。

★ 不要选择太多的捕捉模式，否则在使用过程中容易对选择捕捉点出现影响。

【例3-11】　设置自动对象捕捉，重复例3-10。

操作过程参考：

1）打开"对象捕捉"选项卡，勾选图3-51所示的捕捉功能复选框。

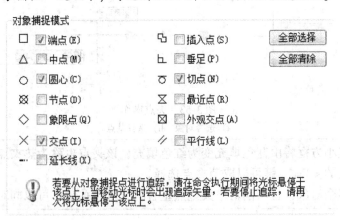

图3-51　例3-11自动对象捕捉设置

2）打开自动对象捕捉功能，开始绘图。绘图过程与前述例题基本相同，只是捕捉功能不必每次调用，但在使用过程中应注意捕捉点的标记及提示，防止选点错误。绘图步骤略。

3.2.11　使用夹点模式改变图线长度

在例3-10和例3-11所画的图形中，4条中心线的轮廓线外延伸长度不符合国家标准的要求，下面介绍使用夹点模式修改图线长度的方法。

在AutoCAD中夹点是一些小方框，当使用鼠标选定图形时，图形的端点、中点、圆心等关键点上将出现夹点（见图3-52所示的蓝色填充方框）。可以通过拖动夹点直接而快速地编辑该图形。

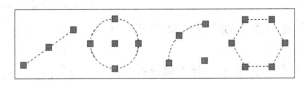

图3-52　夹点

★ 不同图形对象的关键点种类也不同，如直线的关键点是端点和中点，圆的关键是圆心和象限点。

通过夹点可以快速拉伸、移动、旋转、缩放或镜像图形，本节先介绍拉伸。

【操作说明】

使用夹点拉伸图线的步骤：

1）选择要拉伸的图线，图线显示关键点并变为虚线显示，如图3-53a所示

2）选中作为操作基点的夹点（基准夹点），系统亮显（夹点由蓝色填充变为红色填充）被选定的夹点，并激活默认夹点模式"拉伸"，如图 3-53b 所示；此时命令窗口显示：

＊＊ 拉伸 ＊＊

指定拉伸点或［基点（B）/复制（C）/放弃（U）/退出（X）］：

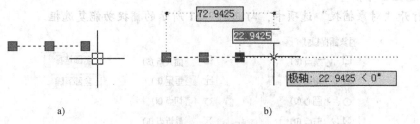

a)   b)

图 3-53　夹点操作

a) 选择对象　b) 选择基点

★ 被选择的夹点小方框将由蓝色填充变为红色填充，该夹点也称为热夹点。

★ 通过按键盘上的 <Esc> 键可以取消夹点选择。

★ 若一次选择多个对象，且不同对象关键点重合时，重合关键点可以同时被选中。

3）移动鼠标即可拉伸图线，确定拉伸长度有以下 3 种方法：

① 单击鼠标左键确定拉伸长度。

② 使用正交模式或极轴模式，将十字光标移到欲拉伸的水平或竖直方向后，直接输入需要拉伸的长度。

③ 使用延长线捕捉 ▭ ，将十字光标移到图线的欲拉伸方向后，直接输入需要拉伸的长度。

同时，在操作中可以配合使用动态输入模式，此时的绘图区提示如图 3-54 所示。提示的种类可以通过图 3-16 中标注输入的"设置"选项修改，也可通过 <Tab> 键切换。

【例 3-12】　将例 3-10 图形中的 4 条中心线的轮廓线以外的延伸长度改到 3mm。

操作过程参考：

1）单击"修改"选项组中的修剪按钮 ▭ 调用命令；

响应"选择对象"提示，单击鼠标右键选择全部对象作为剪切边；

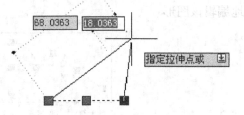

图 3-54　动态输入模式夹点拉伸绘图区提示

响应"选择要修剪的对象"提示，将 4 条中心线的轮廓线以外的部分修剪掉；

按 <Enter> 键结束命令，结果如图 3-55a 所示。

2）确认状态栏正交 ▭ 和动态输入 ▭ 处在打开状态。

3）单击直线①，选中该直线，如图 3-55b 所示。

4）选择直线①上方的夹点作为操作基点，向正上方移动十字光标，如图 3-55c 所示，将输入框中的数字"4.5536"改为"3"，结果如图 3-55d 所示。

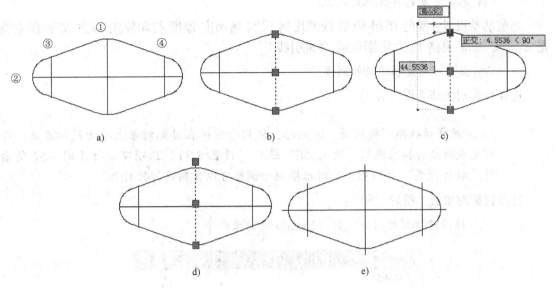

图 3-55　例 3-12 图

a）原图　b）选择欲拉伸图线　c）选择基点　d）向上拉伸结构　e）作图结果

5）选择直线①下方的夹点作为操作基点，向正下方移动十字光标，输入 3。

6）按 < Esc > 键取消夹点选择。

7）重复步骤 3）~6），分别修改直线②、③、④，结果如图 3-55e 所示。

3.2.12　对象特性匹配快速修改图线的图层

使用第 2 章介绍的方法可以实现将图线修改到对应图层上，但每条图线都要——选择修改是一件非常浪费时间的事情，本节介绍快速修改的方法——特性匹配。

【功能】所谓对象特性匹配是把某一对象的特性复制到其他若干个目标对象上。

【调用方法】

- 选项组：［默认］→［剪贴板］→特性匹配按钮 （见图 3-56 圈示位置）
- 菜单：［修改］→［特性匹配］
- 工具栏：［标准］

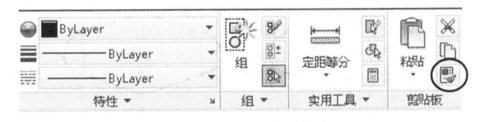

图 3-56　特性匹配按钮在"剪贴板"选项组中的位置

- 命令名称：MATCHPROP，别名：MA

【操作说明】

选择源对象：

\\ 选择要复制其特性的对象

当前活动设置：颜色 图层 线型 线型比例 线宽 透明度 厚度 打印样式 标注 文字 图案填充 多段线 视口 表格 材质 阴影显示 多重引线

\\ 当前可以复制的特性种类

选择目标对象或［设置（S）］：

\\ 在此提示状态下将出现 光标，使用小方框在目标对象上单击鼠标左键，即可完成对象的特性匹配。输入"S"选择［设置（S）］选项可以打开图3-57所示的"特性设置"对话框，此对话框用于调整可以复制的特性种类

选择目标对象或［设置（S）］：

\\ 继续选择目标对象或按＜Enter＞键结束命令

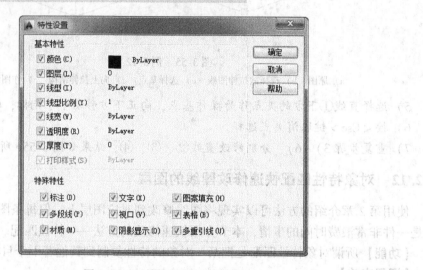

图3-57 "特性设置"对话框

【例3-13】 将例3-12图形中的线型调整到对应图层上。

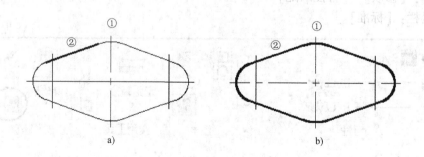

图3-58 例3-13图
a）调整图层 b）特性匹配

操作过程参考：

1）使用第2章的方法将直线①调整到"点画线"层，将直线②调整到"粗实线"层，

如图 3-58a 所示。

2）单击特性匹配按钮 调用命令；

响应 "选择源对象" 提示，选择直线①；

响应 "选择目标对象" 提示，选择其他几条中心线；

按 <Enter> 键结束命令。

3）单击特性匹配按钮 调用命令；

响应 "选择源对象" 提示，选择直线②；

响应 "选择目标对象" 提示，选择其他轮廓线；

按 <Enter> 键结束命令，结果如图 3-58b 所示。

★ 若调整后点画线等线型不能够显示，则可以通过第 2 章中介绍的方法调整线型比例。

3.3 绘图实例

3.3.1 绘图步骤

不论使用什么工具绘制工程图形，绘图者首先应具备工程制图的基础，知道工程图形该如何画，其次才是绘图工具的使用。

AutoCAD 作为计算机辅助绘图工具，在画图时，与尺规绘图有着相同的绘图思路：

第一、明确要画的是什么。

第二、确定图形的定位基准线。

第三、确定图形结构的主次及其绘制先后顺序。

分析图形的主次结构，针对不同的图形类型有以下两种情况：

1）图形中包含许多圆弧连接的结构，通过尺寸不能确定全部的图线位置。

图形结构分析围绕尺寸展开，分为以下 4 类：

① 已知线段。线段有足够的定形尺寸和定位尺寸，可以按图形中的尺寸直接画出。

② 中间线段。线段缺少一个方向的定位尺寸，需根据与相邻线段的相切关系绘制辅助线来定位。

③ 连接线段。线段没有确定位置的尺寸，需根据线段两端与相邻线段相切关系画出。

④ 其他图形细节。图形中一些较小的图形结构。

绘图时从某一位置开始，沿一定的方向按分类顺序绘制即可。

2）图形中的尺寸可以定位全部图线。

常见的零件视图均属于此类图形，图形主次结构分析围绕形状展开，需要针对图形具体分析。绘图时按照自己习惯的顺序绘制即可。

第四、使用 AutoCAD 开始绘图。不同的工具之间绘图步骤略有差别，使用 AutoCAD 绘制平面图形的基本步骤为：

1）建立新文件（参见第 1 章）。

2）设置图层、线型及颜色（参见第 2 章）。

3）设置自动对象捕捉的捕捉方式。

4）使用直线、正交（或极轴追踪）画直线，做出图形定位基准线，注意保证长度大于图形轮廓。

5）按分析顺序绘制图形的主要结构，绘制命令按如下顺序使用：

① 使用偏移按钮（画平行线）配合绘图命令绘制所需的定位辅助线或草稿图线。

② 使用绘图、修改、对象捕捉命令完成该部分结构的图形轮廓。

6）使用绘图和修改命令绘制图形细节。

7）调整图线对象至相应线型的图层上。

8）保存图形文件。

3.3.2 图形绘制实例

【例 3-14】 在 A4（210×297）图幅的图纸上绘制如图 3-59 所示的吊钩。

1. 图形分析

图 3-59 所示的图形是起重机中的吊钩，从图中可以看出该图形以圆弧连接为主，其中各类线段分析如下。

已知线段：与柱体 $\phi23$ 有关的图线、与柱体 $\phi30$ 有关的图线、圆弧 $\phi40$、圆弧 $R48$；

中间线段：圆弧 $R23$、圆弧 $R40$；

连接线段：圆弧 $R60$、圆弧 $R40$、圆弧 $R4$；

其他图形细节：圆弧 $R3.5$、倒角 $C2$。

2. 图形绘制

绘制该图形的参考步骤如下：

1）建立新文件。选择样板 acadiso.dwt；设置图形界限，宽为 210，长为 297；单击导航栏中的"全部缩放"按钮将设好的绘图范围充满绘图区。

2）设置图层、线型及颜色。按照表 3-2，在本例中新建图层（注意绘图区背景应为黑色）。

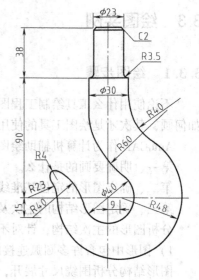

图 3-59 例 3-14 图

表 3-2 图层设置内容

图层名	颜色	线型	线宽/mm
粗实线	白色	Continuous	0.5
细点画线	红色	CENTER2	0.25
细虚线	黄色	HIDDEN2	0.25
细实线	绿色	Continuous	0.25

3）设置自动对象捕捉的捕捉方式，设置内容参见图 3-51。

4）使用直线、正交画直线，做出图形定位基准线，注意保证长度大于图形轮廓，结果如图 3-60 所示。

5）绘制已知线段：与柱体 $\phi23$ 有关的图线，本步的作图过程如图 3-61 和图 3-62 所示。

① 以图 3-60 中水平定位线为基准绘制图 3-61 中的直线①：

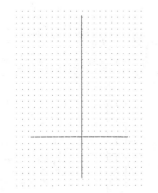

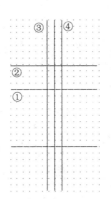

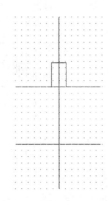

图 3-60 绘制图形定位线　　　　图 3-61 绘制柱体 φ23 步骤 1　　　　图 3-62 绘制柱体 φ23 步骤 2

单击"修改"选项组中的偏移按钮 调用命令；

响应"指定偏移距离"提示，通过键盘输入 90；

响应"选择要偏移的对象"提示，选择水平定位线；

将十字光标移到水平定位线上方，单击鼠标左键；

按 <Enter> 键结束命令。

② 以直线①为基准绘制图 3-61 中的直线②：

单击"修改"选项组中的偏移按钮 调用命令；

响应"指定偏移距离"提示，通过键盘输入 38；

响应"选择要偏移的对象"提示，选择直线①；

将十字光标移到直线①上方，单击鼠标左键；

按 <Enter> 键结束命令。

③ 以图 3-60 中竖直定位线为基准，绘制图 3-61 中的直线③、④：

单击"修改"选项组中的偏移按钮 调用命令；

响应"指定偏移距离"提示，通过键盘输入 11.5；

响应"选择要偏移的对象"提示，选择竖直定位线；

将十字光标移到竖直定位线左方，单击鼠标左键，绘制直线③；

将十字光标移到竖直定位线右方，单击鼠标左键，绘制直线④；

按 <Enter> 键结束命令。

④ 修剪直线②、③、④：

单击"修改"选项组中的修剪按钮 调用命令；

响应"选择对象"提示，选择直线①、②、③、④，按 <Enter> 键确认选择；

响应"选择要修剪的对象"提示，选择直线②在直线③、④外侧的部分，选择直线③、④在直线①、②外侧的部分，结果如图 3-62 所示；

按 <Enter> 键结束命令。

6）绘制已知线段：与柱体 φ30 有关的图线，本步作图过程如图 3-63 和图 3-64 所示。

① 以图 3-60 中竖直定位线为基准，绘制图 3-63 中的直线①、②：

单击"修改"选项组中的偏移按钮 调用命令；

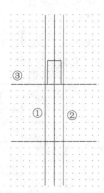

图 3-63　绘制柱体 φ30 步骤 1

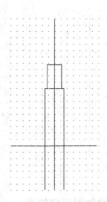

图 3-64　绘制柱体 φ30 步骤 2

响应 "指定偏移距离" 提示，通过键盘输入 15；

响应 "选择要偏移的对象" 提示，选择竖直定位线；

将十字光标移到竖直定位线左方，单击鼠标左键，绘制直线①；

将十字光标移到竖直定位线右方，单击鼠标左键，绘制直线②；

按 < Enter > 键结束命令。

② 修剪直线①、②、③：

单击 "修改" 选项组中的修剪按钮 ┼ 调用命令；

响应 "选择对象" 提示，选择直线①、②、③，按 < Enter > 键确认选择；

响应 "选择要修剪的对象" 提示，选择直线③在直线①、②外侧的部分，选择直线①、②在直线③上方的部分，结果如图 3-64 所示；

按 < Enter > 键结束命令。

7）绘制已知线段：圆弧 φ40、R48，本步作图过程如图 3-65 和图 3-66 所示。

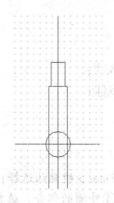

图 3-65　绘制圆 φ40

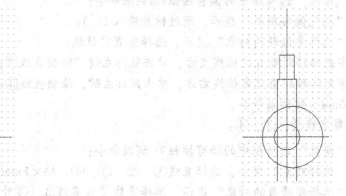

图 3-66　绘制 R48 的圆

① 使用 "圆心、半径" 方式绘制 φ40 的圆：

单击 "绘图" 选项组中的圆按钮 ⊙ 调用命令；

响应 "指定圆的圆心" 提示，选择定位基准线的交点；

响应 "指定圆的半径 [直径（D）]" 提示，输入 20，结果如图 3-65 所示。

② 绘制 R48 圆的定位辅助线：

单击"修改"选项组中的偏移按钮 ⬚ 调用命令；

响应"指定偏移距离"提示，通过键盘输入 9；

响应"选择要偏移的对象"提示，选择竖直定位线；

将十字光标移到竖直定位线右方，单击鼠标左键，绘制辅助线；

按 <Enter> 键结束命令。

③ 使用"两点、半径"方式绘制 R48 的圆：

单击"绘图"选项组中的圆按钮 ⊘ 调用命令；

响应"指定圆的圆心"提示，选择辅助线与水平定位线的交点；

响应"指定圆的半径 [直径（D）]"提示，输入 48。

④ 删除辅助线：

单击"修改"选项组中的删除按钮 ✐ 调用命令；

选择辅助钱，按 <Enter> 键或空格键确认选择并结束命令：

结果如图 3-66 所示。

8）绘制连接线段 R60、R40，本步作图过程如图 3-67 ~ 图 3-71 所示。

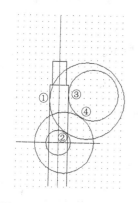

图 3-67　绘制圆 R60、R40

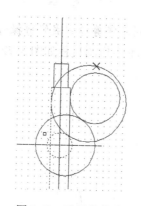

图 3-68　选择修剪边

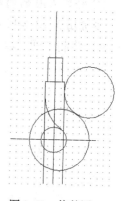

图 3-69　修剪圆 R60

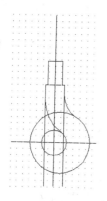

图 3-70　修剪圆 R40

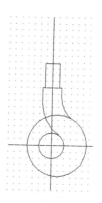

图 3-71　修剪直线

① 使用"相切、相切、半径"方式绘制 R60 的圆：

单击"绘图"选项组中的 ⟳相切,相切,半径 按钮调用命令；

响应"指定对象与圆的第一个切点"提示，选择图3-67中①附近直线上一点；

响应"指定对象与圆的第二个切点"提示，选择图3-67中②附近φ40圆上一点；

响应"指定圆的半径"提示，输入60。

② 使用"相切、相切、半径"方式绘制R40的圆：

单击"绘图"选项组中的 ⟳相切,相切,半径 按钮调用命令；

响应"指定对象与圆的第一个切点"提示，选择图3-67中③附近直线上一点；

响应"指定对象与圆的第二个切点"提示，选择图3-67中④附近R48圆上一点；

响应"指定圆的半径"提示，输入40。

③ 修剪R60的圆：

单击"修改"选项组中的修剪按钮 ⊬ 调用命令；

响应"选择对象"提示，选择图3-68中虚线显示的两图线，按<Enter>键确认选择；

响应"选择要修剪的对象"提示，在图3-68所示"×"处单击鼠标左键，选择R60圆，结果如图3-69所示；

按<Enter>键结束命令。

④ 修剪R40的圆和两条直线：

参考图3-70和图3-71，自己判断修剪边完成修剪操作。

9）绘制中间线段R40、R23，本步作图过程如图3-72～图3-76所示。

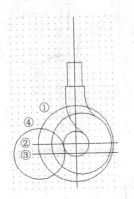

图3-72　绘制圆R40步骤

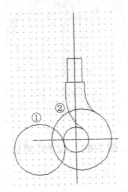

图3-73　删除圆①和直线③

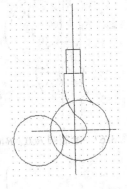

图3-74　修剪圆φ40

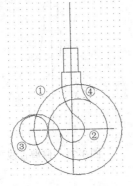

图3-75　绘制圆R23

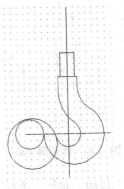

图3-76　修剪圆R48

88

① 使用"圆心、半径"方式绘制 $R40$ 的定位辅助圆，与 $\phi40$ 圆同心，半径为 $R60$：

单击"绘图"选项组中的圆按钮⊙调用命令；

响应"指定圆的圆心"提示，选择 $\phi40$ 圆心；

响应"指定圆的半径［直径（D）］"提示，输入 60，结果如图 3-72 中的圆①。

② 绘制 $R40$ 的定位辅助线：

单击"修改"选项组中的偏移按钮⊡调用命令；

响应"指定偏移距离"提示，通过键盘输入 15；

响应"选择要偏移的对象"提示，选择图 3-72 中的直线②；

将十字光标移到直线②下方，单击鼠标左键，绘制辅助线③；

按 < Enter > 键结束命令。

③ 使用"圆心、半径"方式绘制 $R40$ 的圆，圆心为圆①与辅助线③的交点：

单击"绘图"选项组中的圆按钮⊙调用命令；

响应"指定圆的圆心"提示，选择圆①与辅助线③的交点；

响应"指定圆的半径［直径（D）］"提示，输入 40，结果如图 3-72 中的圆④。

④ 删除圆①和直线③：

单击"修改"选项组中的删除按钮✎调用命令；

选择辅助钱，按 < Enter > 键或空格键确认选择并结束命令；

结果如图 3-73 所示。

⑤ 以圆弧 $R60$ 和圆 $R40$ 为边界修剪 $\phi40$ 的圆：

单击"修改"选项组中的修剪按钮✄调用命令；

响应"选择剪切边…选择对象"提示，选择图 3-73 所示的圆①和圆弧②，按 < Enter > 键确认选择；

响应"选择要修剪的对象"提示，参考图 3-74 选择圆 $\phi40$ 的合适位置；

按 < Enter > 键结束命令。

⑥ 使用"圆心、半径"方式绘制 $R23$ 的定位辅助圆，与圆 $R48$ 同心，半径为 $R71$：

单击"绘图"选项组中的圆按钮⊙调用命令；

响应"指定圆的圆心"提示，选择 $R48$ 的圆心；

响应"指定圆的半径［直径（D）］"提示，输入 71，结果如图 3-75 中的圆①。

⑦ 使用"圆心、半径"方式绘制 $R23$ 的圆，圆心为圆①与直线②的交点：

单击"绘图"选项组中的圆按钮⊙调用命令；

响应"指定圆的圆心"提示，选择圆①与直线②的交点；

响应"指定圆的半径［直径（D）］"提示，输入 23，结果如图 3-75 中的圆③。

⑧ 删除圆①：

单击"修改"选项组中的删除按钮✎完成删除操作。

⑨ 以圆弧 $R40$ 和圆 $R23$ 为边界修剪 $R48$ 的圆：

单击"修改"选项组中的修剪按钮✄调用命令；

响应"选择对象"提示，选择图 3-75 所示的圆③和圆弧④，按 < Enter > 键确认选择；

响应"选择要修剪的对象"提示，参考图 3-76 选择圆 $R48$ 的合适位置；

按 < Enter > 键结束命令。

10）绘制连接线段 $R4$，本步作图过程如图 3-77 ~ 图 3-80 所示。

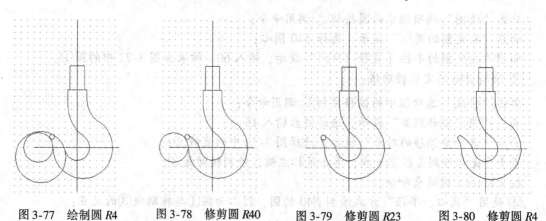

图 3-77 绘制圆 $R4$ 图 3-78 修剪圆 $R40$ 图 3-79 修剪圆 $R23$ 图 3-80 修剪圆 $R4$

① 绘制 $R4$ 的圆：

$R4$ 的圆采用"相切、相切、半径"方式绘制，该圆与 $R40$ 和 $R23$ 两个圆相切，自己确定适当的切点选择位置绘制该圆，结果如图 3-77 所示。

② 以圆弧 $\phi40$ 和圆 $R4$ 为边界修剪圆 $R40$：

单击"修改"选项组中的修剪按钮 ╱⁻⁻ 完成修剪操作，结果如图 3-78 所示。

③ 以圆弧 $R48$ 和圆 $R4$ 为边界修剪圆 $R23$：

单击"修改"选项组中的修剪按钮 ╱⁻⁻ 完成修剪操作，结果如图 3-79 所示。

④ 以圆弧 $R40$ 和圆弧 $R23$ 为边界修剪圆 $R4$：

单击"修改"选项组中的修剪按钮 ╱⁻⁻ 完成修剪操作，结果如图 3-80 所示。

11）绘制 $R3.5$ 圆角。

① 使用标准工具栏窗口缩放按钮 ☐ℚ ☐ 放大需要绘图的区域，结果如图 3-81 所示。

② 绘制两个 $R3.5$ 的圆。

使用"相切、相切、半径"方式绘制，圆分别与两直线相切，结果如图 3-82 所示。

③ 修剪两个 $R3.5$ 的圆和两竖直直线。

单击"修改"选项组中的修剪按钮 ╱⁻⁻，选择图 3-83 虚线显示的图线为剪切边，参考图 3-84 选择被修剪图线的合适位置，结果如图 3-84 所示。

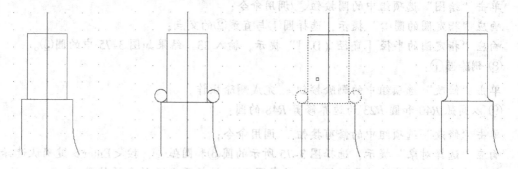

图 3-81 放大绘图区   图 3-82 绘制圆 $R3.5$ 图 3-83 选择修剪边   图 3-84 修剪圆 $R3.5$

12）绘制 $\phi 23$ 柱体端部的 $C2$ 倒角。

① 绘制倒角辅助线：

单击"修改"选项组中的偏移按钮，指定偏移距离 2，以 $\phi 23$ 柱体的三条直线为偏移对象，向 $\phi 23$ 柱体内部复制 3 条直线，结果如图 3-85 所示。

② 绘制 $C2$（$2 \times 45°$）两条倒角线：

单击"绘图"选项组中的直线按钮，参考图 3-85 绘制两条倒角线，结果如图 3-86 所示。

③ 删除两条竖直辅助线：

单击"修改"选项组中的删除按钮完成删除操作。

④ 修剪 $\phi 23$ 柱体的轮廓线：

单击"修改"选项组中的修剪按钮，选择倒角线为剪切边，参考图 3-86 选择被修剪图线的合适位置，结果如图 3-87 所示。

⑤ 单击向后查看按钮回到前一个显示状态。

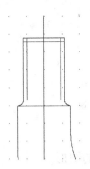

图 3-85　绘制倒角辅助线　　图 3-86　绘制倒角线　　图 3-87　倒角作图结果

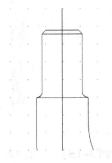

13）调整中心线长度。

① 修剪轮廓线以外的中心线：

单击"修改"选项组中的修剪按钮，以全部对象为剪切边，修剪轮廓线以外的中心线，结果如图 3-88 所示。

② 使用夹点模式调整中心线长度到伸出 3mm，结果如图 3-89 所示。

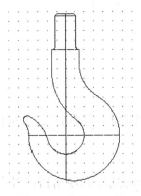

图 3-88　修剪中心线

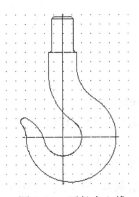

图 3-89　延长中心线

14）调整图线对象至相应线型的图层上。

可以使用对象特性匹配快速实现调整。

15）保存图形文件。

绘图结果如图 3-90 所示。

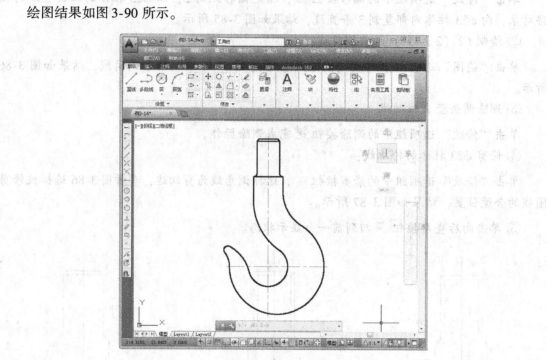

图 3-90　绘图结果

【**例 3-15**】　在 A4（210×297）图幅的图纸上绘制图 3-91 所示的图形。

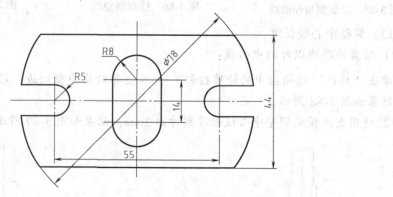

图 3-91　例 3-15 图

1. 图形分析

该图形中的尺寸可以定位全部图线，绘图时按照先画大结构、后画小结构的顺序完成图形绘制。

2. 图形绘制

图形绘制步骤如下。这里只说明图线的绘制顺序，命令的选择和使用请读者自己完成。通过本例，希望读者对使用 AutoCAD 绘图的思路有进一步的认识。

1）建立新文件（方法步骤同例 3-14）。

2）设置图层、线型及颜色（方法步骤同例 3-14）。

3）设置自动对象捕捉的捕捉方式。

4）画直线，作出图形定位基准线，注意保证长度大于图形轮廓（见图 3-92）。

图 3-92　画外轮廓主体

5）按分析顺序绘制图形的主要结构。

① 先画外轮廓主体（见图 3-92）：

以基准线交点为圆心，绘制圆 φ78；

作水平基准线的平行线，距离 22，上下各一条；

参照图 3-92 修剪图线。

② 画外轮廓左右两侧的结构（见图 3-93）：

作竖直基准线的平行线，距离 27.5，左右各一条；

以平行线与水平基准线的两交点为圆心，分别绘制圆 R5；

作水平基准线的平行线，距离 5，上下各一条；

参照图 3-93 修剪图线。

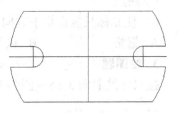

图 3-93　画外轮廓左右的结构

③ 画内部轮廓（见图 3-94）：

作水平基准线的平行线，距离 7，上下各一条；

以平行线与竖直基准线的两交点为圆心，分别绘制圆 R8；

作竖直基准线的平行线，距离 8，左右各一条；

参照图 3-94 修剪图线。

6）绘制图形细节，参照图 3-91 调整对称中心线的延伸长度。

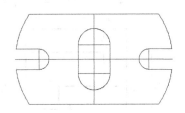

图 3-94　画内部轮廓

7）调整图线对象至相应线型的图层上。

8）保存图形文件。

上机指导及习题

1. 上机指导

本章的内容是使用 AutoCAD 绘图的关键内容，需要熟练掌握。上机练习时建议按照例题的顺序完成操作，依次掌握各种命令的操作及其综合应用。完成例题的上机练习后，再选择习题中的题目，以进一步提高命令的使用能力。

2. 选择题

1）若直线的第一点已确定，要画出与 X 轴正方向成 60°、长度为 100 的直线段，用以下哪种坐标响应最合适？（　　）

A. @100 < 60　　　　B. @100，60　　　　C. @50，86.6　　　　D. 50，86.6

2）作为默认设置，用度数指定角度时，正数代表什么方向？（　　）

A. 顺时针　　　　B. 逆时针　　　　C. X 轴正方向　　　　D. 以上都不是

3）使用 Line 命令绘制直线时，选择或第二点坐标后（　　）。

A. 系统没有提示　　　　　　　　　　B. 提示输入直线宽度

C. 绘制线段并终止命令　　　　　　　D. 绘制第一线段并提示输入下一点

4）选择对象时，使用交叉窗口选择所产生选择集包括（　　）。

A. 仅为窗口内部的实体

B. 仅为与窗口相交的实体（不包括窗口内部的实体）

C. 与窗口相交的实体加上窗口外部的实体

D. 与窗口相交的实体加上窗口内的实体

5）两条距离未知的平行直线间的公切圆只能使用（　　）方式来绘制。

A. 圆心、半径　　　　　　　　　　　B. 相切、相切、半径

C. 两点　　　　　　　　　　　　　　D. 三点

6）使光标只能在水平方向上或垂直方向上移动执行_____命令。

A. 栅格　　　　　　B. 极轴追踪　　　　　C. 对象捕捉　　　　　D. 正交

3. 绘图题

按尺寸绘制图 3-95～图 3-101 所示各图形，不标注尺寸。

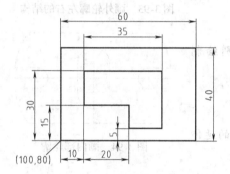

图 3-95　绘图题图一

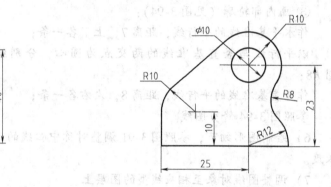

图 3-96　绘图题图二

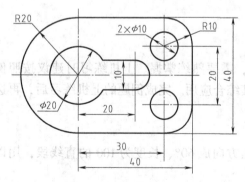

图 3-97　绘图题图三

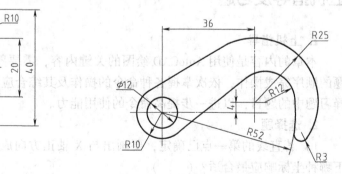

图 3-98　绘图题图四

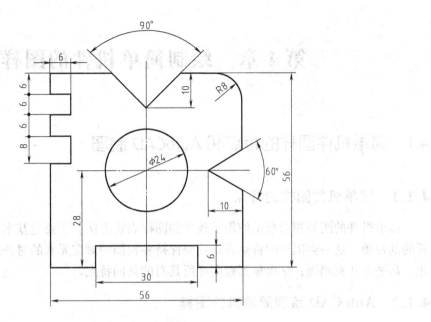

图 3-99　绘图题图五

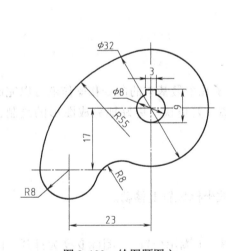

图 3-100　绘图题图六

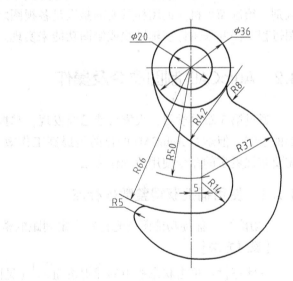

图 3-101　绘图题图七

第 4 章　绘制简单机件的图样

4.1　简单机件图样的特点和 AutoCAD 制图

4.1.1　简单机件图样的特点

简单机件的图样相对来说使用了较少的图样表达方法，主要是基本视图和按投影关系配置的剖视图。这一类图形的特点在于：要保持各视图中对应元素的对齐或等量关系——长对正、高平齐和宽相等，这也是工程图样所具有的共同特点。

4.1.2　AutoCAD 绘制简单机件图样

对于简单机件的图样绘制，如果只考虑其中的一个图形，则其画图方法与平面图形没有区别。绘制简单机件的图样重要的是满足各视图之间对应元素的对齐或等量关系，所以在绘图过程中需要采用许多辅助线或绘图功能来实现。

4.2　AutoCAD 制图命令及操作

通过第 3 章的学习，大家可能已经发现，掌握了几个最基本的命令和操作就可以完成图形的绘制，但学习 AutoCAD 的目的是提高工作效率，要更快、更好地完成图形的绘制，还需要掌握更多的命令使用及操作方法。

4.2.1　使用捕捉获得整数坐标点

【功能】　捕捉功能限制光标在设定间距的整数坐标位置上移动。

【设置方法】

●状态栏：单击状态栏中的捕捉按钮▦（见图 4-1 圈示位置），图标变亮为打开，图标变暗为关闭。

●快捷键：<F9>，重复按<F9>键可在打开和关闭状态之间切换。

●快捷菜单：右键单击状态栏中的捕捉按钮▦即可打开捕捉快捷菜单（见图 4-2）。选中"启用…"选项可打开对应的捕捉方式，选中"关"选项为关闭。单击"设置"可以打开图 4-3 所示的"草图设置"对话框中的"捕捉和栅格"选项卡。

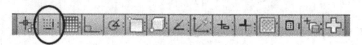

图 4-1　捕捉按钮在状态栏中的位置

● 菜单：[工具]→[草图设置]→[捕捉和栅格] 选项卡（见图4-3）

在"草图设置"对话框中的"捕捉和栅格"选项卡中可以完成如下状态设置：

打开、关闭捕捉：勾选"启用捕捉"复选框为打开，取消勾选为关闭。

图4-2 捕捉快捷菜单

选择捕捉类型：系统提供了栅格捕捉和PolarSnap（极轴追踪捕捉）两种捕捉类型，其中栅格捕捉是以直角坐标形式按等距增加X、Y坐标的方式捕捉，极轴追踪捕捉则是在极轴追踪的基础上捕捉临时对齐路径上的等距点。

设置捕捉间距：通过修改"捕捉X轴间距"和"捕捉Y轴间距"文本框中的数字可以设置栅格捕捉的坐标点间的距离。

设置极轴间距：通过修改"极轴距离"文本框中的数字可以设置PolarSnap的距离增量。

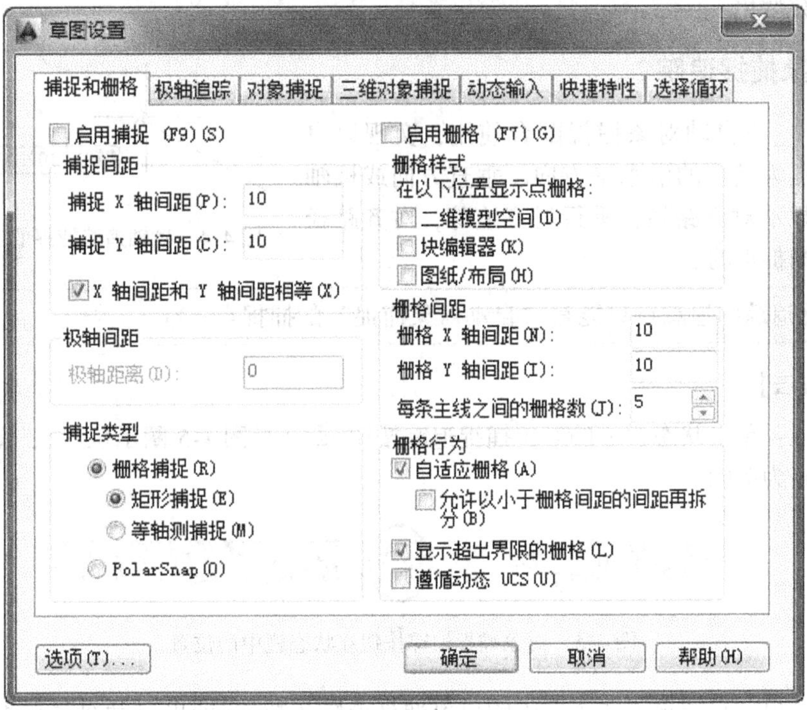

图4-3 "捕捉和栅格"选项卡

● 命令名称：DSETTINGS（或'DSETTINGS，用于透明使用）

【操作说明】

捕捉包含两种类型：栅格捕捉和PolarSnap。

（1）栅格捕捉的使用方法

栅格捕捉方式可通过在捕捉快捷菜单（见图4-2）中选中"启用栅格捕捉"选项来选定，或通过在"捕捉设置"选项卡（见图4-3）的"捕捉类型"选项区域内选中"栅格捕捉"单选按钮来选定。此时"捕捉间距"选项区域内的内容如图4-3所示为可用状态，通过修改文本框中的数字可以设置栅格捕捉的坐标点间的距离。

完成捕捉方式设置后，在绘图中即可单击状态栏中的捕捉按钮 ▦ 或按快捷键 <F9> 随时打开或关闭捕捉。

★ 打开栅格捕捉后，选择对象时，若对象与设定间距的坐标位置不重合，则无法被选择。

（2）极轴追踪捕捉的使用方法

极轴追踪捕捉是将极轴追踪与捕捉配合使用，实现按照设定的捕捉增量沿对齐路径进行捕捉的目的。

极轴追踪捕捉方式可通过在捕捉快捷菜单（见图4-2）中选中"启用 PolarSnap"选项来选定，或通过在"捕捉设置"选项卡（见图4-3）的"捕捉类型"选项区域内选中"PolarSnap"复选框来选定。此时"极轴间距"选项区域内的内容将从不可用状态变为可用状态，通过修改文本框中的数字可以设置极轴追踪捕捉的距离增量。

使用时将会显示如图4-4所示的极轴追踪的工具提示，其中的长度数值将按极轴追踪捕捉增量的倍数变化。

4.2.2 对象捕捉追踪

【功能】 与自动对象捕捉配合使用，实现以自动对象捕捉点为基准的沿水平方向、垂直方向或极轴追踪角方向显示对齐路径，进行对齐追踪，对齐路径是基于对象捕捉点的。

图4-4 极轴追踪捕捉的工具栏提示

★ 对象捕捉追踪的追踪点只能是"自动对象捕捉"的捕捉点。

【设置方法】

●状态栏：单击状态栏中的对象捕捉追踪按钮 ∠ （见图4-5圈示位置），图标变亮为打开，图标变暗为关闭。

图4-5 对象捕捉追踪按钮在状态栏中的位置

●快捷菜单：右键单击状态栏中的对象捕捉追踪按钮 ∠ 即可打开对象捕捉追踪快捷菜单，如图4-6所示。选中"启用"选项为打开，取消选中"启用"选项为关闭。其他选项与对象捕捉快捷菜单相同。

●快捷键：<F11>

●菜单：[工具]→[草图设置]→[对象捕捉]选项卡（见图4-7）

在"草图设置"对话框的"对象捕捉"选项卡中可以完成如下状态设置：

打开、关闭对象捕捉追踪：勾选"启用对象捕捉追踪"复选框为打开，取消选中为关闭。

● 命令名称：DSETTINGS（或'DSETTINGS，用于透明使用）

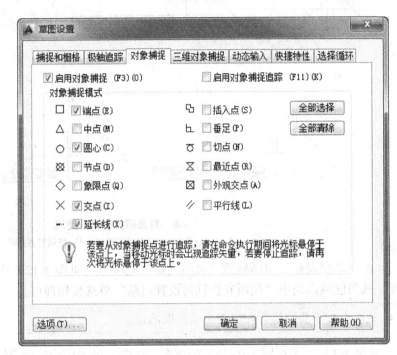

图 4-6 对象捕捉追踪快捷菜单 　　　　　　图 4-7 "对象捕捉"选项卡

【操作说明】

调用对象捕捉追踪的方法为：先打开"自动对象捕捉"，再单击状态栏中的对象捕捉追踪按钮 ∠ 或按快捷键 < F11 > 打开对象捕捉追踪。关闭对象捕捉追踪只需进行后一步即可。

（1）使用对象捕捉追踪的方法

当命令提示"指定……点"时，将光标移动到一个对象捕捉点处，停顿片刻即可获取该点，已获取的点将显示一个小加号"＋"（见图 4-8a）。获取点之后，将光标从已获取的点移开时，即可沿基于获取点的水平（见图 4-8b）、竖直（见图 4-8c）或极轴（见图 4-8d）对齐路径并进行追踪。操作中可以获取多个点，以得到不同追踪路径之间的交点（见图 4-8e）。若在使用中需要清除已获取的点，则只需将光标移回到点的获取标记处即可。

（2）可用于对象捕捉追踪的对象捕捉点类型

不是所有自动对象捕捉点都可以追踪，能用于对象捕捉追踪的捕捉点有端点、中点、圆心、节点、象限点、交点、插入点、平行、延伸、垂足和切点对象捕捉。如果使用了垂足或切点，则 AutoCAD 将追踪到与选定的对象垂直或相切的对齐路径。如果使用了交点，则 AutoCAD 不仅能追踪交点，而且将能够获得追踪路径与其他图线的交点。

★ 只有在自动对象捕捉中选定了的捕捉点类型才能够被追踪。

（3）对象捕捉追踪路径的方向设置

在默认情况下，对象捕捉追踪将方向设置为正交。对齐路径将显示在获取对象点的 0°、90°、180° 和 270° 方向。若需使用图 4-8d 所示的极轴追踪角方向，切换方法为：

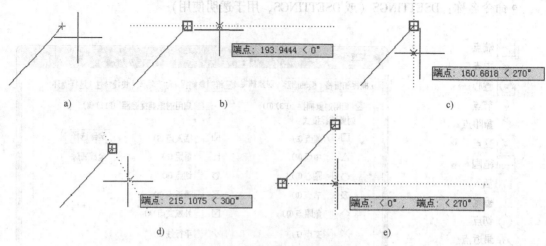

图 4-8　对象捕捉追踪的使用

a) 获取点　b) 水平对齐路径　c) 竖直对齐路径　d) 极轴对齐路径　e) 多点追踪

在"草图设置"对话框的"极轴追踪"选项卡（见图 3-12）中，在"对象捕捉追踪设置"选项区域内选中"用所有极轴角设置追踪"单选按钮即可。

★ 获取点时不要用鼠标左键单击欲获取的点。

【例 4-1】　　参照图 4-9a 所示的图形，在图 4-9b 中添加一个圆，圆心在图形的中心处。

操作过程参考：

1）绘制外轮廓。

2）单击右键打开对象捕捉追踪快捷菜单，选择"中点"选项应用捕捉功能。

3）确认状态栏中的对象捕捉 、对象捕捉追踪 处在打开状态。

4）单击"绘图"选项组中的圆 按钮调用命令。

5）获取竖直边直线的中点（见图 4-9b）。

6）沿着水平方向移动光标即可显示对齐路径（见图 4-9c）。

7）获取水平边直线的中点（见图 4-9d）。

8）沿着竖直方向移动光标即可显示对齐路径（见图 4-9e）。

9）光标移动至与竖直边中点追踪路径接近时，将同时追踪两点，即显示对齐路径的交点（见图 4-9f）。

10）单击鼠标左键，选择该点作为圆心，输入半径，完成图形。

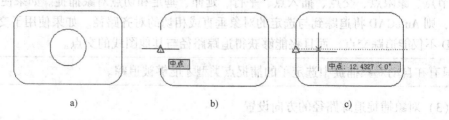

图 4-9　例 4-1 图

a) 原题　b) 获取竖直边中点　c) 水平方向对齐路径

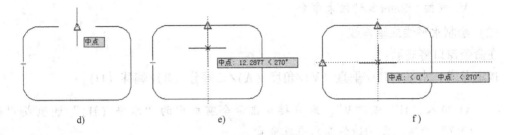

图 4-9 例 4-1 图（续）

d）获取水平边中点 e）竖直方向对齐路径 f）捕捉对齐路径的交点

4.2.3 使用构造线画辅助线

【功能】 绘制无限长的直线，作为辅助作图线使用，常称为参照线。

【调用方法】

- 选项组：［默认］→［绘图］→构造线按钮 ∕（见图 4-10 圈示位置）

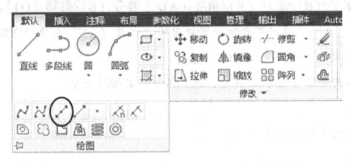

图 4-10 构造线按钮在"绘图"选项组中的位置

- 菜单：［绘图］→［构造线］
- 工具栏：［绘图］
- 命令名称：XLINE，别名：XL

【操作说明】

绘制构造线常用的方法有 4 种：指定两点、绘制水平线或垂直线、指定角度画线、绘制已知角的二等分线。下面分别介绍命令运行时交互的步骤。

（1）指定两点

在命令窗口将显示：

指定点或［水平（H）/垂直（V）/角度（A）/二等分（B）/偏移（O）］：

> \\\\ 指定构造线上一点

指定通过点：

> \\\\ 指定构造线通过的第二点

指定通过点：

> 指定下一条构造线通过的第二点，该构造线与前一条共用第一点

101

\\ 或按 <Enter> 键结束命令

(2) 绘制水平线或垂直线

在命令窗口将显示：

指定点或 [水平 (H)/垂直 (V)/角度 (A)/二等分 (B)/偏移 (O)]：

> \\ 输入"H"或"V"，或直接单击命令窗口中的"水平 (H)"选项或"垂直 (V)"选项限定构造线为水平或垂直

指定通过点：

> \\ 指定构造线的通过点，只需指定一点即可绘制构造线

指定通过点：

> \\ 指定下一条构造线的通过点或按 <Enter> 键结束命令

(3) 指定角度画线

在命令窗口将显示：

指定点或 [水平 (H)/垂直 (V)/角度 (A)/二等分 (B)/偏移 (O)]：a

> \\ 输入"A"或直接单击命令窗口中的"角度 (A)"选项绘制指定角度的构造线

输入构造线的角度 (0) 或 [参照 (R)]：　30

> \\ 输入构造线与 X 轴的夹角，或输入 r 指定相对夹角

指定通过点：

> \\ 指定构造线的通过点

指定通过点：

> \\ 指定下一条构造线的通过点或按 <Enter> 键结束命令

(4) 绘制已知角的二等分线

在命令窗口将显示：

指定点或 [水平 (H)/垂直 (V)/角度 (A)/二等分 (B)/偏移 (O)]：b

> \\ 输入"B"或直接单击命令窗口中的"二等分 (B)"选项绘制指定角度的构造线

指定角的顶点：

> \\ 单击已知角的顶点

指定角的起点：

> \\ 在已知角的第一条边上指定一点

指定角的端点：

> \\ 在已知角的第二条边上指定一点。作图结果是：绘制一条经过选定的角顶点且将选定的两条线之间的夹角平分的构造线

指定角的端点：

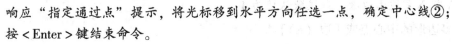

\\ 如果有共用第一边的角，则可以指定另一个第二条边或按＜Enter＞键结束
命令

【例4-2】 使用构造线完成图4-11所示的图形。

操作过程参考：

1）新建文件。

2）确认状态栏中正交 处在打开状态。

3）绘制①、②两条中心线：

单击"绘图"选项组中的构造线按钮 调用
命令；

响应"指定点"提示，在绘图区任选一点作为
两条中心线的交点；

响应"指定通过点"提示，将光标移到竖直方
向任选一点，确定中心线①；

响应"指定通过点"提示，将光标移到水平方向任选一点，确定中心线②；

按＜Enter＞键结束命令。

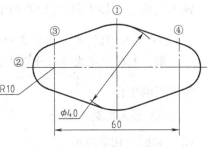

图4-11 例4-2图

4）单击"修改"选项组中的偏移按钮 绘制③、④两条中心线。

5）其他图线绘图方法同第3章例题，步骤略。

4.2.4 绘制正多边形

【功能】 绘制3～1024条边的正多边形，绘制的多边形为一个独立对象。

【调用方法】

● 选项组：［默认］→［绘图］→多边形 （见图4-12圈示位置）

● 菜单：［绘图］→［多边形］

● 工具栏：［绘图］

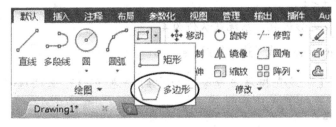

图4-12 正多边形按钮在"绘图"选项组中的位置

● 命令名称：POLYGON，别名：POL

【操作说明】

画正多边形有3种方法：画圆内接多边形、画圆外切多边形、指定边长画正多边形。

（1）画圆内接多边形

在命令窗口将显示：

输入侧面数 <4>：

> \\ 输入多边形边数，系统默认值为4

指定正多边形的中心点或［边（E）］：

> \\ 在绘图区指定多边形的中心点

输入选项［内接于圆（I）/外切于圆（C）］<I>：i

> \\ 输入"I"或直接单击命令窗口中的"内接于圆（I）"选项画圆内接多边形，此时十字光标位于动态变化多边形的顶点上

指定圆的半径：

> \\ 输入圆的半径

（2）画圆外切多边形

在命令窗口将显示：

输入侧面数 <4>：

> \\ 输入多边形边数，系统默认值为4

指定正多边形的中心点或［边（E）］：

> \\ 在绘图区指定多边形的中心点

输入选项［内接于圆（I）/外切于圆（C）］<I>：c

> \\ 输入"C"或直接单击命令窗口中的"外切于圆（C）"选项画圆外切多边形，此时十字光标位于动态变化的多边形一边的中点处

指定圆的半径：

> \\ 输入圆的半径

（3）指定边长（已知一边的两个端点）画正多边形

在命令窗口将显示：

输入侧面数 <4>：

> \\ 输入多边形边数，系统默认值为4

指定正多边形的中心点或［边（E）］：e

> \\ 输入"E"或直接单击命令窗口中的"边（E）"选项选择指定边长画正多边形

指定边的第一个端点：
指定边的第二个端点：

【例4-3】 绘制图4-13所示的图形。

操作过程参考：

1）单击圆 按钮绘制两个 $\phi40$ 的圆。

2）绘制圆内接多边形：

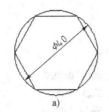
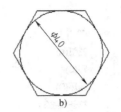

图 4-13　例 4-3 图

a) 圆内接多边形　b) 圆外切多边形

单击"绘图"选项组中的多边形 按钮调用命令；

响应"指定正多边形的中心点"提示，选择 $\phi 40$ 圆的圆心；

响应"输入选项［内接于圆（I）/外切于圆（C）］"提示，输入"I"或直接单击命令窗口中的"内接于圆（I）"选项，确定画圆内接多边形；

响应"指定圆的半径"提示，选择圆的水平方向的象限点。

3）绘制圆内接多边形：

单击"绘图"选项组中的多边形 按钮调用命令；

响应"指定正多边形的中心点"提示，选择 $\phi 40$ 圆的圆心；

响应"输入选项［内接于圆（I）/外切于圆（C）］"提示，输入"C"或直接单击命令窗口中的"外切于圆（C）"选项，确定画圆外切多边形；

响应"指定圆的半径"提示，选择圆的竖直方向的象限点。

4.2.5　绘制圆弧

【功能】画圆弧。

【调用方法】

• 选项组：［默认］→［绘图］→圆弧 （见图 4-14 圈示位置），默认为"三点"方式画圆弧，使用其他方式可通过单击下拉箭头，展开下拉菜单（见图 4-14 方框圈示位置）后选择。

• 菜单：［绘图］→［圆弧］→圆弧的子菜单（见图 4-15）

• 工具栏：［绘图］

• 命令名称：ARC，别名：A

【操作说明】

系统提供了三点、起点-圆心、起点-端点、圆心-起点和继续 5 类，共 12 种画圆弧的方式。

（1）三点

三点方式（见图 4-16）通过指定圆弧的起点、中间任意点和端点画圆弧，其绘制过程如下：

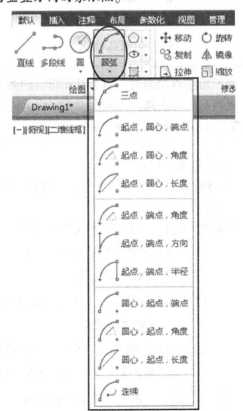

图 4-14　圆弧按钮在"绘图"选项组中的位置

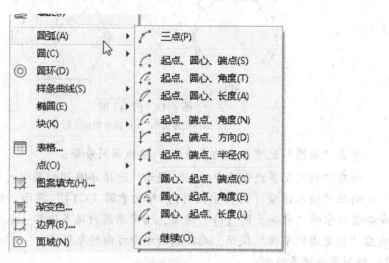

图 4-15　圆弧的子菜单

指定圆弧的起点或 ［圆心（C）］：

　　\\ 指定圆弧起点

指定圆弧的第二个点或 ［圆心（C)/端点（E）］：

　　\\ 指定圆弧中间点

指定圆弧的端点：

　　\\ 指定圆弧端点

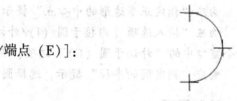

图 4-16　三点

★ 使用指定点绘制时，圆弧是在指定的两点间按逆时针方向绘制，若绘图结果不正确，请
更换起、终点选点的顺序。

★ 按住 < Ctrl > 键可切换方向。

（2）起点-圆心类

本类画圆弧方式共有"起点、圆心、端点""起点、圆心、角度""起点、圆心、长度" 3 种。

"起点、圆心、端点"方式绘图过程：

指定圆弧的起点或 ［圆心（C）］：

　　\\ 指定圆弧起点

指定圆弧的第二个点或 ［圆心（C)/端点（E）］：_c 指定圆弧的圆心：

　　\\ 指定圆弧圆心点

指定圆弧的端点或 ［角度（A)/弦长（L）］：

　　\\ 指定圆弧终点——起点、圆心、端点（见图 4-17）

"起点、圆心、角度"方式绘图过程：

指定圆弧的起点或 ［圆心（C）］：

\\ 指定圆弧起点

指定圆弧的第二个点或〔圆心（C）/端点（E）〕：_c 指定圆弧的圆心：

\\ 指定圆弧圆心点

指定圆弧的端点或〔角度（A）/弦长（L）〕：_a 指定包含角：

\\ 输入圆弧包含的角度，即圆心角——起点、圆心、角度（见图4-18）

★ 圆心角方式画圆弧，正角度的绘制方向为逆时针，负角度的绘制方向为顺时针。

"起点、圆心、长度"方式绘图过程：

指定圆弧的起点或〔圆心（C）〕：

\\ 指定圆弧起点

指定圆弧的第二个点或〔圆心（C）/端点（E）〕：_c 指定圆弧的圆心：

\\ 指定圆弧圆心点

指定圆弧的端点或〔角度（A）/弦长（L）〕：_l 指定弦长：

\\ 输入圆弧对应的弦长，完成的圆弧最多为半圆
——起点、圆心、长度（见图4-19）

图4-17　起点、圆心、端点　　　图4-18　起点、圆心、角度　　　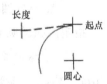

图4-19　起点、圆心、长度

（3）起点-端点类

本类画圆弧方式共有"起点、端点、圆心""起点、端点、角度""起点、端点、方向"和"起点、端点、半径"4 种，其中"起点、端点、圆心"方式只可以调用圆弧命令后在命令窗口交互选择，其他方式可以从"绘图"选项组或菜单中调用。

"起点、端点、圆心"方式绘图过程：

指定圆弧的起点或〔圆心（C）〕：

\\ 指定圆弧起点

指定圆弧的第二个点或〔圆心（C）/端点（E）〕：e

\\ 输入"E"或直接单击命令窗口中的"端点（E）"选项选择

\\ 起点-终点类画圆弧

指定圆弧的端点：

\\ 指定圆弧的终点

指定圆弧的圆心或〔角度（A）/方向（D）/半径（R）〕：

\\ 指定圆弧圆心——起点、端点、圆心（见图4-20），圆弧端点位于

\\ 圆心与终点的延长线上

"起点、端点、角度"方式绘图过程：

指定圆弧的起点或 [圆心 (C)]：

\\ 指定圆弧起点

指定圆弧的第二个点或 [圆心 (C)/端点 (E)]：_e

指定圆弧的端点：

\\ 指定圆弧的终点

指定圆弧的圆心或 [角度 (A)/方向 (D)/半径 (R)]：_a 指定包含角：

\\ 输入圆弧包含的角度，即圆心角；若从屏幕中指定，则以 X 轴正方向为0°

\\ ——起点、端点、角度（见图4-21）

"起点、端点、方向"方式绘图过程：

指定圆弧的起点或 [圆心 (C)]：

\\ 指定圆弧起点

指定圆弧的第二个点或 [圆心 (C)/端点 (E)]：_e

指定圆弧的端点：

\\ 指定圆弧的终点

指定圆弧的圆心或 [角度 (A)/方向 (D)/半径 (R)]：_d 指定圆弧的起点切向：

\\ 指定圆弧起点的切线方向确定圆弧——起点、端点、方向（见图4-22）

"起点、端点、半径"方式绘图过程：

指定圆弧的起点或 [圆心 (C)]：

\\ 指定圆弧起点

指定圆弧的第二个点或 [圆心 (C)/端点 (E)]：_e

指定圆弧的端点：

\\ 指定圆弧的终点

指定圆弧的圆心或 [角度 (A)/方向 (D)/半径 (R)]：_r 指定圆弧的半径：

\\ 输入圆弧半径——起点、端点、半径（见图4-23）

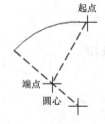  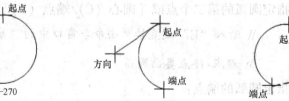 

图4-20　起点、端点、　　图4-21　起点、端点、　　图4-22　起点、端点、　　图4-23　起点、端点、
　　　　　圆心　　　　　　　　　　角度　　　　　　　　　　方向　　　　　　　　　　半径

（4）圆心-起点类

本类画圆弧方式共有"圆心、起点、端点""圆心、起点、角度"和"圆心、起点、长度" 3 种。

"圆心、起点、端点"方式绘图过程：

指定圆弧的起点或［圆心（C）］：_c 指定圆弧的圆心：

　　\\ 指定圆弧圆心

指定圆弧的起点：

　　\\ 指定圆弧起点

指定圆弧的端点或［角度（A）/弦长（L）］：

　　\\ 指定圆弧的终点——圆心、起点、端点（见图 4-24）

"圆心、起点、角度"方式绘图过程：

指定圆弧的起点或［圆心（C）］：_c 指定圆弧的圆心：

　　\\ 指定圆弧圆心

指定圆弧的起点：

　　\\ 指定圆弧起点

指定圆弧的端点或［角度（A）/弦长（L）］：_a 指定包含角：

　　\\ 输入圆弧包含的角度，即圆心角；若从屏幕中指定，则以 X 轴正方向为 0°

　　\\ ——圆心、起点、角度（见图 4-25）

"圆心、起点、长度"方式绘图过程：

指定圆弧的起点或［圆心（C）］：_c 指定圆弧的圆心：

　　\\ 指定圆弧圆心

指定圆弧的起点：

　　\\ 指定圆弧起点

指定圆弧的端点或［角度（A）/弦长（L）］：_l 指定弦长：

　　\\ 输入圆弧对应的弦长，完成的圆弧最多为半圆

　　\\ ——圆心、起点、长度（见图 4-26）

图 4-24　圆心、起点、端点　　　　图 4-25　圆心、起点、角度　　　　图 4-26　圆心、起点、长度

（5）继续——画连续切圆弧

本类画圆弧方式可从"绘图"选项组或菜单中调用直接实现，调用圆弧命令后从命令窗口交互选择，具体方法如下：

命令：_arc 指定圆弧的起点或［圆心（C）］：

    \\ 按＜Enter＞键绘制一条圆弧与最后绘制的直线或圆弧相切

指定圆弧的端点：

    \\ 指定圆弧终点

【例4-4】 使用简化画法补画图4-27a中的相贯线。

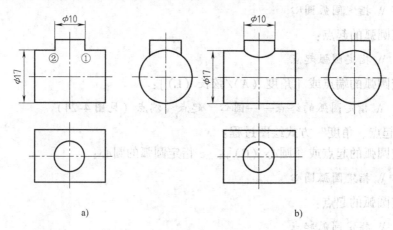

图4-27 例4-4图
a）原图 b）结果

操作过程参考：

1）绘制图4-27a所示的图形。

2）使用简化画法绘制相贯线：

从"绘图"选项组中调用圆弧"起点，端点，半径" 命令；

响应"指定圆弧的起点"提示，选择图4-27a中的点②；

响应"指定圆弧的端点"提示，选择图4-27a中的点①；

响应"指定圆弧的半径"提示，输入6.5，结果如图4-27b所示。

4.2.6 复制对象

【功能】复制图形中选中的图线，用于简化图形中相同结构的绘制。

【调用方法】

• 选项组：［默认］→［修改］→复制 （见图4-28圈示位置）

• 菜单：［修改］→［复制］

• 工具栏：［修改］

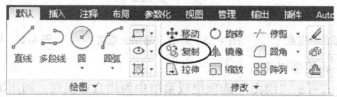

图4-28 复制按钮在"修改"选项组中的位置

● 命令名称：COPY，别名：CO

【操作说明】

在 AutoCAD 中复制图形对象的步骤如下：

选择对象：

　　\\ 选择原始图形对象

选择对象：

　　\\ 按＜Enter＞键确认所做的选择

当前设置：复制模式 = 多个

指定基点或［位移（D）/模式（O）］＜位移＞：

　　\\ 指定源对象的定位基准点，随后移动光标可见一个虚显的对象随光标移动

指定第二个点或［阵列（A）］＜使用第一个点作为位移＞：

　　\\ 指定复制对象的定位点

指定第二个点或［阵列（A）/退出（E）/放弃（U）］＜退出＞：

　　\\ 继续指定复制对象的定位点，或按＜Enter＞键结束命令

★　对于复制操作中的定位基准点和定位点的理解请从例 4-5 中仔细体会。

【例 4-5】　使用复制命令，在图 4-29a 的基础上完成图 4-29b。图中各圆与圆角同心。

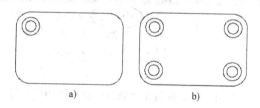

图 4-29　例 4-5 图

a）原始图形　b）目标图形

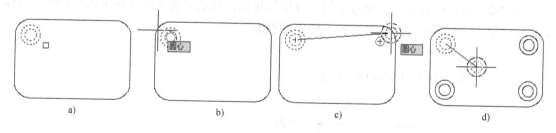

图 4-30　复制的过程

a）选择源对象　b）指定基准点　c）指定目标点　d）复制结果

操作过程参考：

1）绘制图 4-29a 所示的图形（尺寸自行拟定）。

2）设置自动对象捕捉的捕捉方式，在对象捕捉追踪快捷菜单（见图 4-6）中选择"圆心"选项应用捕捉功能。

3）复制图形的过程：

单击"修改"选项组中的复制 按钮调用命令；

响应"选择对象"提示，选择图中左上角两圆，如图 4-30a 所示，按 < Enter > 键确认选择；

响应"指定基点"提示，捕捉左上角的圆角圆心作为源对象的定位基准点，如图 4-30b 所示；

响应"指定第二个点"提示，捕捉右上角的圆角圆心作为复制对象的定位点，如图 4-30c 所示，单击鼠标左键即可复制；

继续选择其他几个圆角圆心进行复制，结果如图 4-30d 所示；

按 < Enter > 键结束命令。

4.2.7 移动对象

【功能】将图线对象从图形中的一个位置移到另一个位置。

【调用方法】

- 选项组：[默认]→[修改]→移动 （见图 4-31 圈示位置）
- 菜单：[修改]→[移动]
- 工具栏：[修改]

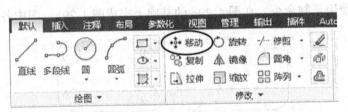

图 4-31 移动按钮在"修改"选项组中的位置

- 命令名称：MOVE，别名：M

【操作说明】

移动命令的运行过程与复制命令的运行步骤相似，只是复制是重复创建新的对象，而移动是将对象移动位置一次。移动对象的操作过程如下：

选择对象：

\\ 选择要移动的图形对象

选择对象：

\\ 按 < Enter > 键确认所做的选择

指定基点或 [位移（D）] <位移>：

\\ 指定移动对象的定位基准点

指定第二个点或 <使用第一个点作为位移>：

\\ 指定移动对象的目标定位点

【例 4-6】 使用移动命令，将图 4-32 中圆柱体的主视图和左视图对正。

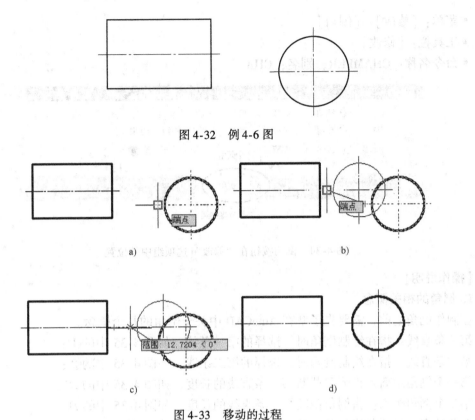

图4-32 例4-6图

图4-33 移动的过程
a) 选择定位基准点 b) 指定基准点 c) 指定目标点 d) 移动结果

操作过程参考：

1）绘制图4-33a所示的图形。

2）设置自动对象捕捉的捕捉方式，在对象捕捉追踪快捷菜单（见图4-6）中选择"端点"和"范围"选项应用捕捉功能。

3）移动图形的过程：

单击"修改"选项组中的移动 ✛ 按钮调用命令；

响应"选择对象"提示，选择左视图图形，按 < Enter > 键确认选择；

响应"指定基点"提示，捕捉左视图水平中心线的左端点作为移动的定位基准点（见图4-33a），此时可看到虚显的对象随着光标移动；

响应"指定第二个点"提示，使用对象捕捉功能获取主视图中心线的右端点（在该点上停留片刻离开即可，注意不要使用鼠标选择该点），如图4-33b所示；

沿着水平方向移动光标即可显示延伸线对齐路径（见图4-33c），移动到合适位置单击鼠标左键选择点，完成对象的移动，结果如图4-33d所示。

4.2.8 倒角

【功能】对两条直线倒斜角。

【调用方法】

● 选项组：[默认]→[修改]→倒角 ╱（见图4-34圈示位置）

113

- 菜单：［修改］→［倒角］
- 工具栏：［修改］
- 命令名称：CHAMFER，别名：CHA

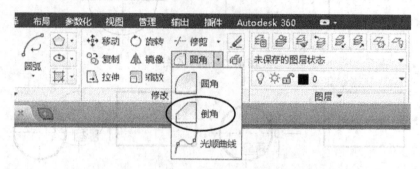

图4-34　倒角按钮在"修改"选项组中的位置

【操作说明】

1. 倒角的相关概念

在制作倒角之前，需要先了解在 AutoCAD 中关于倒角的几个概念。

第一条直线：指在绘制倒角时，选择的第一条线，如图4-35中的①；

第二条直线：指在绘制倒角时，选择的第二条线，如图4-35中的②；

第一个倒角距离：指倒角截断第一条直线的长度，如图4-35中的 $D1$；

第二个倒角距离：指倒角截断第二条直线的长度，如图4-35中的 $D2$；

倒角角度：指倒角线与第一条直线的夹角，如图4-35中的 α。

2. 倒角的步骤

绘制倒角有以下两种方式。

1）距离：指定两条直线的倒角距离绘制倒角。

2）角度：指定第一条直线的倒角距离和倒角线与第一条直线间的夹角。

指定距离的方式较简单，且在机械工程图中主要使用角度方式，所以本节介绍角度方式的使用方法。

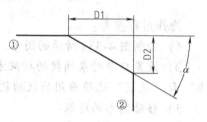

图4-35　倒角中的概念

选择第一条直线或［放弃（U）/多段线（P）/距离（D）/角度（A）/修剪（T）/方式（E）/多个（M）］：a

\\ 输入"A"或直接单击命令窗口中的"角度（A）"选项选择使用角度方式

指定第一条直线的倒角长度 <0.0000>：5

\\ 输入第一条直线的倒角距离

指定第一条直线的倒角角度 <0>：45

\\ 输入倒角角度，即倒角线与第一条直线间的夹角

选择第一条直线或［放弃（U）/多段线（P）/距离（D）/角度（A）/修剪（T）/方式（E）/多个（M）］：

\\ 选择第一条直线

选择第二条直线，或按住 <Shift> 键选择要应用角点的直线：

\\ 选择第二条直线，绘图结果示例如图 4-36 所示

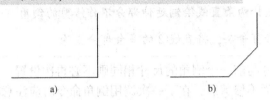

图 4-36　绘制倒角

a) 倒角前　b) 倒角后

★ 在提示"选择第二条直线，或按住 <Shift> 键选择要应用角点的直线："时，若按住 <Shift> 键选择第二条直线，则将会在两条直线间形成图 4-36a 所示的形状（即角点）。若两直线不相交，则会延长；若相交，则会修剪去多余部分。

3. 内倒角的绘制

在绘制倒角时，有一种图形结构需要专门处理，即如图 4-37a 所示的内倒角，其中直线②被截断，而直线①未被截断。对于此类倒角，可按照如下方法绘制。

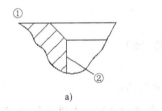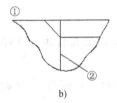

图 4-37　内倒角

a) 内倒角结构　b) 倒角

选择第一条直线或 ［放弃（U）/多段线（P）/距离（D）/角度（A）/修剪（T）/方式（E）/多个（M）］：t

\\ 输入"T"，调整命令的修剪模式

输入修剪模式选项 ［修剪（T）/不修剪（N）］ <修剪>：n

\\ 输入"N"，将修剪模式由修剪改为不修剪

选择第一条直线或 ［放弃（U）/多段线（P）/距离（D）/角度（A）/修剪（T）/方式（E）/多个（M）］：a

\\ 输入"A"或直接单击命令窗口中的"角度（A）"选项 角度（A） 选择使用角度方式

指定第一条直线的倒角长度 <0.0000>：5

\\ 输入第一条直线的倒角距离

指定第一条直线的倒角角度 <0>：45

\\ 输入倒角角度，即倒角线与第一条直线间的夹角

选择第一条直线或 ［放弃（U）/多段线（P）/距离（D）/角度（A）/修剪（T）/方式

115

(E) /多个（M）]：

选择第二条直线，或按住 <Shift> 键选择要应用角点的直线：

\\ 分别选择两条直线绘制延伸部分不作修剪的倒角

\\ 调用修剪命令，将直线②的多余部分去除

★ 若要绘制的倒角尺寸与前一个倒角的尺寸相同则不必再次设置。

★ 命令的修剪模式改为不修剪后，在下一次调用倒角命令时应注意将其改回修剪模式。

【例4-7】 在图4-38所示的圆柱体的左侧添加 C5 的倒角。

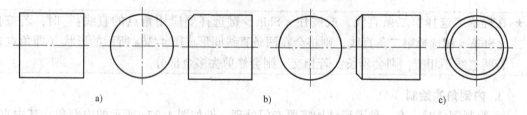

a) b) c)

图4-38 例4-7图

a）原图 b）绘制倒角 c）绘图结果

操作过程参考：

1）绘制图4-38a所示的圆柱体，直径为 $\phi60$。

2）绘制倒角：

单击"修改"选项组中的倒角 按钮调用命令；

输入"A"或直接单击命令窗口中的"角度（A）"选项选择使用角度方式；

响应"指定第一条直线的倒角长度"提示，输入5；

响应"指定第一条直线的倒角角度"提示，输入45；

响应"选择第一条直线"提示，选择上方的转向轮廓线；

响应"选择第二条直线"提示，选择左侧竖直直线，结果如图4-38b所示；

按空格键重复调用倒角命令，使用同样的方法绘制下方的倒角；

3）添加图4-38c中主视图中的直线和左视图中的倒角圆。

4.2.9 圆角

【功能】对两条图线倒圆角。

【调用方法】

● 选项组：[默认]→[修改]→圆角 （见图4-39圈示位置）

● 菜单：[修改]→[圆角]

● 工具栏：[修改]

● 命令名称：FILLET，别名：F

【操作说明】

1. 圆角绘制步骤

选择第一个对象或 [放弃（U）/多段线（P）/半径（R）/修剪（T）/多个（M）]：r

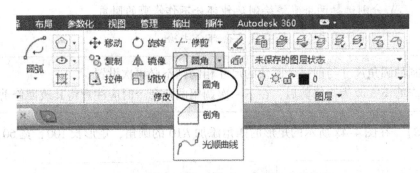

图 4-39 圆角按钮在 "修改" 选项组中的位置

\\ 输入 "R" 或直接单击命令窗口中的 "半径（R）" 选项修改半径

指定圆角半径 <0.0000>：

\\ 输入圆角半径

选择第一个对象或 ［放弃（U）/多段线（P）/半径（R）/修剪（T）/多个（M）］：

\\ 选择参与圆角的第一条图线，可以是直线或圆

选择第二个对象，或按住 <Shift> 键选择要应用角点的对象：

\\ 选择参与圆角的第二条图线，可以是直线或圆，绘图结果示例如图 4-40 所示

2. 内圆角的绘制

图 4-41 所示的内圆角结构的绘制，其方法步骤与倒角类似。

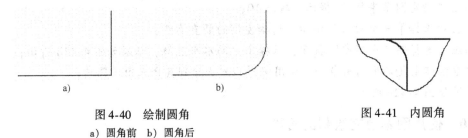

图 4-40 绘制圆角

a）圆角前 b）圆角后

图 4-41 内圆角

选择第一个对象或 ［放弃（U）/多段线（P）/半径（R）/修剪（T）/多个（M）］：t

\\ 输入 "T"，调整命令的修剪模式

输入修剪模式选项 ［修剪（T）/不修剪（N）］ <修剪>：n

\\ 输入 "N"，将修剪模式由修剪改为不修剪

选择第一个对象或 ［放弃（U）/多段线（P）/半径（R）/修剪（T）/多个（M）］：r

\\ 输入 "R" 或直接单击命令窗口中的 "半径（R）" 选项修改半径

指定圆角半径 <0.0000>：

\\ 输入圆角半径

选择第一个对象或 ［放弃（U）/多段线（P）/半径（R）/修剪（T）/多个（M）］：

选择第二个对象，或按住 <Shift> 键选择要应用角点的对象：

\\ 分别选择两条直线绘制延伸部分不作修剪的圆角

\\ 调用修剪命令，将直线多余部分去除

★ 若要绘制的圆角尺寸与前一个圆角的尺寸相同则不必再次设置。
★ 命令的修剪模式改为不修剪后，在下一次调用圆角命令时应注意将其改回修剪模式。

【例4-8】 在图4-42所示的矩形的四角添加 $R10$ 的圆角，矩形长100，宽60。

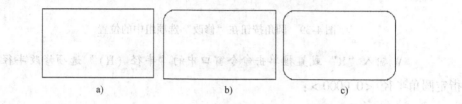

a)   b)   c)

图4-42 例4-8图

a）原图 b）绘制圆角 c）绘图结果

操作过程参考：

1）绘制图4-42a所示的矩形，长100，宽60。

2）绘制圆角：

单击"修改"选项组中的圆角 按钮调用命令；

输入"R"或直接单击命令窗口中的"半径（R)"选项选择修改圆角半径；

响应"指定圆角半径："提示，输入10；

响应"选择第一个对象"提示，选择左侧的竖直直线；

响应"选择第二个对象"提示，选择上方的水平直线，结果如图4-42b所示；

按空格键重复调用圆角命令，使用同样的方法绘制其余三角的圆角；

结果如图4-42c所示。

4.2.10 使用图案填充绘制剖面线

【功能】 使用某种图案充满图形中的指定区域，主要用来填充剖面线。

【调用方法】

- 选项组：［默认］→［绘图］→图案填充 （见图4-43圈示位置）
- 菜单：［绘图］→［图案填充］
- 工具栏：［绘图］
- 命令名称：HATCH，别名：H

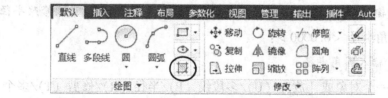

图4-43 图案填充按钮在"绘图"选项组中的位置

118

【操作说明】

如果功能区处于活动状态，则将显示"图案填充创建"选项卡（见图4-44）。其中，常用选项组的作用标注于图4-45中。其他选项可参看系统帮助。如果功能区处于关闭状态，则将显示"图案填充和渐变色"对话框中的"图案填充"选项卡，其功能与选项卡相同，这里不再介绍。

图4-44　"图案填充创建"选项卡

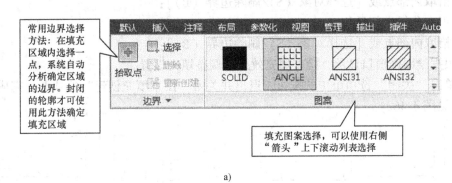

图4-45　常用的各选项组作用

a）"边界"选项组与"图案"选项组　b）"特性""原点"和"关闭"选项组

填充剖面线的步骤如下：

1）单击"绘图"选项组中的图案填充按钮 调用命令，功能区显示"图案填充创建"选项卡，并在命令窗口提示：

　　　拾取内部点或［选择对象（S）/删除边界（B）]：

2）在"图案"选项组中选择用于剖面线的填充图案 ANSI31。

3）根据填充要求设置"角度"选项，改变剖面线角度。

4) 根据填充要求设置"比例"选项, 改变剖面线间距。

5) 在欲填充的封闭区域内选择一点, 系统会自动寻找封闭的边界, 如图 4-46a 所示, 此时命令窗口提示:

正在选择所有对象…

正在选择所有可见对象…

正在分析所选数据…

正在分析内部孤岛…

\\ 以上为系统分析边界的过程

6) 如果要一次填充多个区域可以继续选择如图 4-46b 所示, 此时命令窗口提示:

拾取内部点或 [选择对象 (S)/删除边界 (B)]:

正在分析内部孤岛…

拾取内部点或 [选择对象 (S)/删除边界 (B)]:

7) 根据绘图区窗口显示, 检查填充效果, 调整填充设置。

8) 单击"关闭"选项组中的按钮, 退出并关闭"图案填充创建"选项卡, 完成剖面线的绘制 (见图 4-46c)。

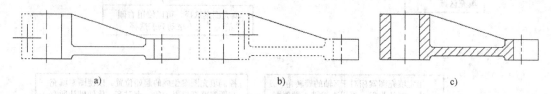

图 4-46 剖面线填充过程
a) 选择填充区域一 b) 选择填充区域二 c) 填充结果

★ 当使用 Pick Points 确定填充区域时, 区域的边界必须是完全封闭的。如果边界有开口, 则系统则会弹出提示对话框, 如图 4-47 所示。

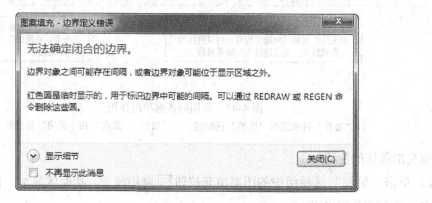

图 4-47 边界定义错误提示对话框

【例 4-9】 在图 4-48a 所示的图形的①②处填充剖面线。

操作过程参考:

1）绘制图 4-48a 所示的图形。

2）填充剖面线：

单击"绘图"选项组中的图案填充按钮 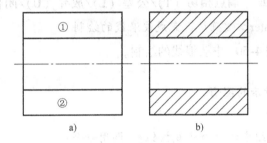 调用命令；

在"图案"选项组中选择用于剖面线的填充图案 ANSI31；

在欲填充的封闭区域内选择一点，在①处单击鼠标左键；

在欲填充的封闭区域内选择一点，在②处单击鼠标左键；

检查填充效果，若不合适，则在"特性"选项组中调整；

设置"角度"选项，改变剖面线角度；

设置"比例"选项，改变剖面线间距；

再次检查填充效果，若合适则单击"关闭"选项组中的按钮，退出并关闭"图案填充创建"选项卡，结束命令，结果如图 4-48b 所示。

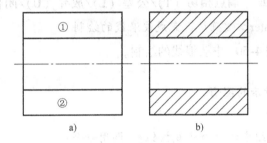

图 4-48　例 4-9 图

a）原图　b）绘图结果

4.2.11　使用样条曲线命令绘制波浪线

【功能】命令的功能是将一系列点拟合成光滑的曲线，即样条曲线。本书用该命令绘制局部视图和局部剖视图中的波浪线。

【调用方法】

- 选项组：[默认]→[绘图]→样条曲线 （见图 4-49 圈示位置）
- 菜单：[绘图]→[样条曲线]
- 工具栏：[绘图]
- 命令名称：SPLINE，别名：SPL

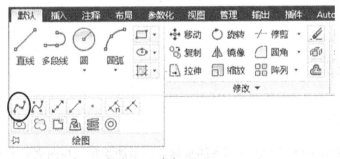

图 4-49　样条曲线按钮在"绘图"选项组中的位置

【操作说明】

指定第一个点或 [方式 (M)/节点 (K)/对象 (O)]：

\\ 指定波浪线绘制起点

输入下一个点或 [起点切向 (T)/公差 (L)]：

\\ 指定波浪线绘制第二点

输入下一个点或 [端点相切 (T)/公差 (L)/放弃 (U)]：

输入下一个点或 [端点相切 (T)/公差 (L)/放弃 (U)/闭合 (C)]：

……

输入下一个点或 [端点相切 (T)/公差 (L)/放弃 (U)/闭合 (C)]：

\\ 系统反复提示，指定波浪线绘制中间其余点及终点

输入下一个点或 [端点相切 (T)/公差 (L)/放弃 (U)/闭合 (C)]：

\\ 按 < Enter > 键确认，完成波浪线的绘制

【例 4-10】 完成图 4-50a 中波浪线的绘制。

操作过程参考：

1) 绘制图 4-50a 所示的图形。

2) 绘制倒角：

单击"绘图"选项组中的样条曲线按钮 ╱ 调用命令；

响应"指定第一个点"提示，选择上边界的端点，如图 4-50a 所示；

响应"输入下一个点"提示，在上、下边界中间适当取点，本例中取点数量为 3 ~ 4 个，如图 4-50b 所示；

响应"输入下一个点"提示，选择下边界的端点；

按 < Enter > 键确认，结果如图 4-50c 所示。

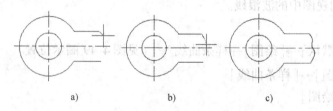

a)   b)   c)

图 4-50 例 4-10 图

a) 指定第一点 b) 指定中间点 c) 绘图结果

4.3 绘图实例

4.3.1 绘图步骤

在第 3 章介绍的平面图形绘图步骤的基础上，添加绘制三视图需要的步骤如下：

1) 建立新文件（参见第 1 章）。

2）设置图层、线型及颜色（参见第 2 章）。

3）设置自动对象捕捉的捕捉方式。

4）使用直线 ╱ +正交 █ ，或直线 ╱ +极轴追踪 █ ，或构造线 ╱ 画线，作出主视图、俯视图（或左视图）的定位基准线，注意保证长度大于图形轮廓。

5）使用直线 ╱ +相对极坐标，或直线 ╱ +极轴追踪 █ ，或构造线 ╱ 绘制 45°斜线，完成俯视图和左视图的对应关系，并绘制第三个视图的定位基准线。

6）按照工程制图的绘图方法，分析立体结构，绘制图形主要结构及细节。

7）填充剖面线。

8）调整图线对象至相应线型的图层上。

9）保存图形文件。

需要注意的是，上述步骤并不是绝对的，绘图过程中可以根据具体需要调整。

4.3.2　图形绘制实例

【例 4-11】　绘制图 4-51 所示的图形。

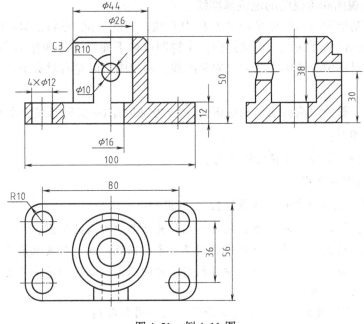

图 4-51　例 4-11 图

1. 图形分析

该机件主要包括 3 个部分：底板、ϕ44 柱体、前端的凸台；其中，柱体内部有 ϕ26 和 ϕ16 的阶梯孔，前后方向有贯穿凸台和柱体筒壁的 ϕ10 通孔。立体在左右方向上对称。图形绘制应该按结构顺序完成。

2. 图形绘制

绘制该图形的参考步骤如下：

（1）建立新文件

选择样板 acadiso. dwt；设置图形界限宽为 297，长为 420；使用导航栏中的全部缩放命令将设好的绘图范围充满绘图区。

（2）设置图层、线型、线宽及颜色

在本例中新建图层，具体见表 4-1。

表4-1 图层设置内容

图层名	颜色	线型	线宽/mm
粗实线	白色	Continuous	0.5
细点画线	红色	CENTER2	0.25
细虚线	黄色	HIDDEN2	0.25
细实线	绿色	Continuous	0.25
剖面线	绿色	Continuous	0.25

将 0 层设为当前层，供绘制草图使用。

（3）设置自动对象捕捉的捕捉方式

设置可用的对象捕捉方式：端点、圆心、象限点、交点。

（4）绘制主视图和俯视图的定位基准线

机件的长度基准为左右对称平面的对称中心线，宽度基准为通过 $\phi44$ 柱体轴线的正平面，高度基准为机件的下底面。也就是说，主视图以最下面一条直线作为高度方向基准线，俯视图中以前后对称中心线作为宽度方向基准线，两视图均以左右对称中心线为长度方向基准线。

画此类图线一般使用构造线，利用正交 或极轴追踪 实现图线的水平和垂直的方向控制。绘图步骤如下：

1）确认状态栏正交 处在打开状态。

2）绘制主视图基准线：

单击"绘图"选项组中的构造线按钮 调用命令；

响应"指定点"提示，在绘图区任选一点作为两条中心线的交点；

响应"指定通过点"提示，将光标移到竖直方向任选一点，确定长度基准线；

响应"指定通过点"提示，将光标移到水平方向任选一点，确定高度基准线；

按＜Enter＞键结束命令。

3）绘制俯视图宽度基准线（长度基准线与主视图共用）：

按空格键重复调用构造线命令；

响应"指定点"提示，在主视图下方选一点确定基准线位置，注意该点与主视图高度基准线有大于 50 以上的距离；

响应"指定通过点"提示，将光标移到水平方向任选一点，确定宽度基准线；

按＜Enter＞键结束命令，结果如图 4-52a 所示。

（5）绘制 45°辅助线和左视图的定位基准线

绘图中 45°辅助线是用来实现左视图与俯视图宽相等对应关系的，本例使用直线按钮 加"临时追踪角"的方法绘制。

　　左视图定位基准线的绘制应满足高平齐、宽相等的要求，所以在绘图时应注意与主、俯视图已有的基准线对应关系。宽度基准线借助俯视图基准线与45°辅助线交点完成，高度基准线与主视图共用。

　　绘图步骤如下：

　　1）绘制45°辅助线：

　　单击"绘图"选项组中的直线按钮╱调用命令；

　　响应"指定第一个点"提示，在主视图高度基准线下方单击鼠标左键选点，该点距离长度基准应大于机件长度的一半；

　　响应"指定下一点"提示，输入"<-45"（指定临时追踪角为-45°）；

　　响应"指定下一点"提示，输入200（数值足够大即可）；

　　按<Enter>键结束命令，结果如图4-52b所示。

　　2）绘制左视图宽度基准线（高度基准线与主视图共用）：

　　单击"绘图"选项组中的直线按钮╱调用命令；

　　响应"指定第一点"提示，捕捉俯视图宽度基准线与45°辅助线的交点，如图4-52c所示；

　　响应"指定下一点"提示，将十字光标移到第一点的正上方，输入300（数值足够大即可）；

　　按<Enter>键结束命令，结果如图4-52d所示。

　　3）关闭正交￼。

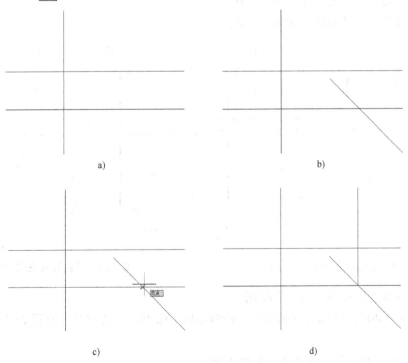

图 4-52　绘制定位基准线

a）绘制主、俯视图定位基准线　b）绘制45°辅助线　c）捕捉俯视图宽度基准与45°辅助线　d）选择交点后画垂线

（6）绘制底板的三视图

底板的长、宽、高分别为100、56、12，绘图步骤如下：

1）绘制偏移辅助线（在图4-53中，形如"①"的标号为水平线，形如"A"标号为竖直线，形如"Ⅱ"的标号为基准线，下图皆同）。

单击"修改"选项组中的偏移按钮 ，完成如下偏移操作：

① 偏移距离50，要偏移的对象为长度基准线Ⅰ，在Ⅰ左右绘制辅助线A和B；

② 偏移距离28，要偏移的对象为俯视图宽度基准线Ⅱ，在Ⅱ上下绘制辅助线①和②；

③ 偏移距离12，要偏移的对象为高度基准线Ⅲ，在Ⅲ上方绘制辅助线③；

④ 通过点方式，要偏移的对象为左视图宽度基准线Ⅳ，以辅助线A和B与45°辅助线的交点为通过点，在Ⅳ左右绘制辅助线C、D。

2）修剪轮廓线（见图4-54）。

单击"修改"选项组中的修剪按钮 ，完成如下修剪操作：

① 以③为边界，修剪③上方的A、B、C、D；

② 以A为边界，修剪A左侧的①、②、③；

③ 以B为边界，修剪B左侧的①、②；

④ 以B、C为边界，修剪B、C之间的③；

⑤ 以D为边界，修剪D右侧③；

⑥ 以②、Ⅲ为边界，修剪②、Ⅲ之间的A、B；

⑦ 以Ⅲ为边界，修剪Ⅲ下方的C、D；

⑧ 以①为边界，修剪①下方的A、B。

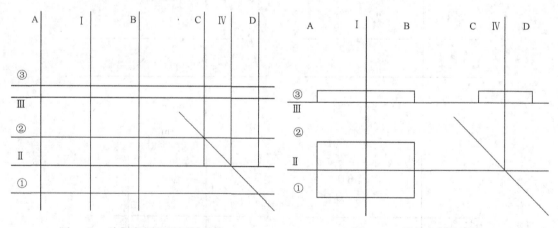

图4-53　绘制底板三视图辅助线　　　　　图4-54　修剪底板轮廓线

（7）绘制 φ44 圆柱体及内孔三视图

柱体直径为 φ44，内部上方圆柱孔直径为 φ26、深38，下方圆柱孔直径为 φ16。绘图步骤如下：

1）绘制圆柱 φ44 偏移辅助线（见图4-55）。

单击"修改"选项组中的偏移按钮 ，完成如下偏移操作：

① 偏移距离22，要偏移的对象为长度基准线Ⅰ，在Ⅰ左右绘制辅助线A和B；

② 偏移距离 22，要偏移的对象为左视图宽度基准线Ⅳ，在Ⅳ左右绘制辅助线 C、D；

③ 偏移距离 50，要偏移的对象为高度基准线Ⅲ，在Ⅲ上方绘制辅助线①。

2）绘制圆柱 φ44 的俯视图圆（见图 4-55）。

单击"绘图"选项组中的圆按钮 ，捕捉Ⅰ和Ⅱ的交点为圆心，捕捉 A 或 B 和Ⅱ的交点，指定半径画圆。

3）修剪轮廓线（见图 4-56）。

单击"修改"选项组中的修剪按钮 ，完成如下修剪操作：

① 以①为边界，修剪①上方的 A、B、C、D；

② 以 A 为边界，修剪 A 左侧的①；

③ 以 B、C 为边界，修剪 B、C 之间的①；

④ 以 D 为边界，修剪 D 右侧的①；

⑤ 以②为边界，修剪②下方的 A、B；

⑥ 以③为边界，修剪③下方的 C、D。

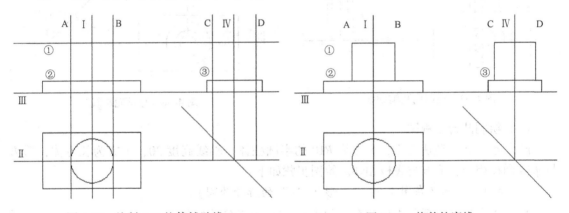

图 4-55　绘制 φ44 柱体辅助线　　　　　　　　图 4-56　修剪轮廓线一

4）绘制内孔的偏移辅助线（见图 4-57）。

单击"修改"选项组中的偏移按钮 ，完成如下偏移操作：

① 偏移距离 8，要偏移的对象为长度基准线Ⅰ，在Ⅰ右侧绘制辅助线 A；

② 偏移距离 13，要偏移的对象为长度基准线Ⅰ，在Ⅰ右侧绘制辅助线 B；

③ 偏移距离 8，要偏移的对象为左视图宽度基准线Ⅳ，在Ⅳ左右绘制辅助线 C、D；

④ 偏移距离 13，要偏移的对象为左视图宽度基准线Ⅳ，在Ⅳ左右绘制辅助线 E、F；

5）绘制内孔的俯视图圆（见图 4-57）。

单击"绘图"选项组中的圆按钮 ，完成如下操作：

① 捕捉Ⅰ和Ⅱ的交点为圆心，捕捉 A 和Ⅱ的交点指定半径画圆；

② 捕捉Ⅰ和Ⅱ的交点为圆心，捕捉 B 和Ⅱ的交点指定半径画圆。

6）修剪轮廓线（见图 4-58），注意主视图的半剖和左视图的全剖特点。

单击"修改"选项组中的修剪按钮 ，完成如下修剪操作：

① 以①为边界，修剪①上方的 B；

② 以②为边界，修剪②下方的 B 和②上方的 A；

③ 以Ⅲ为边界，修剪Ⅲ下方的A；

④ 以B、G为边界，修剪B、G之间的②；

⑤ 以④为边界，修剪④上方的E、F；

⑥ 以③为边界，修剪③下方的E、F和③上方的C、D；

⑦ 以Ⅲ为边界，修剪Ⅲ下方的C、D；

⑧ 以E、H为边界，修剪E、H之间的③；

⑨ 以F、K为边界，修剪F、K之间的③；

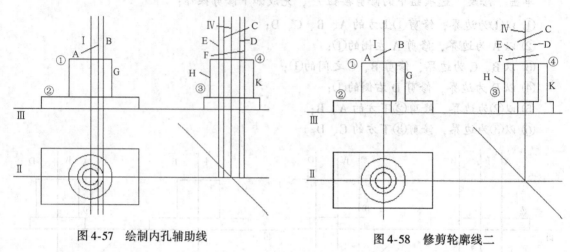

图 4-57　绘制内孔辅助线　　　　　　图 4-58　修剪轮廓线二

（8）绘制凸台三视图

凸台为一个U型块结构，上方为R10的半圆柱体，轴线高度30，下方为长方体，后方与φ44圆柱相交，下方与底板相邻。绘图步骤如下：

1）绘制辅助线（在图 4-59 中，形如"a"的标号为圆）。

单击"修改"选项组中的偏移按钮🔲，完成如下偏移操作：

① 偏移距离30，要偏移的对象为高度基准线Ⅲ，在Ⅲ上方绘制辅助线①；

② 偏移距离10，要偏移的对象为长度基准线Ⅰ，在Ⅰ左右绘制辅助线A、B；

③ 单击"绘图"选项组中的圆按钮（），捕捉Ⅰ和①的交点为圆心，捕捉①和A的交点，指定半径画圆；

④ 单击"修改"选项组中的偏移按钮🔲，要偏移的对象为辅助线①，通过点方式，以Ⅰ和圆a的交点为通过点，绘制辅助线②。

2）调整左视图中直线C的长度（见图 4-59）：

确认极轴追踪🔾和自动对象捕捉🔲处于打开状态；

使用夹点模式调整直线C与辅助线②相交。

3）修剪轮廓线（见图 4-60）。

单击"修改"选项组中的修剪按钮，完成如下修剪操作：

① 以①为边界，修剪①上方的A，修剪①下方的a；

② 以Ⅰ为边界，修剪Ⅰ右侧的a；

③ 以Ⅰ、A为边界，修剪Ⅰ、A之间的③；

④ 以③、b 为边界，修剪③、b 之间的 A；

⑤ 以④、b 为边界，修剪④下方的 A、B，b 上方的 B 和 b 内部的 A、B；

⑥ 以②为边界，修剪②下方的 D；

⑦ 以 C、D 为边界，修剪 C、D 外侧②；

⑧ 单击"修改"选项组中的删除按钮 ✎，删除标号 C 处的一小段水平直线。

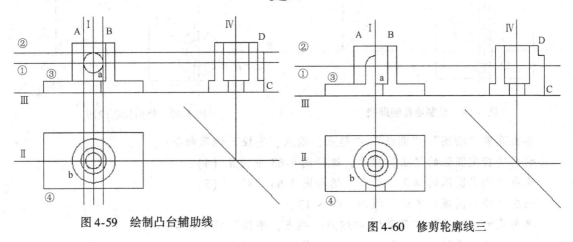

图 4-59　绘制凸台辅助线　　　　　　　图 4-60　修剪轮廓线三

（9）绘制水平通孔

水平通孔直径 ϕ10，前后贯穿，与凸台半圆柱同轴。绘图步骤如下：

1）绘制辅助线（见图 4-61）。

单击"绘图"选项组中的圆按钮 ⊘，捕捉 Ⅰ 和①的交点为圆心，输入半径 5，绘制圆 a；

单击"修改"选项组中的偏移按钮 ⊫，完成如下偏移操作：

① 通过点方式，要偏移的对象为 Ⅰ，以①和圆 a 的交点为通过点，绘制辅助线 A、B；

② 通过点方式，要偏移的对象为①，以 Ⅰ 和圆 a 的交点为通过点，绘制辅助线②、③；

③ 偏移距离 30，要偏移的对象为高度基准线 Ⅲ，在 Ⅲ 上方绘制辅助线①；

④ 偏移距离 10，要偏移的对象为长度基准线 Ⅰ，在 Ⅰ 左右绘制辅助线 A、B。

2）修剪轮廓线（见图 4-62）。

单击"修改"选项组中的修剪按钮 ⊬，完成如下修剪操作：

① 以 b、c 为边界，修剪 b 上方的 A、B，修剪 c 内部的 A、B；

② 以④为边界，修剪④下方的 A、B；

③ 以 C、D、E、F 为边界，修剪 E 左侧的①、②，修剪 D、F 之间的①、②，修剪 C 右侧的①、②；

④ 以②、③为边界，修剪②、③之间的 D、E、F。

3）绘制左视图的相贯线（见图 4-63）：

单击菜单"绘图"→"圆弧"→"起点、端点、半径"调用命令；

响应"指定圆弧的起点"提示，选择图 4-63 中的点（2）；

响应"指定圆弧的端点"提示，选择图 4-63 中的点（1）；

响应"指定圆弧的半径"提示，输入 22；

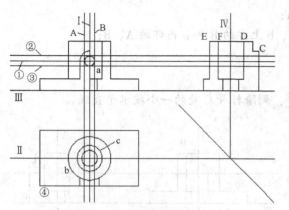

图 4-61　绘制通孔辅助线　　　　　　图 4-62　修剪轮廓线四

单击菜单"绘图"→"圆弧"→"起点、端点、半径"调用命令；

响应"指定圆弧的起点"提示，选择图 4-63 中的点 (4)；

响应"指定圆弧的端点"提示，选择图 4-63 中的点 (3)；

响应"指定圆弧的半径"提示，输入 13；

单击菜单"绘图"→"圆弧"→"起点、端点、半径"调用命令；

响应"指定圆弧的起点"提示，选择图 4-63 中的点 (5)；

响应"指定圆弧的端点"提示，选择图 4-63 中的点 (6)；

响应"指定圆弧的半径"提示，输入 13；

结果如图 4-64 所示。

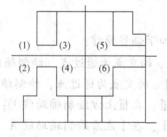

图 4-63　绘制通孔相贯线

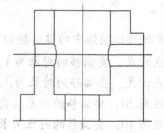

图 4-64　相贯线绘图结果

(10) 绘制底板细节

1) 绘制俯视图的圆角（见图 4-65）：

单击"修改"选项组中的圆角按钮 调用命令；

输入"R"选择修改圆角尺寸；

响应"指定圆角半径:"提示，输入 10；

响应"选择第一个对象"提示，选择直线 A；

响应"选择第二个对象"提示，选择直线②；

按空格键重复调用圆角命令，分别选择 A、①，B、①，B、②绘制其余三个圆角；

结果如图 4-66 所示。

2) 绘制俯视图的圆孔（见图 4-67）。

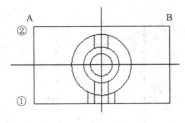

图 4-65 绘制俯视图的圆角

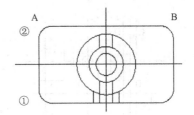

图 4-66 圆角绘图结果

单击"修改"选项组中的偏移按钮 ，完成如下偏移操作：

① 偏移距离 40，要偏移的对象为长度基准线Ⅰ，在Ⅰ左右绘制辅助线 A、B；

② 偏移距离 18，要偏移的对象为宽度基准线Ⅱ，在Ⅱ上下绘制辅助线①、②。

单击"绘图"选项组中的圆按钮 ，捕捉 A、②交点作为圆心，输入半径 6，绘制圆 a；

单击"修改"选项组中的复制按钮 调用命令；

响应"选择对象"提示，选择圆 a；

响应"指定基点"提示，捕捉圆 a 的圆心作为源对象的定位基准点；

响应"指定第二个点"提示，捕捉 A、①交点作为复制对象的定位点；

响应"指定第二个点"提示，捕捉 B、①交点作为复制对象的定位点；

响应"指定第二个点"提示，捕捉 B、②交点作为复制对象的定位点；

结果如图 4-68 所示。

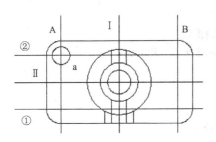

图 4-67 绘制左上角圆

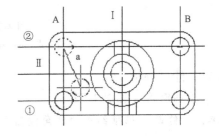

图 4-68 圆孔复制结果

3) 绘制局部剖视图（见图 4-69 和图 4-70）。

单击"修改"选项组中的偏移按钮 ，完成如下偏移操作：

通过点方式，要偏移的对象为 A，以②和圆 a 的交点为通过点，绘制辅助线 C、D。

单击"修改"选项组中的修剪按钮 ，完成如下修剪操作：

以Ⅲ、③为边界，修剪Ⅲ、③外侧的 C、D。

4) 绘制波浪线（见图 4-71）：

单击"绘图"选项组中的样条曲线按钮 调用命令；

响应"指定第一个点"提示，选择③上一点（使用最近点捕捉），如图 4-71a 所示；

响应"输入下一个点"提示，在③、Ⅲ中间适当取点，本例中取点数量为 3~4 个；

响应"输入下一个点"提示，选择Ⅲ上一点（使用最近点捕捉），如图 4-71b 所示；

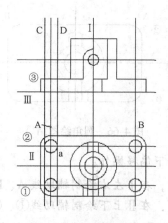

图4-69　绘制辅助线

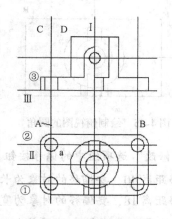

图4-70　修剪轮廓线五

响应"输入下一个点"提示，按＜Enter＞键确认；

结果如图4-71c所示。

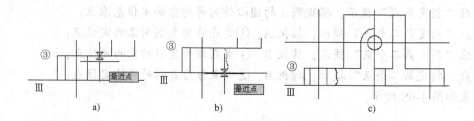

图4-71　绘制波浪线

a）确定起点　b）确定中间点和终点　c）绘图结果

（11）绘制倒角

1）绘制倒角（见图4-72）：

单击"修改"选项组中的倒角按钮 ⌐ 调用命令；

输入"A"或直接单击命令窗口中的"角度（A）"选项选择使用角度方式；

响应"指定第一条直线的倒角长度"提示，输入3；

响应"指定第一条直线的倒角角度"提示，输入45；

响应"选择第一条直线"提示，选择直线A；

响应"选择第二条直线"提示，选择直线①；

按空格键重复调用倒角命令，分别选择B、①，C、②，D、②绘制其他倒角。

2）添加主视图的直线和俯视图的倒角圆（见图4-73）：

使用直线命令和圆（或偏移）命令完成。

（12）调整中心线延伸长度

1）修剪轮廓线以外的中心线：

参照图4-74，单击"修改"选项组中的修剪按钮 ⊬ ，修剪中心线。

2）使用夹点模式调整中心线长度到伸出3～5mm，结果如图4-75所示。

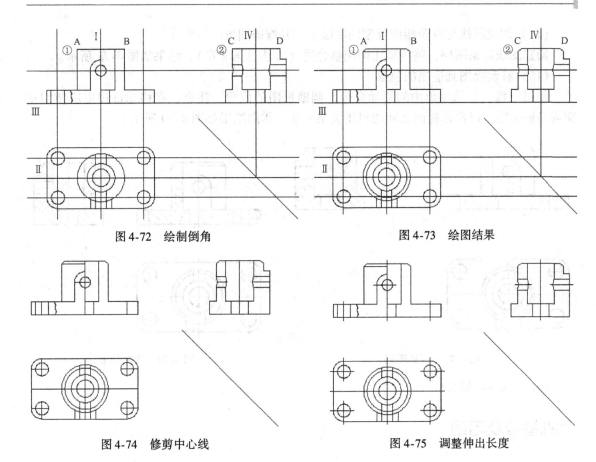

图 4-72 绘制倒角 | 图 4-73 绘图结果

图 4-74 修剪中心线 | 图 4-75 调整伸出长度

（13）填充剖面线

参照例 4-9 剖面线填充的步骤和方法将主、左视图填充剖面线，主视图拾取（1）、（2）、（3）、（4）点（见图 4-76），左视图拾取（5）、（6）、（7）、（8）点（见图 4-76），结果如图 4-77 所示。

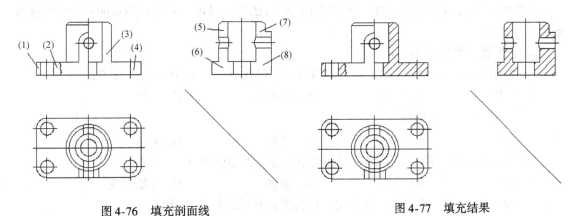

图 4-76 填充剖面线 | 图 4-77 填充结果

★ 为了后续操作中移动图形方便，对不同视图中的剖面线应分别填充。
★ 若有边界定义错误提示，需显示放大，仔细检查是否有不封闭的轮廓。

（14）调整图线对象至相应线型的图层上，并修饰图形

调整图线对象图层，将线型比例调整合适（方法见第2章），结果如图4-78所示。

（15）移动视图到适当的位置

使用"修改"选项组中的移动命令，调整视图的位置。注意，在移动过程中应使用正交或极轴追踪，以保证视图之间的对正关系不变。作图结果如图4-79所示。

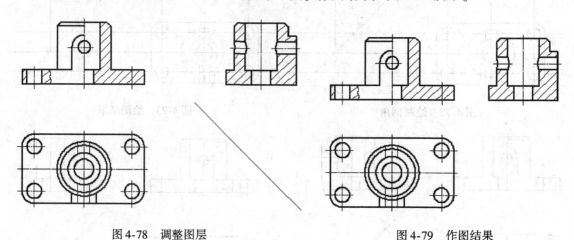

图4-78 调整图层　　　　　　　　　　　　图4-79 作图结果

（16）保存图形文件

上机指导及习题

1. 上机指导

本章主要介绍了捕捉、对象捕捉追踪、构造线、正多边形、圆弧、复制、移动、倒角、圆角、图案填充、样条曲线等命令的使用方法，并介绍了绘制简单机件图样的步骤和方法。上机练习时应按照例题的顺序完成训练，依次掌握各种命令的操作及其综合应用。

例题的上机练习完成后，再选择习题中的题目练习，以进一步提高图形的分析能力和命令的使用能力。

2. 选择题（单选或多选）

1）使用多边形命令画成的一个正六边形，它包含（　　）个图元（实体）。

A. 1个　　　　　　B. 6个　　　　　　C. 不确定　　　　　　D. 2个

2）⬚是（　　）按钮。

A. 剪切　　　　　　B. 延长　　　　　　C. 圆角　　　　　　D. 倒角

3）移动圆对象，使其圆心移动到直线中点处，需要应用（　　）。

A. 正交　　　　　　B. 捕捉　　　　　　C. 栅格　　　　　　D. 对象捕捉

4）使用 AutoCAD 画图时，保证主、俯视图长对正的软件功能有（　　）。

A. 使用正交功能

B. 使用极轴追踪功能

C. 绘制竖直辅助线

D. 使用对象捕捉追踪功能

3. 绘图习题

按尺寸绘制图 4-80 ~ 4-85 所示图形, 不需要标注尺寸。

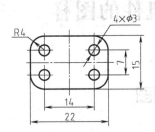

图 4-80 绘图习题一

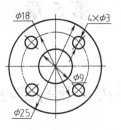

图 4-81 绘图习题二

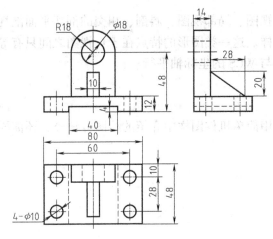

图 4-82 绘图习题三

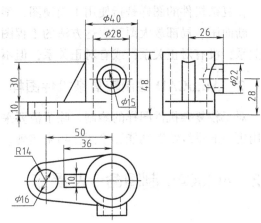

图 4-83 绘图习题四

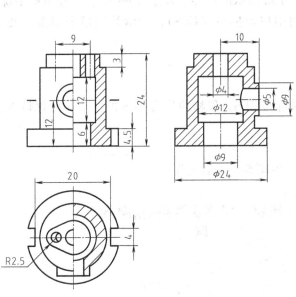

图 4-84 绘图习题五

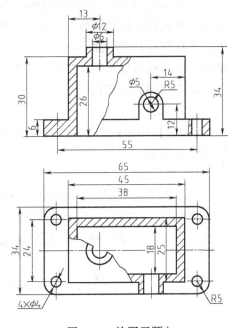

图 4-85 绘图习题六

135

第 5 章　绘制较复杂机件的图样

5.1　较复杂机件图样的特点和 AutoCAD 制图

5.1.1　较复杂机件图样的特点

较复杂机件的图样是指使用了向视图、斜视图、局部视图、斜剖、相交的剖切平面剖视图、断面图、局部放大图等表达方法的工程图样。这一类图形的特点在于：视图之间只有等量关系，没有对正关系；或有对正关系，但不与 WCS 的坐标轴平行。

5.1.2　AutoCAD 绘制较复杂机件图样

对于较复杂机件图样的绘制，除了需要采用简单机件图样中介绍的绘图方法外，还需要采用更多的系统绘图功能和绘图技巧来实现。

5.2　AutoCAD 制图命令及操作

5.2.1　用户坐标系

在 AutoCAD 中，大多数绘图和编辑命令依赖于坐标系，坐标系的原点和 X、Y 轴方向决定了坐标输入的数据值，绘图中一般使用系统默认的世界坐标系（WCS），但在有些情况下，使用能够自定义原点和 X、Y 轴方向的用户坐标系（UCS），会给绘图带来很多方便。坐标系的图标和显示状态参见第 3 章。

1. UCS 的建立方法

（1）原点

【功能】指定新的原点，移动 UCS 得到新的 UCS，仅移动当前 UCS 的原点，而保持 X、Y 轴方向不变。

【调用方法】

- 选项组：［视图］→［坐标］→原点∠（见图 5-1 圈示位置）
- 菜单：［工具］→［新建 UCS］→［原点］

图 5-1　原点按钮在"坐标"选项组中的位置

- 工具栏：[UCS]
- 命令名称：UCS

【操作说明】

调用命令后，在命令窗口将显示：

　　指定新原点 <0, 0, 0 >：

　　　　\\ 指定一点作为新坐标系的原点

（2）Z

【功能】 UCS 的原点不变，将当前 UCS 绕 Z 轴旋转一定角度。

【调用方法】

- 选项组：[视图]→[坐标]→Z （见图 5-2 圈示位置）
- 菜单：[工具]→[新建 UCS]→[Z]
- 工具栏：[UCS]

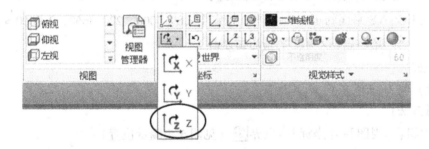

图 5-2　绕 Z 轴旋转按钮在"坐标"选项组中的位置

- 命令名称：UCS

【操作说明】

调用命令后，在命令窗口将显示：

　　指定绕 Z 轴的旋转角度 <90 >：

　　　　\\ 1）输入旋转角度，结束命令

　　　　\\ 2）或在绘图区中选择一点以在屏幕中指定旋转角，该点与原点连成一条直线，该直线在当前 UCS 中与 X 轴方向的夹角为旋转角

（3）三点

【功能】 通过选择三点指定新 XY 平面，第一点指定新 UCS 的原点，第二点为 X 轴的正方向上一点，第三点可以在新 UCS 的 XY 平面内的 Y 轴正半部分的任意位置。

【调用方法】

- 选项组：[视图]→[坐标]→三点 （见图 5-3 圈示位置）
- 菜单：[工具]→[新建 UCS]→[三点]
- 工具栏：[UCS]
- 命令名称：UCS

图 5-3 三点按钮在"坐标"选项组中的位置

【操作说明】

调用命令后,在命令窗口将显示:

指定新原点 <0, 0, 0>:

　　\\ 指定一点作为新坐标系的原点

在正 X 轴范围上指定点 <91.0000, 220.0000, 0.0000>:

　　\\ 指定一点以确定 X 轴的正方向

在 UCS XY 平面的正 Y 轴范围上指定点 <89.5000, 220.8660, 0.0000>:

　　\\ 指定一点以确定 Y 轴的正方向

(4) 世界

【功能】将 UCS 恢复到 WCS 状态。

【调用方法】

- 选项组:[视图]→[坐标]→世界 (见图 5-4 圈示位置)
- 菜单:[工具]→[新建 UCS]→[世界]
- 工具栏:[UCS]

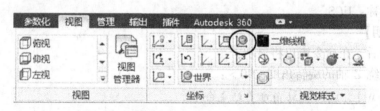

图 5-4 世界按钮在"坐标"选项组中的位置

- 命令名称:UCS

【操作说明】

调用命令后,系统自动将当前 UCS 恢复到 WCS,不需要交互。

(5) 上一个

【功能】将 UCS 恢复到前一个 UCS 状态。

【调用方法】

- 选项组:[视图]→[坐标]→上一个 (见图 5-5 圈示位置)
- 菜单:[工具]→[新建 UCS]→[上一个]
- 工具栏:[UCS]

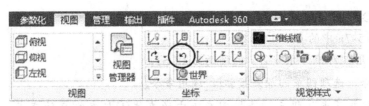

图 5-5　上一个按钮在"坐标"选项组中的位置

- 命令名称：UCS

【操作说明】

调用命令后，系统自动将 UCS 恢复到前一个 UCS 状态，不需要交互。

2. 坐标系图标的显示设置

在使用 UCS 后，为了能更清晰地指示当前坐标的状态，经常需要对坐标系图标的显示状态进行调整，常用的 3 个状态如下。

1）在原点处显示 UCS 图标：当原点在显示范围内时，则在原点显示 UCS 图标，否则在视口左下角点处显示图标。

2）显示 UCS 图标：UCS 图标固定显示在视口左下角点处。

3）隐藏 UCS 图标：将 UCS 图标隐藏。

【设置方法】

- 选项组：[视图]→[坐标]→ 🔆（见图 5-6 圈示位置），单击后展开下拉菜单（见图 5-6 方框圈示位置）。系统默认的状态为"在原点处显示 UCS 图标"。
- 菜单：[视图]→[显示]→[UCS 图标]→[开]、[原点]

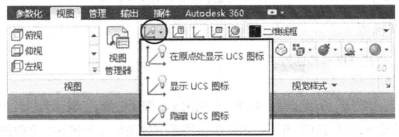

图 5-6　UCS 图标显示控制按钮在"坐标"选项组中的位置

【操作说明】

在下拉菜单中选择需要的状态即可。

【例 5-1】　将图 5-7a 的边界坐标系分别调整为图 5-7b 和图 5-7c 所示的 UCS。

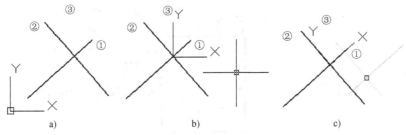

图 5-7　例 5-1 图

a）WCS　b）指定原点移动 UCS　c）新 UCS 结果

操作过程参考：

1）绘制图5-7a中的直线①、②。

2）组合使用"原点"和"Z"得到新的UCS：

单击"坐标"选项组中的原点按钮调用命令；

响应"指定新原点"提示，选择图5-7中的直线①与直线②的交点，结果如图5-7b所示；

单击"坐标选项组中的绕Z轴旋转按钮调用命令；

响应"指定绕Z轴的旋转角度"提示，选择图5-7中的直线①的上端点，结果如图5-7c所示。

3）使用"世界"恢复到WCS：

单击"坐标"选项组中的世界按钮调用命令即可。

4）使用"三点"命令得到新的UCS：

单击"坐标"选项组中的三点按钮调用命令；

响应"指定新原点"提示，选择图5-7中的直线①与直线②的交点；

响应"在正X轴范围上指定点"提示，在图5-7中指定直线①的上端点；

响应"在UCS XY平面的正Y轴范围上指定点"提示，在图5-7中位于①、②之间的③处选择一点，结果如图5-7c所示。

5）使用"上一个"命令恢复到前一个UCS（本例中为WCS）：

单击"坐标"选项组中的上一个按钮调用命令即可。

5.2.2　绘制椭圆

【功能】　创建椭圆或椭圆弧。

【调用方法】

● 选项组：[默认]→[绘图]→椭圆（见图5-8圈示位置），默认为以"圆心"方式画椭圆，使用其他方式可通过单击下三角箭头，展开下拉菜单（见图5-8方框圈示位置）后选择。

● 菜单：[绘图]→[椭圆]→椭圆的子菜单

● 工具栏：[绘图]

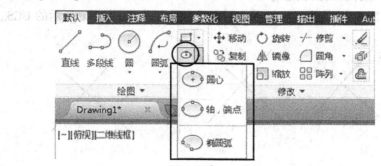

图5-8　椭圆按钮在"绘图"选项组中的位置

● 命令名称：ELLIPSE，别名：EL

【操作说明】

椭圆命令提供了两种画椭圆和椭圆弧的方式：圆心；轴、端点。

(1) 用"圆心"方式画椭圆

"圆心"方式是通过指定椭圆的圆心和长短轴半径实现的，其绘制过程如下：

指定椭圆的中心点：

> \\指定椭圆的中心点

指定轴的端点：

> \\指定某个椭圆轴上的一个端点

指定另一条半轴长度或 [旋转 (R)]：

> \\指定另一个轴上的一个端点或输入另一条半轴的长度

(2) 用"轴、端点"方式画椭圆

"轴、端点"方式通过指定一个轴的两个端点和另一轴的一个端点（或输入该轴的半轴长度）来实现，对于椭圆长短轴的确定没有先后顺序，其绘制过程如下：

指定椭圆的轴端点或 [圆弧 (A)/中心点 (C)]：

> \\指定某个椭圆轴上的一个端点

指定轴的另一个端点：

> \\指定该轴上的另一个端点

指定另一条半轴长度或 [旋转 (R)]：

> \\指定另一个轴上的一个端点或输入另一条半轴的长度

(3) 用"轴、端点"方式画椭圆弧

当用"轴、端点"方式画椭圆弧时，椭圆基本数据的输入内容与画椭圆相同，只是在后面加上指定椭圆弧起、终点的内容。"轴、端点"方式为选择图标后的默认画椭圆弧的方式，对于椭圆长短轴的确定没有先后顺序，其绘制过程如下：

指定椭圆弧的轴端点或 [中心点 (C)]：

> \\指定某个椭圆轴上的一个端点

指定轴的另一个端点：

> \\指定该轴上的另一个端点

指定另一条半轴长度或 [旋转 (R)]：

> \\指定另一个轴上的一个端点或输入另一条半轴的长度

指定起始角度或 [参数 (P)]：

> \\指定椭圆弧的起始点或输入起始的角度

指定终止角度或 [参数 (P)/包含角度 (I)]：

> \\指定椭圆弧的终止点，或输入终止的角度，或输入包含角度

(4) 用"圆心"方式画椭圆弧

"圆心"方式画椭圆弧是在相应的画椭圆的方法后添加圆弧起、终点的内容。"圆心"方式需从命令窗口交互设置，其绘制过程如下：

指定椭圆弧的轴端点或［中心点（C）］：C

 \\选择"中心点（C）"选项使用"圆心"方式画椭圆

指定椭圆的中心点：

 \\指定椭圆的中心点

指定轴的端点：

 \\指定某个椭圆轴上的一个端点

指定另一条半轴长度或［旋转（R）］：

 \\指定另一个轴上的一个端点或输入另一条半轴的长度

指定起始角度或［参数（P）］：

 \\指定椭圆弧的起始点或输入起始的角度

指定终止角度或［参数（P）/包含角度（I）］：

 \\指定椭圆弧的终止点，或输入终止的角度，或输入包含角度

★ 使用指定点绘制时，椭圆弧是在指定的两点间按逆时针方向绘制，若绘图结果不正确，请更换选点的顺序。

★ 使用输入角度绘制时，0°方向由指定第一条轴时的选点顺序决定，先选的一点 方向为0°方向，逆时针方向为正。

【例5-2】　绘制图5-9a所示的图形。

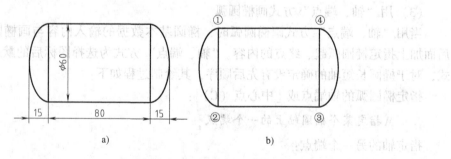

图5-9　例5-2图

a）原图　b）选点顺序

操作过程参考：

1）自选方法绘制图5-9a中的4条直线。

2）绘制左侧椭圆弧：

单击"绘图"选项组中的椭圆弧按钮⌐调用命令；

响应"指定椭圆弧的轴端点"提示，选择图5-9b中的点①；

响应"指定轴的另一个端点"提示，选择图5-9b中的点②；

响应"指定另一条半轴长度"提示，输入15；

响应"指定起始角度"提示，选择图5-9b中的点①；

响应"指定终止角度"提示，选择图5-9b中的点②。

3）绘制右侧椭圆弧：

单击"绘图"选项组中的椭圆弧按钮 ⌒ 调用命令；

响应"指定椭圆弧的轴端点"提示，选择图5-9b中的点③；

响应"指定轴的另一个端点"提示，选择图5-9b中的点④；

响应"指定另一条半轴长度"提示，输入15；

响应"指定起始角度"提示，选择图5-9b中的点③；

响应"指定终止角度"提示，选择图5-9b中的点④。

5.2.3 使用多段线绘制箭头

【功能】 二维多段线是由直线段、弧线段或两者的组合而成的相互连接的单个平面对象。本书介绍使用它绘制箭头和带箭头的剖切符号。

【调用方法】

- 选项组：[默认]→[绘图]→多段线 ⌒ （见图5-10圈示位置）
- 菜单：[绘图]→[多段线]
- 工具栏：[绘图]

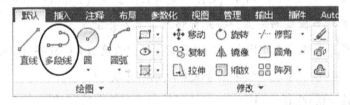

图5-10 多段线按钮在"绘图"选项组中的位置

命令名称：PLINE，别名：PL

【操作说明】

绘制箭头和带箭头的剖切符号主要使用多段线的绘制宽多段线功能，可以依次设置每条线段的宽度，使它们从一个宽度到另一宽度逐渐递减。下面通过例5-3介绍多段线的绘制方法。

【例5-3】 绘制图5-11所示的剖切符号。

操作过程：

1）确认状态栏正交 ⊥ 处在打开状态。

2）绘制多段线。

图5-11 例5-3图

单击"绘图"选择组中的多段线按钮 ⌒ 调用命令，系统交互过程

如下：

指定起点：

　　\\指定多段线的起点

当前线宽为 0.0000

指定下一个点或 [圆弧 (A)/半宽 (H)/长度 (L)/放弃 (U)/宽度 (W)]：w

　　\\选择"宽度 (W)"选项，修改多段线的宽度

指定起点宽度 <0.0000>：0.5

　　\\输入本段多段线起点处宽度，输入 0.5

指定端点宽度 <0.5000>：

　　\\输入本段多段线终点处宽度，按 <Enter> 键接受默认值

指定下一个点或 [圆弧 (A)/半宽 (H)/长度 (L)/放弃 (U)/宽度 (W)]：5

　　\\指定本段多段线的终点，将光标移到正右方并输入 5

指定下一点或 [圆弧 (A)/闭合 (C)/半宽 (H)/长度 (L)/放弃 (U)/宽度 (W)]：w

　　\\选择"宽度 (W)"选项，修改多段线的宽度

指定起点宽度 <0.5000>：0

　　\\输入本段多段线起点处宽度，输入 0

指定端点宽度 <0.0000>：

　　\\输入本段多段线终点处宽度，按 <Enter> 键接受默认值

指定下一点或 [圆弧 (A)/闭合 (C)/半宽 (H)/长度 (L)/放弃 (U)/宽度 (W)]：3

　　\\指定本段多段线的终点，将光标移到正上方并输入 3

指定下一点或 [圆弧 (A)/闭合 (C)/半宽 (H)/长度 (L)/放弃 (U)/宽度 (W)]：w

　　\\选择"宽度 (W)"选项，修改多段线的宽度

指定起点宽度 <0.0000>：1

　　\\输入本段多段线起点处宽度，输入 1

指定端点宽度 <1.0000>：0

　　\\输入本段多段线终点处宽度，输入 0

指定下一点或 [圆弧 (A)/闭合 (C)/半宽 (H)/长度 (L)/放弃 (U)/宽度 (W)]：4

　　\\指定本段多段线的终点，将光标移到正上方并输入 4

指定下一点或 [圆弧 (A)/闭合 (C)/半宽 (H)/长度 (L)/放弃 (U)/宽度 (W)]：

　　\\按 <Enter> 键结束命令

5.2.4　延伸图形对象

【功能】　将对象延伸到指定的边界。

【调用方法】

• 选项组：[默认]→[修改]→延伸---/（见图 5-12 圈示位置）

• 菜单：[修改]→[延伸]

• 工具栏：[修改]

图 5-12　延伸按钮在"修改"选项组中的位置

● 命令名称：EXTEND

【操作说明】

可以被延伸的对象有圆弧、椭圆弧、直线、不闭合的二维和三维多线段以及射线。有效的边界对象包括圆弧、圆、椭圆弧、椭圆、直线、二维和三维多线段、射线、样条曲线以及文字。下面通过例 5-4 介绍延伸命令的使用方法。

【例 5-4】　将图 5-13 中的直线延伸到圆弧，延伸结果如图 5-14 所示。

图 5-13　延伸前　　　　　　　　　　　　　　图 5-14　延伸后

单击"修改"选项组中的延伸按钮 ---/ 调用命令，系统交互过程如下：

选择对象或＜全部选择＞：

　　\\选择作为边界的对象：拾取圆弧作为延伸边界

选择对象：

　　\\按＜Enter＞键确认所选边界

选择要延伸的对象，或按住＜Shift＞键选择要修剪的对象，或
[栏选（F）/窗交（C）/投影（P）/边（E）/放弃（U）]：

　　\\选择被延伸的对象：拾取要延伸的直线对象

选择要延伸的对象，或按住＜Shift＞键选择要修剪的对象，或
[栏选（F）/窗交（C）/投影（P）/边（E）/放弃（U）]：

　　\\按＜Enter＞键结束命令

【其他功能说明】

1）延伸命令也可使用以全部对象作为延伸边的方式延伸（类似修剪命令）。

2）如果有多个可能的延伸方向，那么第一个选择点的位置将决定向哪个方向延伸。

3）某些要延伸的对象的窗交选择不确定，若没有得到希望的结果，则最好的方法是先执行放弃操作，然后再使用其他选择方式。

4）"边"选项——控制延伸操作的边界控制方式，即控制在延伸后不相交的图线是否

延伸。

5）"放弃"选项——将命令执行过程中最后剪掉的图线恢复。

5.2.5 旋转图形对象

【功能】 将图形对象从当前位置绕指定基准点旋转到另一个位置。

【调用方法】

- 选项组：[默认]→[修改]→旋转 ⟳ （见图5-15圈示位置）
- 菜单：[修改]→[旋转]
- 工具栏：[修改]

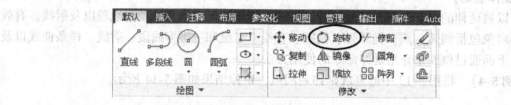

图5-15 旋转按钮在"修改"选项组中的位置

- 命令名称：ROTATE，别名：RO

【操作说明】

下面通过例5-5介绍旋转命令的使用方法。

【例5-5】 将图5-16a中的图形绕其左侧的圆心逆时针旋转30°。

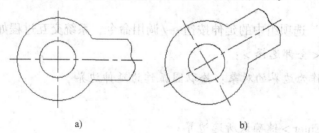

a)   b)

图5-16 例5-5图

a) 初始图形 b) 旋转结果

单击"修改"选项组中的旋转按钮⟳调用命令，系统交互过程如下：

选择对象：

> \\选择图5-16a中的全部图形对象

选择对象：

> \\按<Enter>键确认所选对象

指定基点：

> \\指定旋转对象的旋转中心基准点，选择圆心

指定旋转角度，或[复制（C）/参照（R）]<0>：30

> \\输入旋转角度30，完成旋转，如图5-16b所示

【其他功能说明】

1）若从屏幕中指定一点来定义旋转角度，则系统将以"指定点与旋转中心的连线"与"X 正方向"的夹角作为旋转角旋转对象。

2）参照选项按照指定当前参照角度和所需的新角度的方式旋转对象，旋转角度 = 新角度 − 参照角度。参照角度选择直线的两端点，新角度设为 0°，则可以使用参照选项放平一个对象。

5.2.6　使用镜像绘制对称图形

【功能】　创建图形的对称图形，也称为镜像复制。

【调用方法】

- 选项组：[默认]→[修改]→镜像⚖（见图 5-17 圈示位置）
- 菜单：[修改]→[镜像]
- 工具栏：[修改]

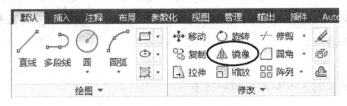

图 5-17　镜像按钮在"修改"选项组中的位置

- 命令名称：MIRROR，别名：MI

【操作说明】

下面通过例 5-6 介绍镜像命令的使用方法。

【例 5-6】　使用镜像命令，完成图 5-18f。

使用镜像命令可以镜像一个方向的对称图形，所以本例需要执行两次镜像命令。

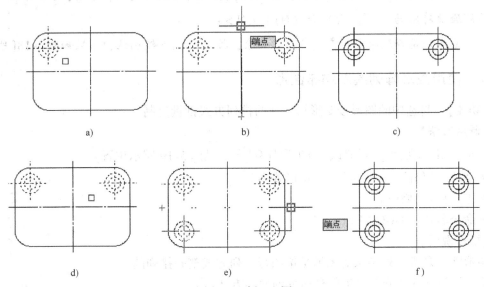

图 5-18　例 5-6 图

a）选择镜像对象一　b）选择竖直中心线的上、下端点　c）第一次镜像结果

d）选择镜像对象二　e）选择水平中心线的左、右端点　f）镜像结果

单击"修改"选择组中的镜像▲▲按钮调用命令，系统交互过程如下：

选择对象：

\\选择图5-18a中所示的图形对象

选择对象：

\\按<Enter>键确认

指定镜像线的第一点：

\\选择竖直中心线下（或上）方端点，此时移动光标，镜像的图形随之移动

指定镜像线的第二点：

\\选择竖直中心线上（或下）方端点，镜像对象随之定位，如图5-18b所示

要删除源对象吗？[是（Y）/否（N）]＜N＞：

\\确认是否删除源对象，本例不删除，按<Enter>键确认，结果如图5-18c所示

再次调用镜像命令：

选择对象：

\\选择图5-18d中所示的图形对象

选择对象：

\\按<Enter>键确认

指定镜像线的第一点：

\\选择水平中心线左（或右）方端点

指定镜像线的第二点：

\\选择竖直中心线右（或左）方端点，镜像对象随之定位，如图5-18e所示

要删除源对象吗？[是（Y）/否（N）]＜N＞：

\\确认是否删除源对象，本例不删除，按<Enter>键确认，结果如图5-18f所示

5.2.7 使用矩形阵列绘制均布图形

【功能】 将选中的图形按矩形行、列的排列方式批量复制。

【调用方法】

- 选项组：[默认]→[修改]→矩形阵列▦▦（见图5-19圈示位置）
- 菜单：[修改]→[阵列]→[矩形阵列]
- 工具栏：[修改]
- 命令名称：ARRAYRECT

【操作说明】

矩形阵列是指阵列结果的图形是按照行、列方式整齐排列的。

下面通过例5-7介绍矩形阵列命令的使用方法。

【例5-7】 使用矩形阵列命令，在图5-20a的基础上完成图5-20b（图中的尺寸为作图使用，阵列结果无尺寸）。

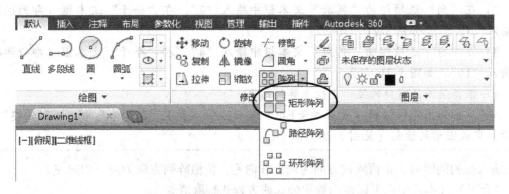

图 5-19　矩形阵列按钮在"修改"选项组中的位置

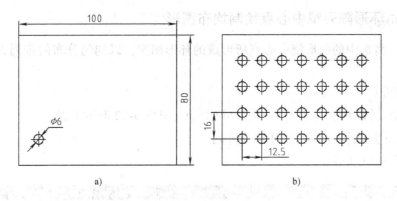

图 5-20　矩形阵列

a）原始图形　b）阵列结果

1）单击"修改"选项组中的矩形阵列 ⊞ 按钮调用命令，命令窗口提示如下：

选择对象：

\\选择图 5-20a 中所示的 φ6 圆及中心线

选择对象：

\\按 <Enter> 键确认

类型 = 矩形关联 = 是

选择夹点以编辑阵列或［关联（AS）/基点（B）/计数（COU）/间距（S）/列数（COL）/行数（R）/层数（L）/退出（X）］<退出>：

\\此时系统在功能区打开"阵列创建"选项卡（见图 5-21）

类型	列数：	7	行数：	4	级别：	1			关闭阵列
	介于：	12.5	介于：	16	介于：	1	关联	基点	
矩形	总计：	75	总计：	48	总计：	1			
类型	列		行		层级		特性		关闭

图 5-21　"阵列创建"选项卡及其设置

2）在"列"选项组的"列数"文本框中输入"7"，在"介于"文本框（即列间距）中输入"12.5"，如图 5-21 所示。

3）在"行"选项组的"行数"文本框中输入"4"，在"介于"文本框（即行间距）中输入"16"，如图 5-21 所示。

4）根据绘图区窗口的显示，检查阵列结果。

5）单击关闭阵列按钮（也可按 < Esc > 或 < Enter > 键），退出并关闭"阵列创建"选项卡，完成图形的绘制（见图 5-20b）。

★ 输入行列间距时，正值阵列方向为向上和向右，负值阵列方向为向下和向左。

★ "介于"文本框中也可以使用数学公式或方程式获取值。

5.2.8　使用环形阵列绕中心点绘制均布图形

【功能】　将选中的图形绕中心点所形成的环形图案，以均匀分布的排列方式进行批量复制。

【调用方法】

- 选项组：［默认］→［修改］→环形阵列 （见图 5-22 圈示位置）
- 菜单：［修改］→［阵列］→［矩形阵列］
- 工具栏：［修改］

图 5-22　环形阵列按钮在"修改"选项组中的位置

- 命令名称：ARRAYPOLAR

【操作说明】

环形阵列是指其阵列的结果是围绕着一个中心点在一定角度内均匀分布的。下面通过例 5-8 介绍环形阵列命令的使用方法。

【例 5-8】　使用环形阵列命令，在图 5-23a 的基础上绘制完成图 5-23b，阵列包含的角度为 240°（作图尺寸自己拟定）。

1）单击"修改"选项组中的环形阵列 按钮调用命令，命令窗口提示如下：

选择对象：

\\ 选择图 5-23a 中所示的小圆及中心线

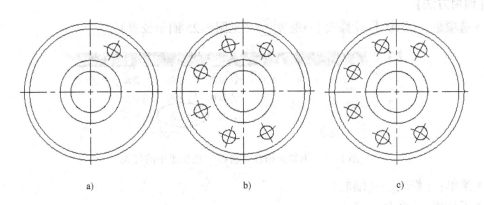

图 5-23 环形阵列

a）原始图形 b）阵列时旋转对象结果 c）阵列时不旋转对象结果

选择对象：

\\ 按 < Enter > 键确认

类型 = 极轴 关联 = 是

指定阵列的中心点或 [基点（B）/旋转轴（A）]：

\\ 选择图 5-23a 中所示的大圆的圆心

选择夹点以编辑阵列或 [关联（AS）/基点（B）/项目（I）/项目间角度（A）/填充角度（F）/行（ROW）/层（L）/旋转项目（ROT）/退出（X）] < 退出 >：

\\ 此时系统在功能区中打开"阵列创建"选项卡（见图 5-24）

默认 插入 注释 布局 参数化 视图 管理 输出 插件 Autodesk 360 阵列创建					
极轴	项目数：6 介于：48 填充：240	行数：1 介于：29.4028 总计：29.4028	级别：1 介于：1 总计：1	关联 基点 旋转项目 方向	关闭阵列
类型	项目	行	层级	特性	关闭

图 5-24 "阵列创建"选项卡及设置

2）在"项目"选项组的"项目数"文本框中输入"6"，在"填充"文本框（即阵列对象包含的圆周角）中输入"240"，如图 5-24 所示。

3）根据绘图区窗口的显示，检查阵列结果。

4）单击关闭阵列按钮，退出并关闭"阵列创建"选项卡，完成图形的绘制（见图 5-23b）。若在操作时没有单击"特性"选项组中的"旋转项目"按钮，则结果如图 5-23c 所示。

★ 当需要调整环形阵列对象的填充方向时，可通过"特性"选项组中的"方向"按钮来调整。
★ 可以通过输入"介于"值来确定项目间的角度确定分布方法。

5.2.9 使用缩放改变图形大小

【功能】 按比例缩放图形。

【调用方法】

● 选项组：［默认］→［修改］→缩放 （见图 5-25 圈示位置）

图 5-25 缩放按钮在"修改"选项组中的位置

● 菜单：［修改］→［缩放］
● 工具栏：［修改］
● 命令名称：SCALE，别名：SC

【操作说明】

下面通过例 5-9 介绍缩放命令的使用方法。

【例 5-9】 使用缩放命令将图 5-26a 所示的图形放大 1.5 倍。

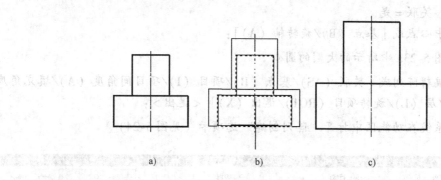

图 5-26 例 5-9 图

a）原图 b）选择图形和基点后 c）放大后的结果

单击"修改"选项组中的缩放按钮  调用命令，系统交互过程如下：

选择对象：

　　\\选择图 5-26a 所示的图形对象

选择对象：

　　\\按＜Enter＞键确认

指定基点：

　　\\基点是指选定图形的大小发生改变时位置保持不变的点

　　\\本例中选择底边与中心线的交点，如图 5-26b 所示

指定比例因子或［复制（C）/参照（R）］＜0.0000＞： 1.5

　　\\指定图形的缩放比例，大于 1 放大对象，0~1 之间缩小对象

　　\\本例中输入 1.5，结果如图 5-26c 所示

5.2.10　拉伸图形对象

【功能】　将选取的对象局部拉伸或移动。

【调用方法】

- 选项组：[默认]→[修改]→拉伸▱（见图 5-27 圈示位置）
- 菜单：[修改]→[拉伸]
- 工具栏：[修改]

图 5-27　拉伸按钮在"修改"选项组中的位置

- 命令名称：STRETCH

【操作说明】

使用拉伸命令时，应使用交叉窗口的方式来选择图形对象。当整个图形对象位于窗口内时，执行的结果是图形只发生移动（与移动命令相同）；如果图形对象与窗口相交，则执行的结果是图形对象被拉伸或压缩，如图 5-28 所示。

下面通过例 5-10 介绍拉伸命令的使用方法。

【例 5-10】　使用拉伸命令将图 5-29a 中的方槽向右移动 10mm。

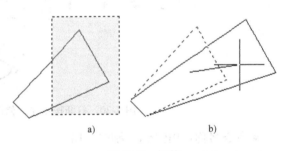

图 5-28　拉伸

a）交叉窗口选择对象　b）拉伸图形

单击"修改"选项组中的拉伸按钮▱调用命令，系统交互过程如下：

选择对象：

\\ 使用交叉窗口选择图形，如图 5-29b 所示

选择对象：

\\ 按 <Enter> 键确认

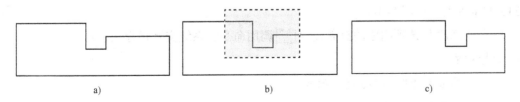

图 5-29　例 5-10 图

a）原图　b）交叉窗口选择对象　c）拉伸后的结果

指定基点或［位移（D）］＜位移＞：

　　\\基点是拉伸对象的尺寸定位点，本例在绘图区任选一点即可

指定第二个点或＜使用第一个点作为位移＞：10

　　\\将十字光标移到基点的正右方（配合正交等），输入10，结果如图5-29c所示

★ 拉伸命令必须以交叉窗口选择要拉伸的对象。

5.2.11　打断图线

【功能】　将一条图线打断为两个部分。

【调用方法】

- 选项组：［默认］→［修改］→打断 或打断于点 （见图5-30圈示位置）
- 菜单：［修改］→［打断］
- 工具栏：［修改］

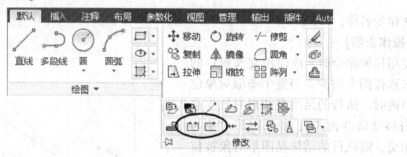

图5-30　打断按钮在"修改"选项组中的位置

- 命令名称：BREAK，别名：BR

【操作说明】

若使用两个点打断图线，则两点之间的部分被清除；若使用一点打断则只将图线分为两段，且不删除任何部分，此时输入的第一个点和第二个点是同一个点。

下面通过例5-11和例5-12介绍打断命令的使用方法。

【例5-11】　使用打断命令在图5-31a的基础上完成图5-31c。

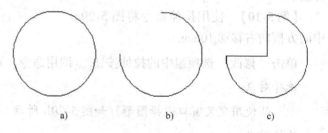

a)　　　　　b)　　　　　c)

图5-31　例5-11图

a) 原始图形　b) 打断结果　c) 作图结果

单击"修改"选项组中的打断按钮 调用命令，系统交互过程如下：

选择对象：

　　\\单击选择图5-31a所示的圆

指定第二个打断点或［第一点（F）］：f

　　\\输入"f"，选择重新确定第一点（若直接指定第二点，则将选择对象时

\\单击的位置视为第一点，选点结果不精确）

指定第一个打断点：

\\参照图 5-31c，指定圆上方的象限点（竖直直线与圆弧的交点）

指定第二个打断点：

\\参照图 5-31c，指定圆左侧的象限点（水平直线与圆弧的交点）

打断结果如图 5-31b 所示，添加水平和竖直直线后即得图 5-31c 所示的作图结果。

★ 系统按逆时针方向删除圆或圆弧上第一个打断点到第二个打断点之间的部分。

★ 打断常用于当文字与图线重合时，为文字创建空间。

【例 5-12】　使用打断命令在图 5-32a 的基础上完成图 5-32d。

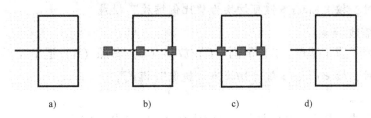

图 5-32　例 5-12 图

a）原始图形　b）图线打断前　c）打断结果　d）作图结果

本例需在一点处打断中间的水平直线，该直线打断前在绘图区的显示如图 5-32b 所示。单击"修改"选项组中的打断于点按钮 调用命令，系统交互过程如下：

选择对象：

\\单击选择图 5-32b 所示的水平直线

指定第二个打断点或 [第一点（F）]：_ f

指定第一个打断点：

\\选择水平直线与矩形左侧竖直直线的交点

指定第二个打断点：@

打断结果如图 5-32c 所示，此时再选择矩形框中的直线即可看到图中的结果。

将图 5-32c 中选中的图线调整到虚线图层，即得到图 5-32d 所示的结果。

5. 2. 12　夹点编辑

在第 3 章中介绍了夹点的概念和使用夹点拉伸图形的方法，本小节将介绍它的其他用途。

【操作说明】

使用夹点编辑功能除了可以实现拉伸功能外，还可以完成图形的移动、旋转、缩放和镜像功能。系统通过 <Enter> 键按拉伸、移动、旋转、缩放、镜像的顺序切换各功能。具体操作时注意系统命令窗口的提示，按提示操作即可。

其基本操作步骤如下：

1）选择要编辑的图线，图线显示关键点，并变为虚线显示。

2）选中作为操作基点的夹点（基准夹点），系统亮显（变为红色填充）被选定的夹点，并激活默认夹点模式"拉伸"，此时命令提示行显示：

命令：

** 拉伸 **

指定拉伸点或［基点（B）/复制（C）/放弃（U）/退出（X）］：

    \\此时，按＜Enter＞键可切换为"移动"模式

** MOVE **

指定移动点或［基点（B）/复制（C）/放弃（U）/退出（X）］：

    \\此时，按＜Enter＞键可切换为"旋转"模式

** 旋转 **

指定旋转角度或［基点（B）/复制（C）/放弃（U）/参照（R）/退出（X）］：

    \\此时，按＜Enter＞键可切换为"比例缩放"模式

** 比例缩放 **

指定比例因子或［基点（B）/复制（C）/放弃（U）/参照（R）/退出（X）］：

    \\此时，按＜Enter＞键可切换为"镜像"模式

** 镜像 **

指定第二点或［基点（B）/复制（C）/放弃（U）/退出（X）］：

    \\此时，按＜Enter＞键再次切换为"拉伸"模式

> ★ 在每种操作中选择"基点（B）"选项，均可重新指定基点。
> ★ 在每种操作中选择"复制（C）"选项，均可在进行该操作的同时进行复制操作。

5.3 文字标注

在机件图样中，许多部分都与文字标注有关，如技术要求中的文字、标题栏中的文字、尺寸标注中的文字等。在 AutoCAD 中标注文字的操作包括以下两方面的内容。

1）设置文字样式：国家标准中，汉字、数字等的字体在标注中是不同的，因此标注文字前要先确定标注文字的格式（如字体等），在 AutoCAD 中称为文字样式。

2）向图样中写文字：在 AutoCAD 中输入文字使用多行文字 **A** 来实现。

下面介绍 AutoCAD 中有关文字标注的相关操作。

5.3.1 文字样式

【功能】 标注文字时应遵照国家标准《技术制图 字体》（GB/T 14691—1993）和《机械工程 CAD 制图规则》（GB/T 14665—2012）中对于文字字体的规定。在 AutoCAD 中设置文字的外观使其符合 GB 规定是通过文字样式来实现的。文字样式可以设置文本的字体、字号、角度、方向和其他文字特性，在图形文件中可以创建多种文字样式。

【调用方法】

● 选项组：［默认］→［注释］→**A** （见图 5-33a 圈示位置）

[注释]→[文字]→图 5-33b 圈示位置

• 菜单：[格式]→[文字样式]

• 工具栏：[样式]

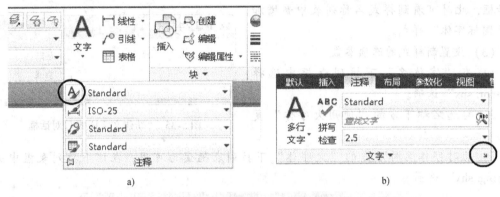

a)　　　　　　　　　　　　b)

图 5-33　文字样式在选项组中的位置

a)"注释"选项组　b)"文字"选项组

• 命令名称：STYLE

【操作说明】

下面通过例 5-13 介绍文字样式的设置方法。

【例 5-13】　设置工程制图中常用的文字样式。

设置文字样式的操作步骤如下：

(1) 调用文字样式命令

单击"默认"选项卡"注释"选项组中的文字样式按钮 A 调用命令后，会打开"文字样式"对话框（见图 5-34），其各项功能如图 5-34 所示。

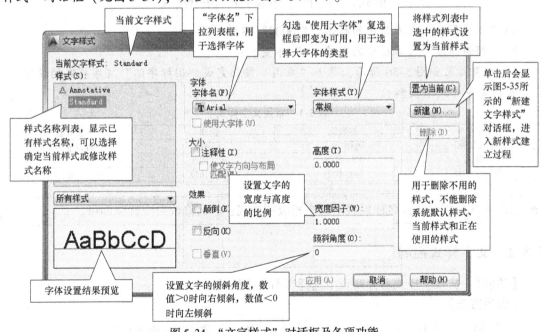

图 5-34　"文字样式"对话框及各项功能

（2）建立新样式

单击"新建"按钮，将打开"新建文字样式"对话框（见图5-35），将"样式名"文本框中的"样式1"改为新样式的名称"国标字体"，单击"确定"按钮返回"文字样式"对话框，此时可看到样式名称列表中新增加了"国标字体"样式。

（3）设置新样式的选项参数

1）在"字体名"下拉列表框中选择"gbenor. shx"选项。

2）勾选名称下方的"使用大字体"复选框。

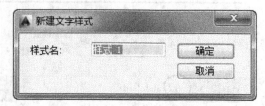

图5-35 "新建文字样式"对话框

3）此时字体名称后方的"大字体"下拉列表框变为可用，在该下拉列表框中选择"gbcbig. shx"选项。

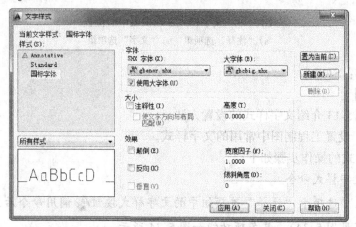

图5-36 文字样式"国标字体"的设置结果

4）"宽度因子"文本框中的数值"1.0000"不变。

5）"倾斜角度"文本框中的数值"0"不变。

6）设置结果如图5-36所示，单击"应用"按钮完成"国标字体"文字样式的设置。常用文字样式见表5-1。

表5-1 常用文字样式

选项	参数值	选项	参数值
样式名称	国标字体	大字体	gbcbig. shx
字体名	gbenor. shx	宽度因子	1
使用大字体	勾选状态	倾斜角度	0

★ 修改样式只需在样式名称列表中选中相应的样式，然后修改对应选项即可。

5.3.2 文字样式控制

【功能】 从文字样式名称列表中选择当前文字样式。

【调用方法】

● 选项组：［默认］→［注释］→ Standard （见图5-37a 圈示位置）

[注释]→[文字]→ Standard ▾ （见图 5-37b 圈示位置）

●工具栏：[样式]

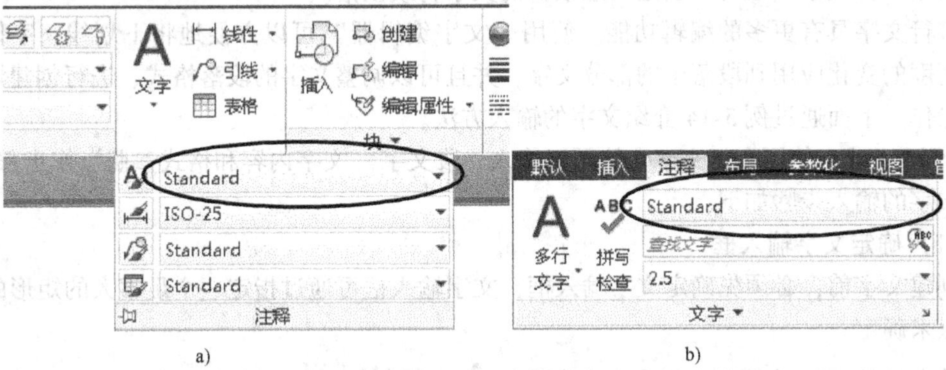

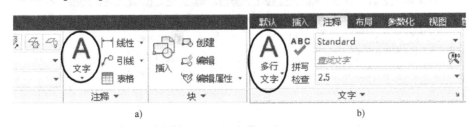

a)　　　　　　　　　　　　　　　　b)

图 5-37　文字样式控制下拉列表框在选项组中的位置

a)"注释"选项组　b)"文字"选项组

【操作说明】

绘图过程中经常需要设置当前文字样式，以方便使用。

将样式"数字"设置为当前样式的步骤如下：

1）单击"注释"选项组中的文字样式控制按钮，打开下拉列表。

2）在文字样式列表中单击样式名称"国标字体"，此时标注样式控制框中即显示为"国标字体"。

5.3.3　使用多行文字输入文字

在 AutoCAD 中的文字输入可以通过多行文字或单行文字来实现，本小节将介绍使用常用的多行文字命令输入文字。

【功能】　输入文字且可以设置文字的格式。

【调用方法】

●选项组：[默认]→[注释]→文字 **A**（见图 5-38a 圈示位置）

　　　　　[注释]→[文字]→多行文字 **A**（见图 5-38b 圈示位置）

●菜单：[绘图]→[文字]→[多行文字]

●工具栏：[绘图]

a)　　　　　　　　　　　　　　　　b)

图 5-38　多行文字按钮在选项组中的位置

a)"注释"选项组　b)"文字"选项组

●命令名称：MTEXT，别名：MT

【操作说明】

使用多行文字按钮可以创建任意数目的文字行或段落。

多行文字具有更多的编辑功能。使用"文字编辑器"可以方便地将下划线、字体、颜色和高度的变化应用到段落中的部分文字，并且可以调整文字的段落格式、进行创建堆叠字符等操作。下面通过例5-14介绍文字的输入方法。

【例5-14】 使用多行文字在绘图区输入一段文字（文字内容和格式参照操作步骤）。

文字的输入步骤如下：

(1) 确定文字输入框

创建文字前，必须先确定文字输入框，文字输入框可通过指定一个足够大的矩形的一对对角点来确定。

单击"注释"选项组中的多行文字按钮 **A** 调用命令，交互过程如下：

指定第一角点：

    \\在绘图区指定矩形的第一个角点

指定对角点或［高度（H）/对正（J）/行距（L）/旋转（R）/样式（S）/宽度（W）/栏（C）］：

    \\指定矩形的对角点

此后如果功能区处于活动状态，则指定对角点后，将显示"文字编辑器"选项卡（见图5-39a），其中常用选项组的作用标注于图5-39b和图5-39c中。文字输入框如图5-40所示，其上下侧的标尺可以调整输入框的尺寸。如果功能区未处于活动状态，则将显示在位文字编辑器，其功能与选项卡相同，这里不再介绍。

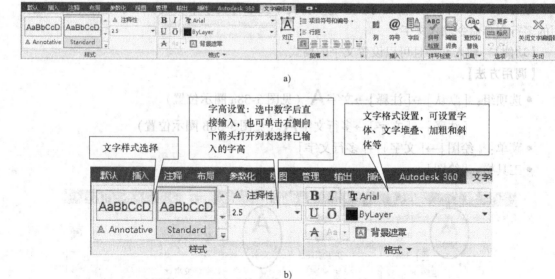

a)

b)

图5-39 "文字编辑器"选项卡及其中的选项组

a)"文字编辑器"选项卡 b)"样式"选项组和"格式"选项组

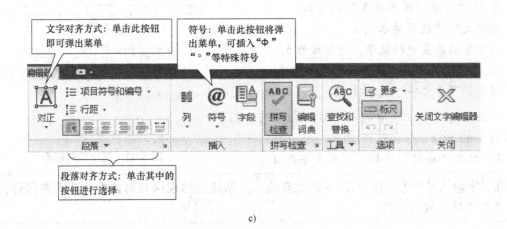

c)

图 5-39 "文字编辑器"选项卡及其中的选项组（续）

c)"段落"选项组等

（2）在"文字编辑器"中输入和编辑文字

文字编辑器中的常用功能如图 5-39 所示，其操作步骤如下：

1）在文字输入框中输入文字（见图 5-40）。

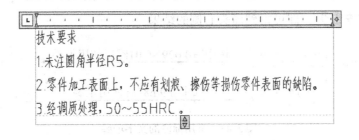

图 5-40 在文字输入框中输入文字

2）设置文字格式（此处选择的文字字体为练习操作，零件图中文字的设置见第 6 章）。

设置文字格式的操作一般在文字输入完成后进行，但若输入的文字格式较统一，则也可先设置文字格式，再输入文字。

① 设置文字的字体和字高。

选中全部文字（文字的字体一般使用字体样式来设置，目前系统的文字当前样式是"国标字体"，所以不需要改动）；

选中字高设置中的数字，输入 3.5（见图 5-41）。

图 5-41 修改文字格式

161

② 修改文字"技术要求"的字高。

选中文字"技术要求";

选中字高设置中的数字，将其改为5。

③ 修改段落"技术要求"的对齐方式。

将光标置于文字"技术要求"所在的行；

单击段落对齐方式中的居中按钮 ≡ 即可，结果如图5-42所示。

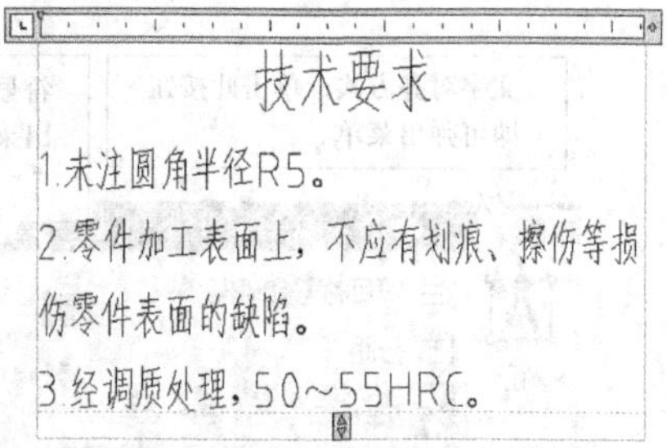

3）单击"确定"按钮，完成文字的输入。

技术要求

1.未注圆角半径R5。

2.零件加工表面上，不应有划痕、擦伤等损伤零件表面的缺陷。

3.经调质处理，50~55HRC。

图5-42　居中后的结果

★ 在文字输入过程中，按<Esc>键放弃输入，系统会出现保存对话框，若需要保存，则单击"是"按钮即可。

5.3.4　文字编辑器的其他功能

1）创建堆叠文字。在 AutoCAD 中堆叠文字常用来标注公差或配合（分数）。系统使用插入符"^"（在数字键6上）和斜杠"/"作为堆叠文字的控制符。插入符"^"定义公差堆叠；斜杠"/"定义水平线分隔的垂直堆叠（分数形式），如图5-43所示。

创建时，首先输入图5-43中箭头左侧的内容，然后按箭头横线上方的说明选中相应内容，再单击堆叠按钮，即可得到箭头右侧的结果。

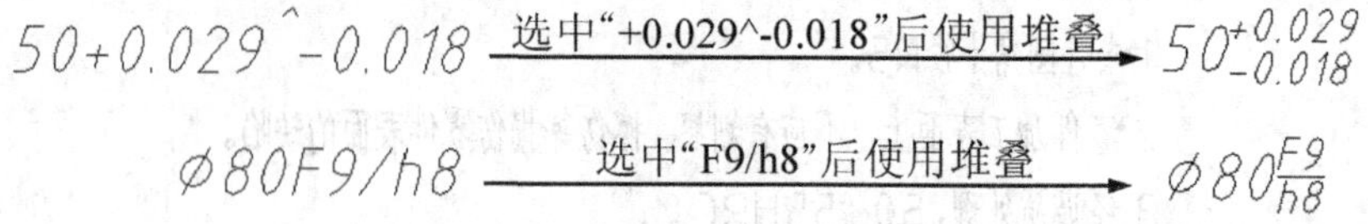

$50+0.029\ ^\wedge -0.018$ ── 选中"+0.029^-0.018"后使用堆叠 ⟶ $50^{+0.029}_{-0.018}$

$\varnothing 80F9/h8$ ── 选中"F9/h8"后使用堆叠 ⟶ $\varnothing 80\frac{F9}{h8}$

图5-43　常用标注的文字堆叠

2）调整多行文字的对正方式。多行文字的对正不仅可以控制文字的对齐方式，而且可以控制文字的排列方向。文字的对正是指文字相对于其文字输入框的宽度和高度边界的位置。文字相对于左、右边界可以对齐左、中、右3个位置；在文字的上下边界内，文字可以从中部、上部或下部开始排列。AutoCAD 提供了9种对正设置：左上 TL、中上 TC、右上 TR、左中 ML、正中 MC、右中 MR、左下 BL、中下 BC 和右下 BR，如图5-44所示。

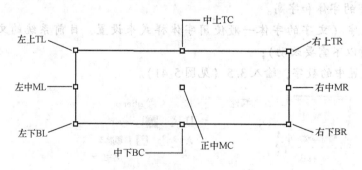

图5-44　9种多行文本对齐方式

3）@输入特殊字符。从弹出的菜单中选择"度数"（°）、"正/负"（±）、"直径"（φ）等选项即可向文字中添加相应的特殊字符。选择"其他"选项可以从 Windows 的"字符映射表"对话框中添加特殊字符。

5.3.5　输入特殊符号

当在 AutoCAD 中输入文字时，文字中的一些特殊符号若使用中文输入法直接输入，则会与国家标准不符，需要通过专用的代码完成。AutoCAD 中常用的代码及对应特殊符号见表 5-2。

表 5-2　常用特殊符号代码

代码	符号	代码	符号
％％c	直径代号 φ	％％％	百分比符号％
％％d	角度符号°	％％o	添加文字的上划线
％％p	公差符号 ±	％％u	添加文字的下划线

【例 5-15】　使用多行文字在绘图区输入 φ30。

参考步骤如下：

1）调用多行文字命令，确定文字输入框。

2）选择"国标字体"文字样式。

3）在文字输入框中输入％％c，此时系统会自动将其转换为"φ"，然后输入 30 即可。

★ 若输入％％c 后，系统没有转换为 φ，则可将中文输入法关闭后重新输入。

5.3.6　文字编辑

【功能】　用于编辑修改文本。

【调用方法】

• 鼠标：双击待修改的文字

• 菜单：[修改]→[对象]→[文字]→[编辑]

• 快捷菜单：选中文字后，在绘图区单击鼠标右键，即可打开快捷菜单，选择"编辑多行文字"选项，如图 5-45 所示。

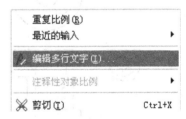

图 5-45　"编辑多行文字"选项

• 命令名称：DDEDIT

【操作说明】

直接双击文字对象和从快捷菜单中调用命令，都将直接进入"文字编辑器"编辑文字。

★ 文字相关命令也可以在工具栏"文字"中调用。

5.4　实例分析

本节的图例仅说明对应表达方法的绘图过程，图例中其他图形的绘图方法和过程请参阅相关章节。

5.4.1 不按投影关系配置的视图和剖视图

不按投影关系配置的视图（即向视图和局部视图）和剖视图的特点是，将视图移动离开了其按投影关系放置的位置。此类图形绘制的步骤一般为：

1）按投影关系位置绘制视图图形（见图 5-46a、图 5-47a 和图 5-48a）。

2）使用移动命令将视图图形移动到适当的位置上。

3）使用多段线命令绘制向视图的投影方向箭头或剖视图的剖切符号，并在视图上方使用多行文字命令标注视图或剖视图的名称（见图 5-46b、图 5-47b 和图 5-48b）。

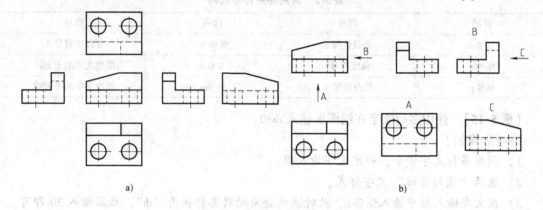

图 5-46　向视图

a）按投影关系位置绘图　b）移动定位并标注

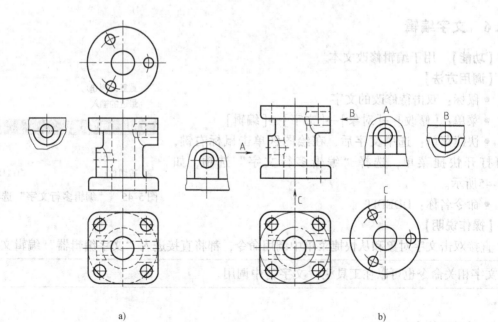

图 5-47　局部视图

a）按投影关系位置绘图　b）移动定位并标注

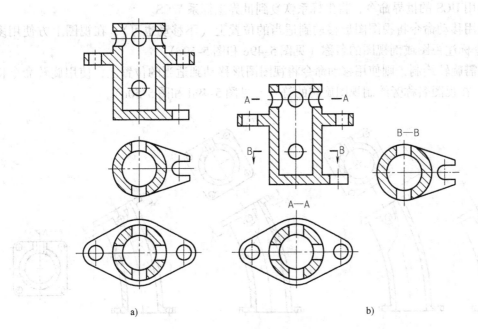

图 5-48　剖视图

a）按投影关系位置绘图　b）移动定位并标注

5.4.2　斜视图和斜剖得到的剖视图

斜视图和斜剖得到的剖视图的特点是，其视图图形是倾斜的（中心线不与世界坐标系的 X、Y 轴正交），绘图时对正关系不好控制，需要使用辅助工具。此类图形绘制的步骤一般为：

1）使用 UCS 的三点命令，将坐标系调整到 X、Y 轴与倾斜面平行的位置（见图 5-49a 和图 5-50a）。

2）按投影关系位置绘制视图的图形（见图 5-49b 和图 5-50b）。

3）使用多段线命令绘制向视图的投影方向箭头或剖视图的剖切符号。

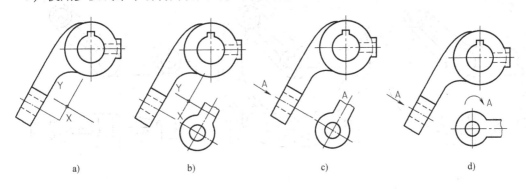

图 5-49　斜视图

a）设置 UCS　b）按投影关系位置绘图　c）移动定位并标注　d）旋转画法

4）使用 UCS 的世界命令，将坐标系恢复到世界坐标系 WCS。

5）使用移动命令将视图图形移动到适当的位置上（不移动也可），在视图上方使用多行文字命令标注视图或剖视图的名称（见图 5-49c 和图 5-50c）。

6）若需旋转绘制，则使用移动命令将视图图形移动到适当的位置上，使用旋转命令将图形转平，在视图名称旁绘制视图旋转的符号（见图 5-49d 和图 5-50d）。

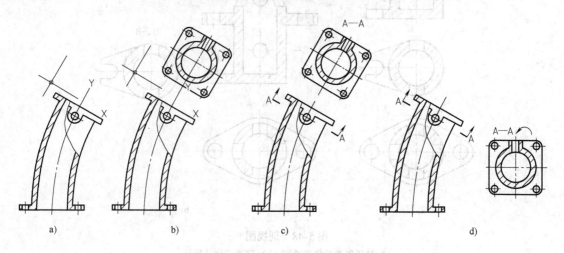

图 5-50　斜剖得到的剖视图

a）设置 UCS　b）按投影关系位置绘图　c）移动定位并标注　d）旋转画法

5.4.3　旋转剖得到的剖视图

旋转剖得到的剖视图，需要将倾斜的剖切平面剖开的结构，绕相交剖切平面的交线旋转到与投影面平行后，再投影得到。其特点是没有直接的投影对应关系，需要使用辅助线。此类图形绘制的步骤一般为：

1）单击圆 ⊙ 按钮在需要旋转投影轮廓处绘制辅助圆（见图 5-51a），使用"圆心、半

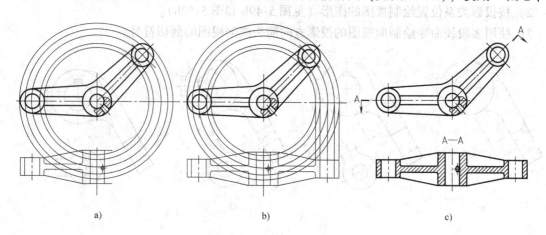

图 5-51　旋转剖得到的剖视图

a）绘制辅助圆　b）按投影关系位置绘图　c）绘图结果

径"方式在绘图区捕捉所需点，对称结构也可以通过镜像命令完成。

2）按投影关系位置绘制视图图形（见图 5-51b）。

3）删除辅助线、调整线型和填充剖面线后，使用多段线命令绘制向视图的投影方向箭头或剖视图的剖切符号，并在视图上方使用多行文字命令标注剖视图的名称（见图 5-51c）。

5.4.4　局部放大图

局部放大图是将图形中按照出图比例打印不清楚的部分，进行相应的放大后绘制的图形。其特点是局部放大图采用了比原图大的比例。此类图形绘制的步骤一般为：

1）使用复制命令将需要放大的局部图形复制一份（见图 5-52a）。

2）按照所需表达方案绘制局部放大图的细节（见图 5-52b）。

3）使用缩放命令将图形放大到所需比例，并使用移动命令将图形移动到合适的位置（见图 5-52c），与步骤 2）的顺序可以根据需要交换。

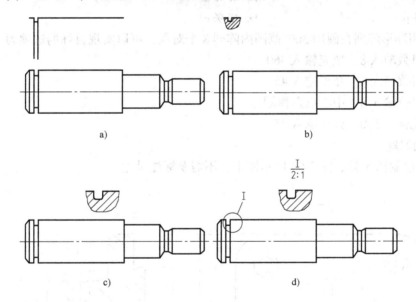

图 5-52　局部放大图

a）复制图形的局部　b）绘制局部放大图的细节　c）放大比例　d）标注图形

4）在视图被放大处绘制细实线圆，并根据需要使用多行文字命令标注大写罗马数字（见图 5-52d）。

5）继续完成其他局部放大图（图略）。

上机指导及习题

1. 上机指导

本章主要介绍了用户坐标系、多段线、多行文字、延伸、旋转、镜像、阵列、缩放、拉伸、打断、夹点等命令的使用方法，并介绍了绘制较复杂机件图样的步骤和方法。上机练习时应按照例题的顺序完成训练，依次掌握各种命令的操作。

例题的上机练习完成后，再选择习题中的题目练习，以进一步提高绘制图形的能力。

2. 选择题

1）用旋转命令旋转对象时（　　）。

A. 必须从键盘输入旋转角度　　　　B. 必须指定旋转基准点

C. 必须使用参考方式　　　　　　　D. 必须沿逆时针方向旋转

2）在使用拉伸命令时，与选取窗口相交的对象会（　　），完全在选取窗口外的对象会（　　），而完全在选取窗口内的对象会（　　）。

A. 被拉伸、不变、被移动　　　　　B. 不变、被拉伸、被移动

C. 被移动、不变、被拉伸　　　　　D. 被移动、不变、不变

3）在机械工程图样中，标注"45°"时，特殊字符"°"的输入可使用（　　）。

A. %%o　　　　　　　　　　　　B. %%d

C. %%p　　　　　　　　　　　　D. %%c

4）使用环形阵列在圆周360°范围内阵列8个对象，可以实现目标的选项为（　　）。

A. 项目数输入8，填充输入360

B. 项目数输入8，介于输入45

C. 项目数输入8，中心点选择圆心

D. 填充输入360，介于输入45

3. 绘图习题

按尺寸绘制图5-53、图5-54所示图形，不需要标注尺寸。

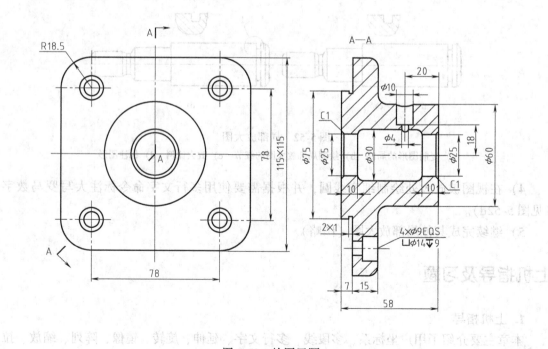

图5-53　绘图习题一

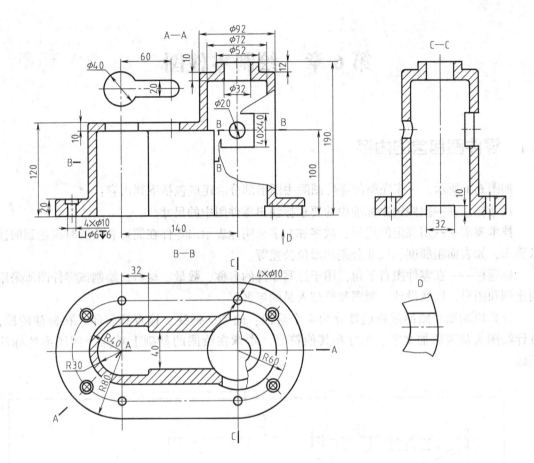

图 5-54　绘图习题二

第6章 绘制零件图

6.1 零件图包含的内容

如图 6-1 所示，一张完整的零件图除去图形部分后还应包括下列内容：

尺寸标注——按照国家标准中的要求标注出零件图中的尺寸。

技术要求——用规定的代号、数字和文字简明地表示出零件在制造和检验时应达到的技术要求，如表面粗糙度、尺寸公差和形位公差等。

标题栏——在零件图右下角，用于注写零件的名称、数量、材料，绘制该零件图所采用的比例和图号，以及设计、制图和校核人员的签名等。

计算机辅助绘图的过程通常分为 4 个阶段：绘图、标注、检查和打印。在标注阶段，设计绘图人员要添加文字、尺寸和其他符号。本章在绘图的基础上重点介绍图形的标注问题。

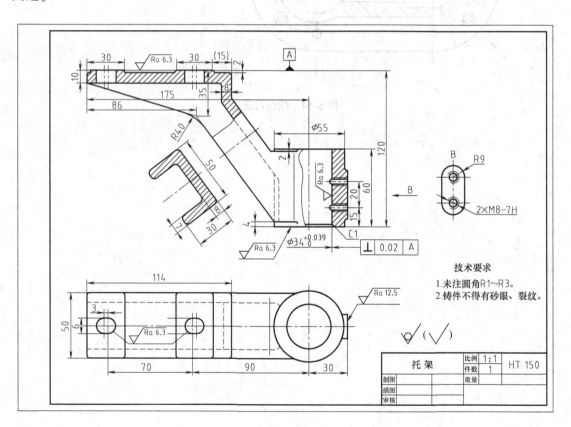

图 6-1 零件图包含的内容

6.2　尺寸标注

在 AutoCAD 中标注尺寸采用测量方式，选择标注点或图线后，系统会测量标注点的距离或图线尺寸，并按测量值标注尺寸，所以绘图时应注意按准确尺寸绘图。

在 AutoCAD 中标注尺寸的操作包括以下两方面的内容：

1）设置尺寸标注样式。国家标准中，尺寸标注的规定较为详细，因此标注尺寸前要先确定尺寸标注的标注样式，以使标注符合国家标准。

2）标注图形的尺寸。

下面介绍 AutoCAD 中的相关概念及操作。

6.2.1　尺寸的组成元素

尺寸标注是一个由标注文字、尺寸线、尺寸界线和箭头组成的复合体，以块（将在第 8 章介绍）的形式存储在图形文件中。在 AutoCAD 中尺寸的组成与工程制图中的相似，只是将其又细分成图 6-2 所示的几部分。

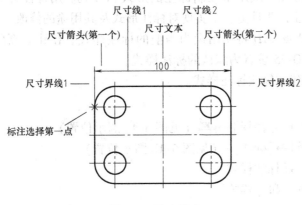

图 6-2　尺寸组成

尺寸界线（部分 AutoCAD 版本中称作延伸线）：指明标注对象的范围，一般是从被标注的对象引出的一条直线。尺寸界线位于标注时选择的第 1 点的称作尺寸界线 1，另外一端的称作尺寸界线 2。

尺寸线：标明标注的范围。尺寸线末端的箭头指出尺寸线的起点和端点。尺寸线也分为尺寸线 1 和尺寸线 2，其中靠近尺寸线 1 的称作尺寸线 1，靠近尺寸界线 2 的称作尺寸线 2。

箭头：箭头显示在尺寸线的末端，用于指出尺寸标注的开始和结束位置。AutoCAD 提供了多种符号以供选择，包括小圆点和斜杠等。箭头中靠近尺寸界线 1 的称作第一个尺寸箭头，靠近尺寸界线 2 的称作第二个尺寸箭头。

6.2.2　常用的尺寸标注类型

AutoCAD 中常用的尺寸标注类型与工程制图中尺寸标注的对应关系如图 6-3 所示，其中水平标注、垂直标注、对齐标注、基线标注、连续标注均属于线性标注类型。

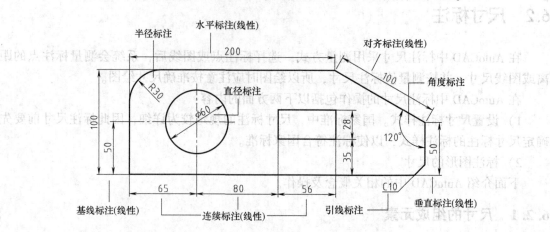

图 6-3　尺寸标注类型

6.2.3　尺寸标注样式

AutoCAD 的尺寸标注样式用于控制标注的形式和外观。用标注样式可以方便地建立符合国家标准的尺寸标注，并且更易于实现对标注形式及其用途的修改。

在标注尺寸时，AutoCAD 将使用设为当前的标注样式。在建立新的图形文件时选择样板 acadiso，系统将 ISO-25 设置为默认的标注样式。

【功能】　用于创建和修改标注样式。

【调用方法】

- 选项组：[默认]→[注释]→📐（见图 6-4a 圈示位置）

　　　　　[注释]→[标注]→（见图 6-4b 圈示位置）

- 菜单：[格式]→[标注样式]

- 工具栏：[标注]　和　[样式]

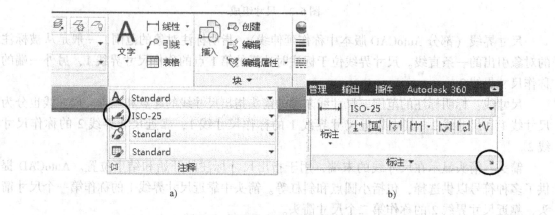

图 6-4　标注样式在选项组中的位置

a)"注释"选项组　b)"标注"选项组

- 命令名称：DIMSTYLE，别名：DIMSTY

【操作说明】

AutoCAD 中标注样式有两个类型，即主样式和子样式。其中，主样式是指设置内容对所有的尺寸标注命令均有作用的样式类型，在标注时，需要设置为当前样式后才起作用；子样式是指设置内容只针对某种标注命令有作用的样式类型，其从属于一个主样式，不能被单独设置为当前样式，当主样式被设置为当前样式后，子样式在调用对应标注命令时即可起作用。

AutoCAD 中标注样式的操作有 3 个：新建标注样式、修改标注样式、删除标注样式。

（1）新建标注样式

下面通过例 6-1 介绍新建标注样式的设置方法。

【例 6-1】 设置工程制图中符合国家标准规定的常用标注样式。

欲使工程图中的尺寸标注符合国家标准的规定，一定要在标注尺寸前先设置标注样式，这样才可以达到事半功倍的效果。

常用的标注样式一共有 6 种，详见 6.2.4 节。

标注样式的设置步骤如下：

1）设置标注样式前需要先设置好文字样式（参照 5.3.1 节）。

2）调用标注样式命令。单击"默认"选项卡"注释"选项组中的标注样式按钮调用命令，然后会打开"标注样式管理器"对话框（见图 6-5），其各项功能如图 6-5所示。

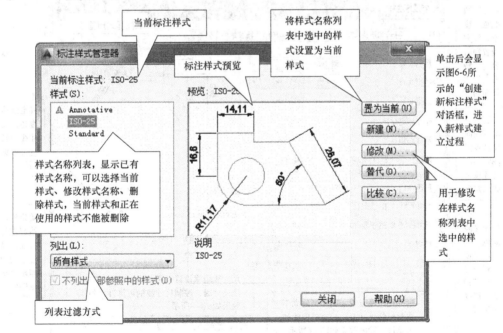

图 6-5 "标注样式管理器"对话框及其中各项的功能

3）建立新样式"base"。单击"标注样式管理器"对话框中的"新建"按钮，打开"创建新标注样式"对话框（见图 6-6），其各项内容含义如图 6-6 所示。设置"基础样式"为"ISO-25"，将"新样式名"文本框中的"副本 ISO-25"改为新样式的名称"base"；确认"用于"下拉列表框中选择的是"所有标注"选项；单击"继续"按钮进入"新建标注样式"对话框（见图6-7）。

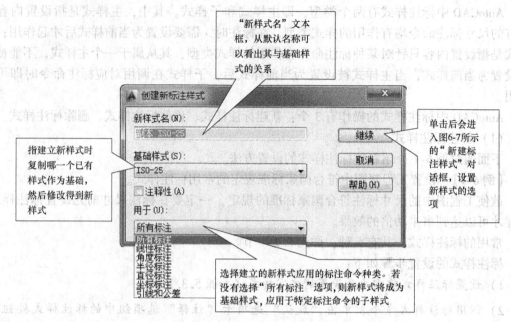

"新样式名"文本框，从默认名称可以看出其与基础样式的关系

指建立新样式时复制哪一个已有样式作为基础，然后修改得到新样式

单击后会进入图6-7所示的"新建标注样式"对话框，设置新样式的选项

选择建立的新样式应用的标注命令种类。若没有选择"所有标注"选项，则新样式将成为基础样式，应用于特定标注命令的子样式

图6-6 "创建新标注样式"对话框及其中各项内容的含义

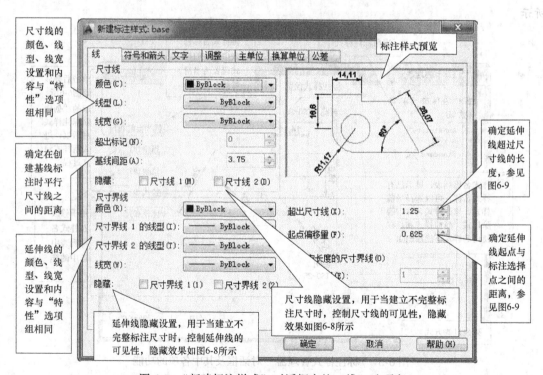

尺寸线的颜色、线型、线宽设置和内容与"特性"选项组相同

确定在创建基线标注时平行尺寸线之间的距离

延伸线的颜色、线型、线宽设置和内容与"特性"选项组相同

延伸线隐藏设置，用于当建立不完整标注尺寸时，控制延伸线的可见性，隐藏效果如图6-8所示

标注样式预览

确定延伸线超过尺寸线的长度，参见图6-9

确定延伸线起点与标注选择点之间的距离，参见图6-9

尺寸线隐藏设置，用于当建立不完整标注尺寸时，控制尺寸线的可见性，隐藏效果如图6-8所示

图6-7 "新建标注样式"对话框中的"线"选项卡

4）设置新样式"base"的选项参数。"新建标注样式"对话框包含7个选项卡，每个选项卡又包含若干个选项区域和一个预览区，根据需要设置其中的相应内容。下面通过"base"样式的设置介绍各选项卡中选项含义及设置。"base"样式的选项参数见表6-4。

★ 本书中所有的设置均以系统默认的 ISO-25 初始设置值为基础修改，ISO-25 与新样式一致的地方均未做说明，若曾经修改过 ISO-25 的初始设置值，则在应用时请注意。

① "线"选项卡。"线"选项卡用于设置尺寸线、延伸线和箭头等的格式和特性，其中各选项含义如图 6-8 所示。

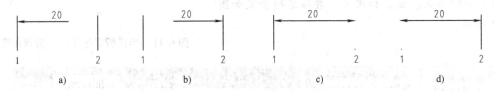

图 6-8　隐藏尺寸线和延伸线

a）隐藏尺寸线 2　b）隐藏尺寸线 1　c）隐藏延伸线 2　d）隐藏延伸线 1

"base"样式在"线"选项卡中需要做如下设置：

a）将"尺寸线"选项区域（蓝色字体说明的灰色方框区域）中的"基线间距"数值框的值由 3.75 改为 7；

b）将"尺寸界线"选项区域中的"起点偏移量"数值框的值由 0.625 改为 0；

其他选项无须改动。

② "符号和箭头"选项卡。"符号和箭头"选项卡用于设置箭头、弧长符号和折弯半径标注等的格式和位置，其各选项含义如图 6-10 所示。

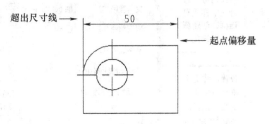

图 6-9　超出尺寸线和起点偏移量

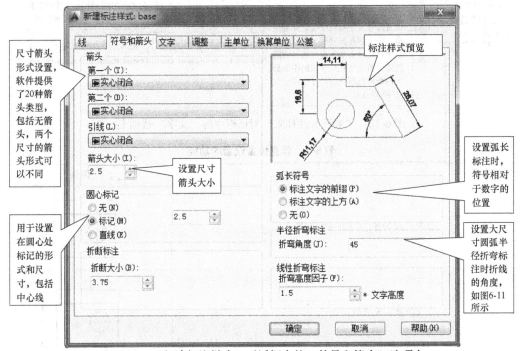

图 6-10　"新建标注样式"对话框中的"符号和箭头"选项卡

175

"base"样式在"符号和箭头"选项卡中需要将"箭头大小"数值框的值由2.5改为3（当粗实线为0.5mm时）；

其他选项无须改动。

③"文字"选项卡。"文字"选项卡用于设置标注文字的格式、放置和对齐，其各选项含义如图6-12所示。

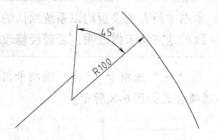

图6-11 半径折弯标注——折弯角度

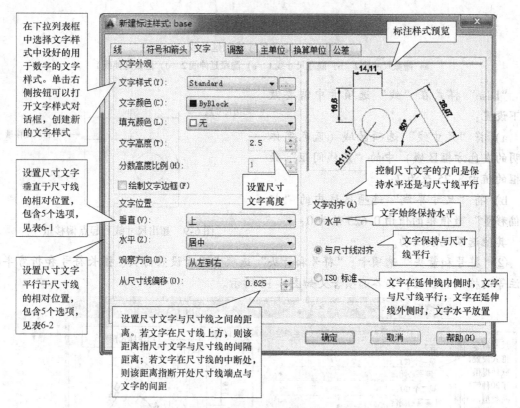

图6-12 "新建标注样式"对话框中的"文字"选项卡

表6-1 垂直位置设置的功能

选项	功能	图例
居中	尺寸线断开，文字放在断开处	
上	文字放在尺寸线上方	

（续）

选项	功能	图例
外部	文字放在尺寸线距标注对象最远的一侧	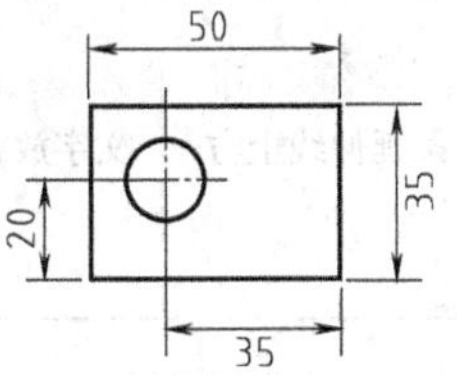
JIS	遵循日本工业标准放置文字	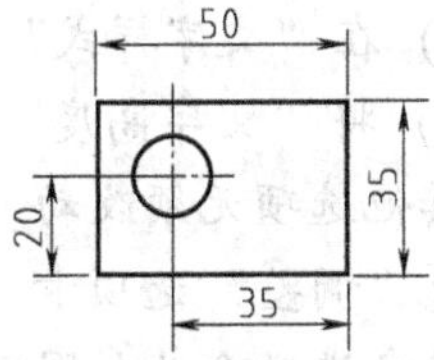
下	文字放在尺寸线上方	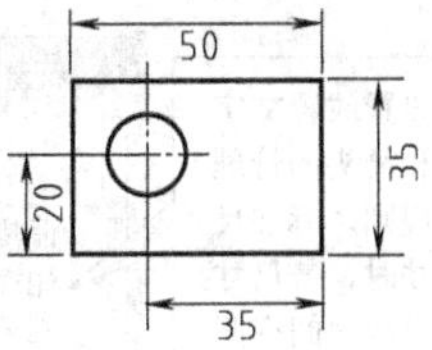

表 6-2　水平位置设置的功能

选项	功能	图例
居中	文字放在尺寸线中部	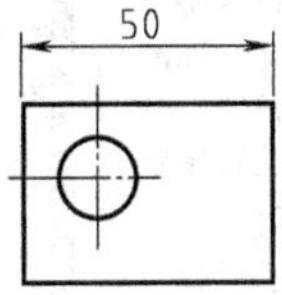
第一条延伸线	文字放在靠近第一条延伸线的尺寸线上方	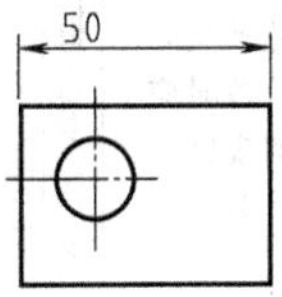
第二条延伸线	文字放在靠近第二条延伸线的尺寸线上方	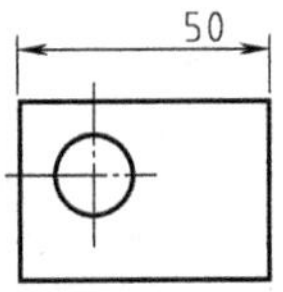
第一条延伸线上方	文字放在第一条延伸线上	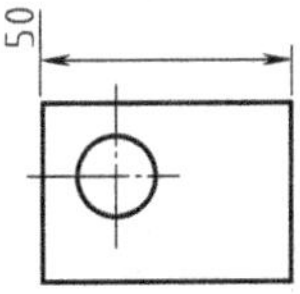

（续）

选项	功能	图例
第二条延伸线上方	文字放在第二条延伸线上	

"base"样式在"文字"选项卡中需要做如下设置：

a）在"文字样式"下拉列表框中选择"数字"（本书中的文字样式名称）选项；

b）将"文字高度"数值框的值由2.5改为3.5；

其他选项无须改动。

④"调整"选项卡。"调整"选项卡用于控制尺寸标注中文字、箭头和尺寸线的放置规律，其各选项含义如图6-13所示。

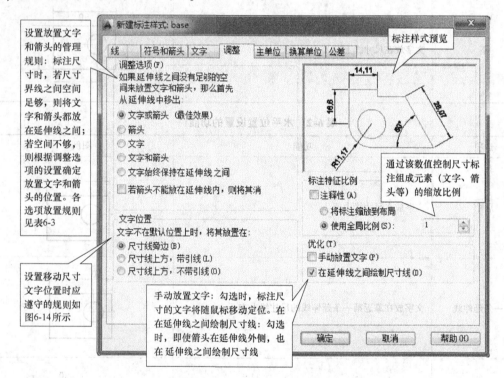

图6-13　"新建标注样式"对话框中的"调整"选项卡

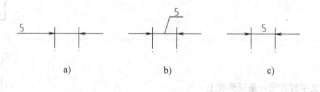

图6-14　标注文字位置

a）尺寸线旁边　b）尺寸线上方，带引线　c）尺寸线上方，不带引线

"base"样式在"调整"选项卡中需要做如下设置：

a）在"调整选项"选项区域中选中"文字"单选按钮；

b）在"优化"选项区域中勾选"手动放置文字"复选框；

其他选项无须改动。

表 6-3　调整选项中文字和箭头的放置规则

选项	功能
文字或箭头 （最佳效果）	按照最佳效果将文字或箭头移动到延伸线外： 1）延伸线间的距离足够放置文字和箭头时，文字和箭头都放在延伸线内； 2）延伸线间的距离仅够容纳文字时，文字放在延伸线内，箭头放在延伸线外； 3）延伸线间的距离仅够容纳箭头时，箭头放在延伸线内，文字放在延伸线外； 4）延伸线间的距离文字和箭头均不够放置时，文字和箭头都放在延伸线外
箭头	先将箭头移动到延伸线外，然后移动文字： 1）延伸线间的距离足够放置文字和箭头时，文字和箭头都放在延伸线内； 2）延伸线间距离仅够放下箭头时，箭头放在延伸线内，文字放在延伸线外； 3）延伸线间距离不够放下箭头时，文字和箭头都放在延伸线外
文字	先将文字移动到延伸线外，然后移动箭头： 1）延伸线间的距离足够放置文字和箭头时，文字和箭头都放在延伸线内； 2）延伸线间的距离仅能容纳文字时，文字放在延伸线内，箭头放在延伸线外； 3）延伸线间距离不够放下文字时，文字和箭头都放在延伸线外
文字和箭头	延伸线间距离不足以放下文字和箭头时，文字和箭头都移到延伸线外
文字始终保持 在延伸线之间	始终将文字放在延伸线之间

⑤"主单位"选项卡。"主单位"选项卡用于设置标注单位的格式和精度，其各选项含义如图 6-15 所示。

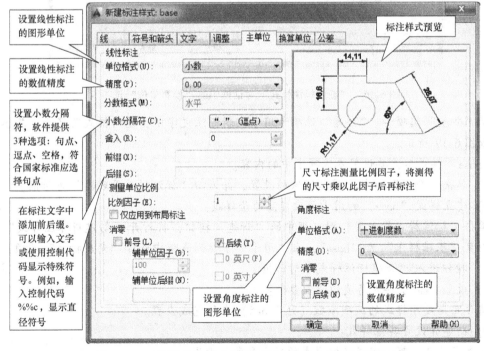

图 6-15　"新建标注样式"对话框中的"主单位"选项卡

"base"样式在"主单位"选项卡中需要做如下设置：

a) 在"小数分隔符"下拉列表框中选择"句点"选项；

b) "线性标注"和"角度标注"选项区域中的"精度"下拉列表框根据实际工程要求进行选择；

其他选项无须改动。

⑥"换算单位"选项卡。"换算单位"选项卡用于设置除角度标注外其他标注的换算单位的格式和精度，如图 6-16 所示。该功能极少使用，若需设置，请参考系统帮助。

"base"样式不需要设置本选项卡中的内容。

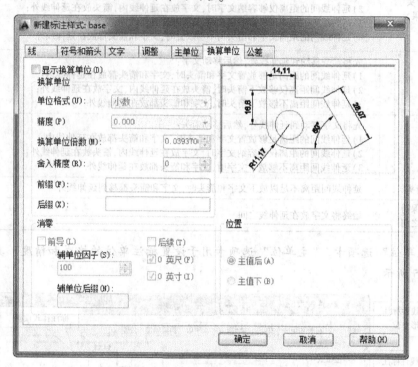

图 6-16 "新建标注样式"对话框中的"换算单位"选项卡

⑦"公差"选项卡。"公差"选项卡用于控制标注文字中公差的格式及显示，其各选项含义如图 6-17 所示。

"base"样式不需要设置本选项卡中的内容。

5) 单击"确定"按钮，确认所做的设置，并返回"标注样式管理器"对话框。

6) 建立样式"base"的用于角度标注的子样式：

单击"标注样式管理器"对话框中的"新建"按钮，将打开"创建新标注样式"对话框。设置"基础样式"为"base"，在"用于"下拉列表框中选择"角度标注"选项；单击"继续"按钮进入"新建标注样式"对话框。

7) 设置 base 子样式角度的选项参数：

请参照角度子样式的选项参数（见表 6-5）自行完成设置。

8) 新建并设置其他样式：

请参考 6.2.4 节，完成其他样式的建立和参数设置。

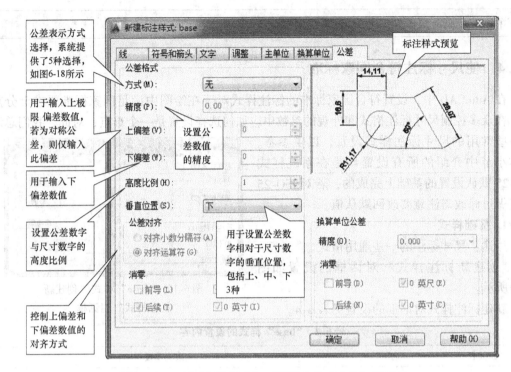

图 6-17 "新建标注样式"对话框中的"公差"选项卡

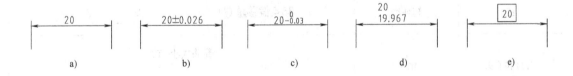

图 6-18 尺寸公差类型

a) 无公差 b) 对称公差 c) 极限偏差 d) 极限尺寸 e) 基本尺寸

9）单击"关闭"按钮，关闭"标注样式管理器"对话框，完成尺寸标注样式的设置。

（2）修改已有的标注样式

标注样式的修改步骤如下：

1）调用标注样式命令，打开"标注样式管理器"对话框。

2）选择欲修改的标注样式，单击"修改"按钮，打开"修改标注样式"对话框，设置除标题外，均与图 6-7 相同。

3）单击"确定"按钮，确认所做的修改，并返回"标注样式管理器"对话框。

4）单击"关闭"按钮，关闭"标注样式管理器"对话框，完成尺寸标注样式的修改。

（3）删除已有的标注样式

标注样式的删除步骤如下：

1）调用标注样式命令，打开"标注样式管理器"对话框。

2）选择欲删除的标注样式，按＜Delteta＞键即可删除。

3）单击"关闭"按钮，关闭"标注样式管理器"对话框，完成尺寸标注样式的删除。

★ 当前样式和正在使用的样式不能被删除。

6.2.4　使尺寸标注符合国家标准

在 AutoCAD 中，设置符合国家标准的标注样式对于在绘图中满足国家标准要求十分重要，在众多控制尺寸标注格式和外观的参数中应如何选择设置是一个难点，对此，我们总结了一些常用的尺寸标注样式设置，以供参考。在本小节中介绍的所有设置均是在系统样式 ISO-25 默认设置的基础上完成的，若对 ISO-25 曾经做过修改需注意要改回默认值。

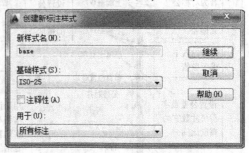

图 6-19　"base" 样式 "创建新标注样式" 对话框

1. 基础样式

用途：尺寸标注的一些通用格式。

"创建新标注样式" 对话框的设置如图 6-19 所示。

新建标注样式对话框的设置见表 6-4。

表 6-4　"base" 样式的设置内容

选项卡	选项区域	选项及设置
线	尺寸线	基线间距 (A)：　7
线	延伸线	起点偏移量 (F)：　0
符号和箭头	箭头	箭头大小 (I)：　3
文字	文字外观	文字样式 (Y)：　国标字体
文字	文字外观	文字高度 (T)：　3.5
调整	调整选项	◉ 文字
调整	优化	☑ 手动放置文字 (P)
主单位	线性标注	小数分隔符 (C)：　"."（句点）

注：对话框中其余选项使用系统默认设置值。

2. 角度标注子样式

用途：角度尺寸的标注，基础样式的子样式。

"创建新标注样式" 对话框的设置如图 6-20 所示。

新建标注样式对话框的设置见表 6-5。

表 6-5 "base：角度"样式的设置内容

选项卡	选项区域	选项及设置
文字	文字对齐	◉ 水平

3. 半径标注子样式

用途：半径尺寸的标注，基础样式的子样式。

"创建新标注样式"对话框的设置如图 6-21 所示。

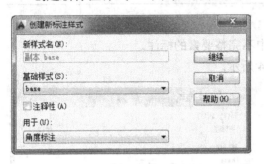 

图 6-20 "base：角度"样式　　　　　　图 6-21 "base：半径"样式
"创建新标注样式"对话框　　　　　　"创建新标注样式"对话框

新建标注样式对话框的设置见表 6-6。

表 6-6 "base：半径"样式的设置内容

选项卡	选项区域	选项及设置
文字	文字对齐	◉ ISO 标准

4. 直径标注子样式

用途：直径尺寸的标注，基础样式的子样式。

"创建新标注样式"对话框的设置如图 6-22 所示。

新建标注样式对话框的设置见表 6-7。

表 6-7 "base：直径"样式的设置内容

选项卡	选项区域	选项及设置
文字	文字对齐	◉ ISO 标准

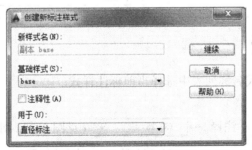

图 6-22 "base：直径"样式"创建新标注样式"对话框

5. 线性直径尺寸标注样式

用途：带直径符号的线性尺寸。

"创建新标注样式"对话框的设置如图 6-23 所示。

新建标注样式对话框的设置见表 6-8。

表 6-8 "线性直径"样式的设置内容

选项卡	选项区域	选项及设置
主单位	线性标注	前缀(X)： %%c

6. 不完整要素标注样式

用途：局部视图、半剖视图和局部剖视图中不完整要素的标注。

"创建新标注样式"对话框的设置如图 6-24 所示。

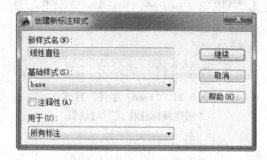
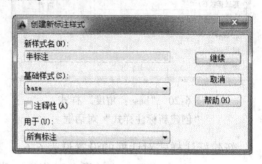

图 6-23 "线性直径"样式   图 6-24 "半标注"样式
"创建新标注样式"对话框   "创建新标注样式"对话框

新建标注样式对话框的设置见表 6-9。

表 6-9 "半标注"样式的设置内容

选项卡	选项区域	选项及设置
线	尺寸线	隐藏： □尺寸线 1(M) ☑尺寸线 2(D)
线	延伸线	隐藏： □尺寸界线 1(1) ☑尺寸界线 2(2)
符号和箭头	箭头	第二个(D)： □无

6.2.5 标注样式控制

【功能】 从标注样式名称列表中选择当前标注样式。

【调用方法】

- 选项组：[默认]→[注释]→ ISO-25 （见图 6-25a 圈示位置）

[注释]→[标注]→ ISO-25 （见图 6-25b 圈示位置）

● 工具栏：［标注］和［样式］

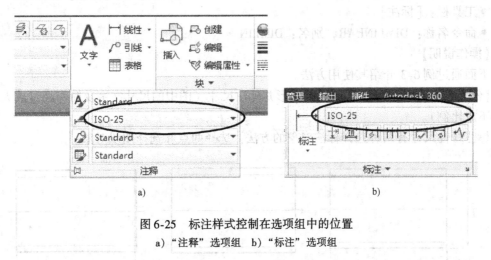

图 6-25　标注样式控制在选项组中的位置
a）"注释"选项组　b）"标注"选项组

【操作说明】

在标注尺寸时应选择好正确的标注样式，以使标注符合国家标准。下面通过例 6-2 介绍其使用方法。

【例 6-2】　将基础样式"base"设置为当前样式。

设置步骤如下：

1）单击"注释"选项组中的标注样式控制下拉列表框；

2）在标注样式列表中单击样式名称"base"，此时标注样式控制框中显示为"base"。

6.2.6　常用的尺寸标注命令

1. 线性尺寸标注

【功能】　标注尺寸线位于水平、垂直方向的尺寸，参见图 6-3。

【调用方法】

● 选项组：［默认］→［注释］→⊢ ⊣（见图 6-26a 圈示位置）

［注释］→［标注］→⊢ ⊣（见图 6-26b 圈示位置）

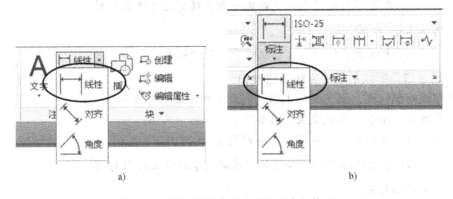

图 6-26　线性标注按钮在选项组中的位置
a）"注释"选项组　b）"标注"选项组

● 菜单：[标注]→[线性]
● 工具栏：[标注]
● 命令名称：DIMLINEAR，别名：DIMLIN

【操作说明】

下面通过例6-3介绍其使用方法。

【例6-3】 绘制图6-27a所示的图形并标注尺寸（图中的尺寸文字及箭头经过放大，与图形不成比例）。

标注线性尺寸有两种选择标注对象的方法：选择两点和选择图线对象。

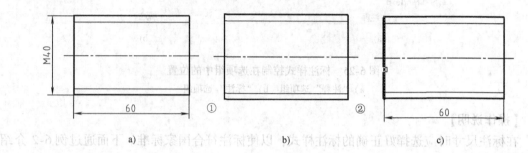

图 6-27　例 6-3 图

a) 原图　b) 选择点　c) 选择对象

首先设置 base 为当前标注样式，图层"标注"为当前层。

（1）通过选择两点标注尺寸60

调用线性标注命令，系统交互过程如下：

　　指定第一条延伸线原点或 <选择对象>：

　　　　\\ 选择图6-27b中的点①

　　指定第二条延伸线原点：

　　　　\\ 选择图6-27b中的点②

　　指定尺寸线位置或

　　[多行文字（M）/文字（T）/角度（A）/水平（H）/垂直（V）/旋转（R）]：

　　　　\\ 在图形附近适当位置指定一点，确定尺寸线的位置

　　标注文字 = 60

　　　　\\ 系统最后提示本次标注的系统尺寸测量值

（2）通过选择图线对象的方法标注 M40

选择图线对象标注，系统实际上是将对象的两个端点作为标注点。

调用线性标注命令，系统交互过程如下：

　　指定第一条延伸线原点或 <选择对象>：

　　　　\\ 单击鼠标右键，确定使用选择对象的方式进行标注

　　选择标注对象：

　　　　\\ 选择图6-27c中方框指示的直线

指定尺寸线位置或

[多行文字 (M)/文字 (T)/角度 (A)/水平 (H)/垂直 (V)/旋转 (R)]：t

　　\\ 选择"文字 (T)"选项，响应系统提示，选择修改标注文字

输入标注文字 <40>：M < >

　　\\ 从键盘输入"M< >"，其中"< >"表示在 M 后使用系统的尺寸测量值

指定尺寸线位置或

[多行文字 (M)/文字 (T)/角度 (A)/水平 (H)/垂直 (V)/旋转 (R)]：

　　\\ 在图形附近适当位置指定一点，确定尺寸线的位置

标注文字 = 40

　　\\ 系统最后提示本次标注的系统尺寸测量值

【其他功能说明】

1）多行文字：该选项用于打开"文字编辑器"修改尺寸标注文字。

2）文字：该选项用于在命令提示行修改尺寸标注文字，输入文字时若需要利用系统的尺寸测量值，则可以输入"< >"实现。

3）角度：该选项用于设置尺寸文字的显示角度。

4）水平：该选项指定标注尺寸为水平标注。

5）垂直：该选项指定标注尺寸为垂直标注。

6）旋转：该选项用于指定尺寸线的旋转角度，用来标注倾斜方向的尺寸。

2. 对齐尺寸标注

【功能】　标注尺寸线与两标注点连线平行的尺寸，参见图 6-3。

【调用方法】

● 选项组：[默认]→[注释]→↖ （见图 6-28a 圈示位置）

[注释]→[标注]→↖ （见图 6-28b 圈示位置）

● 菜单：[标注]→[对齐]

● 工具栏：[标注]

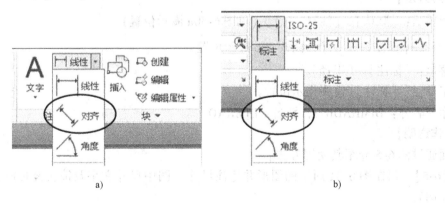

a)　　　　　　　　　　　　　　　　b)

图 6-28　对齐标注按钮在选项组中的位置

a)"注释"选项组　b)"标注""选项组

• 命令名称：DIMALIGNED，别名：DIMALI

【操作说明】

标注对齐尺寸与标注线性尺寸相同，也可以通过选择两点和选择图线对象来标注尺寸，方法均相同。下面通过例 6-4，以选择两点为例介绍对齐尺寸的标注。

【例 6-4】 绘制图 6-29a 所示的图形并标注尺寸（图中尺寸文字及箭头经过放大，与图形不成比例，其他尺寸自定）。

首先设置 base 为当前标注样式，图层"标注"为当前层。

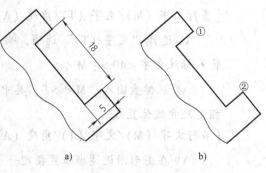

a)　　　　　　　　　b)

图 6-29　例 6-4 图

a）原图　b）选择点

调用对齐标注命令，系统交互过程如下：

指定第一条延伸线原点或 <选择对象>：

　　\\ 选择图 6-29b 中的点①

指定第二条延伸线原点：

　　\\ 选择图 6-29b 中的点②

指定尺寸线位置或

[多行文字（M）/文字（T）/角度（A）]：

　　\\ 在图形附近适当位置指定一点，确定尺寸线的位置

标注文字 = 18

　　\\ 系统最后提示本次标注的系统尺寸测量值

【其他功能说明】

命令提示中选项的作用参见线性尺寸标注的相关内容。

3. 半径尺寸标注

【功能】 标注圆弧的半径尺寸，参见图 6-3。

【调用方法】

• 选项组：[默认]→[注释]→⌖（见图 6-30a 圈示位置）

　[注释]→[标注]→⌖（见图 6-30b 圈示位置）

• 菜单：[标注]→[半径]

• 工具栏：[标注]（箭头指示位置）

• 命令名称：DIMRADIUS，别名：DIMRAD

【操作说明】

下面通过例 6-5 介绍其使用方法。

【例 6-5】 绘制图 6-31 所示的图形并标注尺寸（图中尺寸文字及箭头经过放大，与图形不成比例）。

首先设置 base 为当前标注样式，图层"标注"为当前层。

调用半径标注命令，系统交互过程如下：

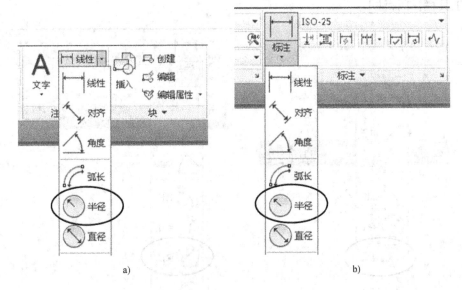

图 6-30　半径标注按钮在选项组中的位置

a)"注释"选项组　b)"标注"选项组

选择圆弧或圆：

　　\\ 选择图 6-31 中的圆弧 *R*15

标注文字 = 15

　　\\ 系统提示本次标注的系统尺寸测量值

指定尺寸线位置或 [多行文字 (M)/文字 (T)/
角度 (A)]：

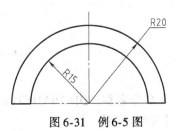

图 6-31　例 6-5 图

　　\\ 参照图 6-31，在图形适当位置指定一点，确定尺寸线的位置

再次调用半径标注命令，系统交互过程如下：

选择圆弧或圆：

　　\\ 选择图 6-31 中的圆弧 *R*20

标注文字 = 20

　　\\ 系统提示本次标注的系统尺寸测量值

指定尺寸线位置或 [多行文字 (M)/文字 (T)/角度 (A)]：

　　\\ 参照图 6-31，在图形适当位置指定一点，确定尺寸线的位置

4. 直径尺寸标注

【功能】 标注圆的直径尺寸，参见图 6-3。

【调用方法】

- 选项组：[默认]→[注释]→⊘ (见图 6-32a 圈示位置)

　　　　　　[注释]→[标注]→⊘ (见图 6-32b 圈示位置)

- 菜单：[标注]→[直径]

189

● 工具栏：[标注]

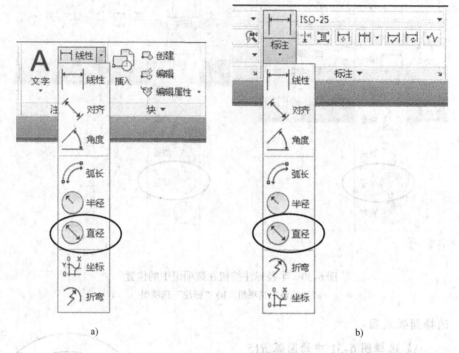

a)　　　　　　　　　　　　　　b)

图 6-32　直径标注按钮在选项组中的位置

a)"注释"选项组　b)"标注"选项组

● 命令名称：DIMDIAMETER，别名：DIMDIA

【操作说明】

下面通过例 6-6 介绍其使用方法。

【例 6-6】　绘制图 6-33 所示的图形并标注尺寸（图中尺寸文字及箭头经过放大，与图形不成比例）。

首先设置 base 为当前标注样式，图层"标注"为当前层。

调用直径标注命令，系统交互过程如下：

选择圆弧或圆：

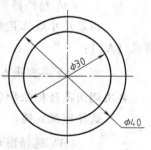

图 6-33　例 6-6 图

\\ 选择图 6-33 中的圆 φ30

标注文字 = 30

\\ 系统提示本次标注的系统尺寸测量值

指定尺寸线位置或 [多行文字 (M)/文字 (T)/角度 (A)]：

\\ 参照图 6-33，在图形适当位置指定一点，确定尺寸线的位置

再次调用直径标注命令，系统交互过程如下：

选择圆弧或圆：

\\ 选择图 6-33 中的圆 φ40

标注文字 = 40

　　　　　　 \\ 系统提示本次标注的系统尺寸测量值

指定尺寸线位置或 [多行文字 (M)/文字 (T)/角度 (A)]：

　　　　\\ 参照图 6-33，在图形适当位置指定一点，确定尺寸线的位置

5. 角度尺寸标注

【功能】标注圆弧的圆心角或两直线夹角的角度尺寸，参见图 6-34。

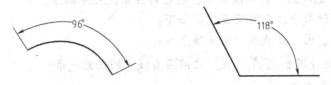

图 6-34　角度标注种类

【调用方法】

- 选项组：[默认]→[注释]→△（见图 6-35a 圈示位置）

　　　　　　 [注释]→[标注]→△（见图 6-35b 圈示位置）

- 菜单：[标注]→[角度]
- 工具栏：[标注]

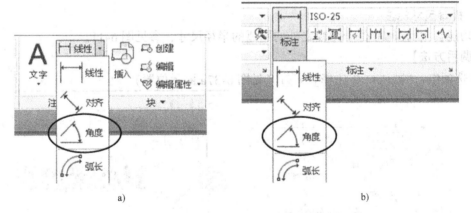

a)　　　　　　　　　　　　　　　 b)

图 6-35　角度标注按钮在选项组中的位置

a)"注释"选项组　b)"标注"选项组

- 命令名称：DIMANGULAR，别名：DIMANG

【操作说明】

下面通过例 6-7 介绍其使用方法。

【例 6-7】　绘制图 6-36 所示的图形并标注尺寸（半径尺寸自定）。
首先设置 base 为当前标注样式，图层"标注"为当前层。

（1）标注圆弧圆心角

调用角度标注命令，系统交互过程如下：

　　　选择圆弧、圆、直线或 <指定顶点>：

　　　　\\ 选择图 6-36 中的圆弧

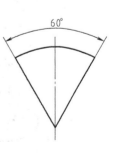

图 6-36　例 6-7 图

指定标注弧线位置或［多行文字（M）/文字（T）/角度（A）/象限点（Q）］：

　　　　　\\ 在图形适当位置指定一点，确定尺寸线的位置

标注文字 = 60

　　　　　\\ 系统提示本次标注的系统尺寸测量值

（2）标注两直线夹角

调用"修改"选项组中的删除命令，将已标注角度尺寸删除。

再调用角度标注命令，系统交互过程如下：

　　　选择圆弧、圆、直线或＜指定顶点＞：

　　　　　\\ 选择图6-36中的左、右两条直线中的任意一条

　　　选择第二条直线：

　　　　　\\ 选择图6-36中的另一条直线

　　　指定标注弧线位置或［多行文字（M）/文字（T）/角度（A）/象限点（Q）］：

　　　　　\\ 在图形适当位置指定一点，确定尺寸线的位置

　　　　　\\ 需注意两直线的夹角有4个，指定点不同，标注的夹角也不同

　　　标注文字 = 60

　　　　　\\ 系统提示本次标注的系统尺寸测量值

6. 折弯尺寸标注

【功能】 标注圆心位于图幅之外的圆弧的半径尺寸，参见图6-11。

【调用方法】

• 选项组：［默认］→［注释］→🗲（见图6-37a 圈示位置）

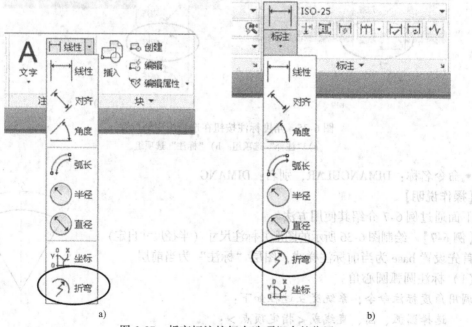

a)　　　　　　　　　　　　　　　　　b)

图6-37　折弯标注按钮在选项组中的位置

a)"注释"选项组　b)"标注"选项组

［注释］→［标注］→ 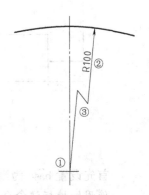（见图6-37b圈示位置）

- 菜单：［标注］→［折弯］
- 工具栏：［标注］
- 命令名称：DIMJOGGED

【操作说明】

下面通过例6-8介绍其使用方法。

【例6-8】 绘制图6-38所示的图形并标注尺寸。

首先设置base为当前标注样式，图层"标注"为当前层。

调用折弯标注命令，系统交互过程如下：

　　选择圆弧或圆：

　　　　\\ 选择图6-38中的圆弧

　　指定图示中心位置：

　　　　\\ 选择图6-38中的交点①，确定标注圆心的位置

　　标注文字 = 100

　　　　\\ 系统提示本次标注的系统尺寸测量值

　　指定尺寸线位置或［多行文字（M)/文字（T)/角度（A)］：

　　　　\\ 在图6-38中的点②附近指定一点，确定尺寸线的位置

　　指定折弯位置：

　　　　\\ 在图6-38中的点③附近指定一点，确定折弯线的位置

图6-38 例6-8图

7. 连续尺寸标注

【功能】 创建一系列连续的线性、对齐、角度标注。每个标注都从前一个或最后一个选定的标注的第二个延伸线处创建，共享公共的尺寸线，参见图6-3。

【调用方法】

- 选项组：［注释］→［标注］→ |┼|┼| （见图6-39圈示位置）
- 菜单：［标注］→［连续］
- 工具栏：［标注］

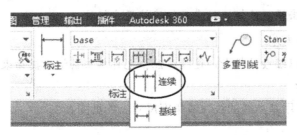

图6-39 连续标注按钮在"标注"选项组中的位置

- 命令名称：DIMCONTINUE，别名：DIMCONT

【操作说明】

当使用连续标注命令标注尺寸时，必须先使用线性、对齐或角度标注命令完成该系列尺

寸中最靠一边的一个。

下面通过例6-9介绍其使用方法。

【例6-9】 绘制图6-40a所示的图形并标注尺寸（未注尺寸自定）。

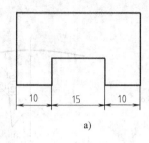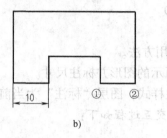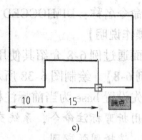

图6-40 例6-9图

a）原图 b）选择点 c）标注过程

首先设置base为当前标注样式，图层"标注"为当前层。

使用线性标注命令标注尺寸10（见图6-40b），注意第一点选择最外侧的端点。

调用连续标注命令，系统交互过程如下：

  \\ 系统会自动以图6-40b中的尺寸10作为连续标注，此时系统可显示动态

  \\ 拖动尺寸数值（见图6-40c）。若系统没有自动确认连续标注，请根据提示

  \\ "选择连续标注："选择尺寸10

指定第二条延伸线原点或［放弃（U）/选择（S）］＜选择＞：

  \\ 选择图6-40b中的点①。若需使用其他标注作为基准，则按＜Enter＞键，依据

  \\ 提示"选择连续标注："选择一个尺寸即可

标注文字 = 15

指定第二条延伸线原点或［放弃（U）/选择（S）］＜选择＞：

  \\ 选择图6-40b中的点②

标注文字 = 10

指定第二条延伸线原点或［放弃（U）/选择（S）］＜选择＞：

  \\ 单击鼠标右键，结束本组连续尺寸标注

选择连续标注：

  \\ 可以继续选择新的连续标注，也可单击鼠标右键结束命令

8. 基线尺寸标注

【功能】 标注共用基准线的线性或角度尺寸，参见图6-3。

【调用方法】

● 选项组：［注释］→［标注］→⊏̅ ̅（见图6-41圈示位置）

● 菜单：［标注］→［基线］

● 工具栏：［标注］

● 命令名称：DIMBASELINE，别名：DIMBASE

图 6-41 基线标注按钮在 "标注" 选项组中的位置

【操作说明】

使用基线命令标注共用基准线的系列尺寸时，必须先使用线性或角度标注命令完成该系列尺寸中数值最小的一个尺寸作为基准标注。

下面通过例 6-10 介绍其使用方法。

【例 6-10】 绘制图 6-42a 所示的图形并标注尺寸（未注尺寸自定）。

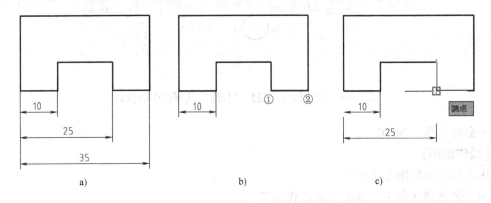

图 6-42 例 6-10 图

a) 原图 b) 选择点 c) 标注过程

首先设置 base 为当前标注样式，图层 "标注" 为当前层。

使用线性标注命令标注尺寸 10（见图 6-42b），注意第一点选择共用基准线的端点。

调用基线标注命令，系统交互过程如下：

\\ 系统会自动以图 6-42b 中的尺寸 10 作为基准标注，此时系统可显示动态

\\ 拖动尺寸数值（见图 6-42c）。若系统没有自动确认基准标注，请根据提示

\\ "选择基准标注：" 选择尺寸 10

指定第二条延伸线原点或 [放弃 (U)/选择 (S)] <选择>：

\\ 选择图 6-42b 中的点①。若需使用其他标注作为基准，则按 <Enter> 键，依据提示

\\ "选择基准标注：" 选择一个尺寸即可

标注文字 = 25

指定第二条延伸线原点或 [放弃 (U)/选择 (S)] <选择>：

\\ 选择图 6-42b 中的点②

标注文字 = 35

指定第二条延伸线原点或 [放弃 (U)/选择 (S)] <选择>:

　　　　\\ 单击鼠标右键，结束本组基线尺寸标注

选择基准标注:

　　　　\\ 可以继续选择新的基准标注，也可单击鼠标右键结束命令

9. 快速标注

【功能】　通过一次选择多个对象创建标注阵列，如基线和连续标注。

【调用方法】

* 选项组: [注释]→[标注]→ $\vec{\jmath}$ （见图 6-43 圈示位置）
* 菜单: [标注]→[快速标注]
* 工具栏: [标注]

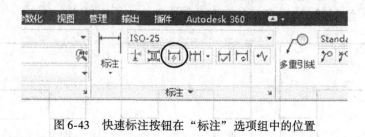

图 6-43　快速标注按钮在"标注"选项组中的位置

* 命令名称: QDIM

【操作说明】

快速标注的使用方法如下:

调用快速标注命令，系统交互过程如下:

　　选择要标注的几何图形:

　　　　\\ 选择要标注的几何图形

　　选择要标注的几何图形:

　　　　\\ 继续选择或单击鼠标右键确认

　　指定尺寸线位置或 [连续 (C)/并列 (S)/基线 (B)/坐标 (O)/半径 (R)/直径 (D)/基准点 (P)/编辑 (E)/设置 (T)] <连续>:

　　　　\\ 指定尺寸线的位置按默认标注形式标注

　　　　\\ 或选择一种标注形式选项，根据相应提示进行标注

　　　　\\ 各选项含义为:

　　　　　　连续: 创建一组连续型尺寸
　　　　　　并列: 创建一组不共用基线的平行尺寸
　　　　　　基线: 创建一组基线型尺寸
　　　　　　坐标: 创建一系列坐标型尺寸

半径：创建一系列半径尺寸

直径：创建一系列直径尺寸

基准点：用于改变基线标注的基准点或坐标标注的零值点

编辑：对建立的标注进行添加、删除点等编辑操作

标注形式中部分选项示例如下：

连续：如图6-44a所示，选择图中打叉的图线，标注结果如图6-44b所示。

并列：如图6-45a所示，选择图中打叉的图线，标注结果如图6-45b所示。

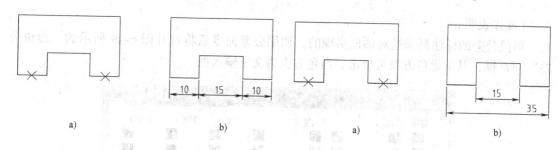

图6-44 快速标注中的连续尺寸
a）选择对象 b）标注结果

图6-45 快速标注中的并列尺寸
a）选择对象 b）标注结果

基线：如图6-46a所示，选择图中打叉的图线，标注结果如图6-46b所示。

基准点：标注图6-46a所示的图形，选择图6-46a中打叉的图线后，在图6-47a所示的状态下选择基准点选项，将基点改到打叉点，标注结果如图6-47b所示。

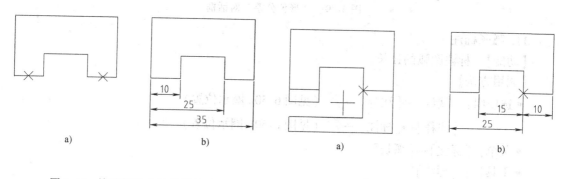

图6-46 快速标注中的基线尺寸
a）选择对象 b）标注结果

图6-47 快速标注中的基线尺寸改变基准点
a）选择对象 b）标注结果

10. 形位公差标注

【功能】 绘制形位公差框格标注。

【调用方法】

● 选项组：［注释］→［标注］→⊞1（见图6-48圈示位置）

● 菜单：［标注］→［公差］

● 工具栏：［标注］

● 命令名称：TOLERANCE， 别名：TOL

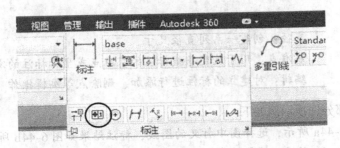

图 6-48 公差按钮在"标注"选项组中的位置

【操作说明】

形位公差的标注是通过对话框实现的，调用公差命令后将打开图 6-49 所示的"形位公差"对话框，其中黑色方框可单击，白色方框为文字输入框。

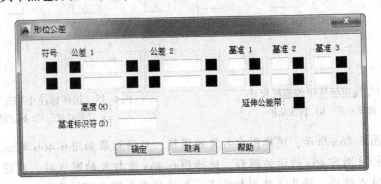

图 6-49 "形位公差"对话框

11. 弧长标注

【功能】 标注圆弧的弧长。

【调用方法】

- 选项组：[默认]→[注释]→ ⌒（见图 6-50a 圈示位置）

  [注释]→[标注]→ ⌒（见图 6-50b 圈示位置）

- 菜单：[标注]→[弧长]

- 工具栏：[标注]

- 命令名称：DIMARC

【操作说明】

弧长标注命令系统交互过程如下：

　　选择弧线段或多段线弧线段：

　　　　\\ 选择欲标注弧长的圆弧

　　指定弧长标注位置或 [多行文字（M）/文字（T）/角度（A）/部分（P）/]：

　　　　\\ 在图形适当位置指定一点，确定尺寸线的位置

　　标注文字 = 80

　　　　\\ 系统提示本次标注的系统尺寸测量值

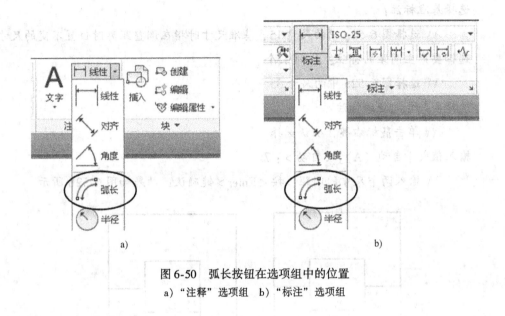

图 6-50　弧长按钮在选项组中的位置

a)"注释"选项组　b)"标注"选项组

6.2.7　尺寸标注的编辑

标注尺寸时,对于尺寸中的各组成部分应尽可能通过尺寸样式进行调整和修改,但由于一些特殊的需要,或系统标注尺寸的局限,有些方面满足不了国家标准的要求,这就需要在操作中单独修改某一个尺寸。下面介绍一些常用的编辑和修改方法。

1. 等距标注

【功能】　调整线性标注或尺寸标注之间的距离。

【调用方法】

- 选项组:[注释]→[标注]→Ⅱ(见图 6-51 圈示位置)
- 菜单:[标注]→[等距标注]
- 工具栏:[标注]

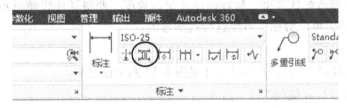

图 6-51　等距标注按钮在"标注"选项组中的位置

- 命令名称:DIMSPACE

【操作说明】

下面通过例 6-11 介绍其使用方法。

【例 6-11】　调整图 6-52a 中两标注尺寸线的距离为 7 (图形自行绘制,未注尺寸自定)。

调用等距标注命令,系统交互过程如下:

选择基准标注:

　　　\\ 选择图6-52a中的尺寸15,基准尺寸时指在调整距离时位置不变的尺寸

选择要产生间距的标注:找到1个

　　　\\ 选择图6-52a中的尺寸35

选择要产生间距的标注:

　　　\\ 单击鼠标右键,确认选择

输入值或[自动(A)]<自动>:7

　　　\\ 输入两个尺寸的间距,按<Enter>键确认,结果如图6-52b所示

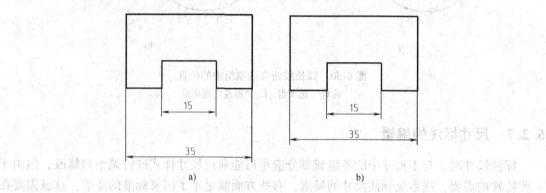

图6-52　例6-11图

a) 原图　b) 结果

★ 命令可以自动调整线性标注之间或共顶点的角度标注之间的间距。按照基准标注的标注
样式中指定的文字高度的两倍调整间距。

★ 可以通过使用间距值" 0" 来对齐线性标注或角度标注。

2. 倾斜标注

【功能】用于修改标注文字、旋转标注文字的角度、调整延伸线倾斜角度、恢复尺寸标
注文字的初始位置,可以对标注对象进行批量修改。

【调用方法】

● 选项组:[注释]→[标注]→╱┤(见图6-53圈示位置)

● 菜单:[标注]→[倾斜]

● 工具栏:[标注]

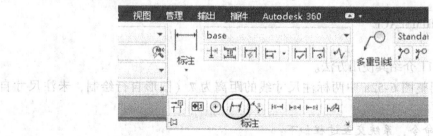

图6-53　倾斜标注按钮在"标注"选项组中的位置

● 命 令 名 称 ：DIMEDIT，别 名：DIMED

【操作说明】

下面通过例 6-12 介绍调整延伸线倾斜角度的方法。

【例 6-12】　将图 6-54a 所示的图形中的尺寸 40 向左倾斜 30°。

调用倾斜命令，系统交互过程如下：

选择对象：找到 1 个

选择对象：

\\ 选择尺寸 40，并单击鼠标右键确认

输入倾斜角度（按 ENTER 表示无）：120

\\ 输入倾斜角度 120，此角度值是延伸线与 X 轴的夹角

\\ 单击鼠标右键确认，结果如图 6-54b 所示

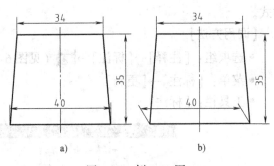

图 6-54　例 6-12 图

a）原始图形　b）倾斜延伸线

3. 修改标注文字

【功能】用于修改标注文字内容。

【操作方法】

● 鼠标：双击待修改的文字

● 菜单：[修改]→[对象]→[文字]→[编辑]

● 命令名称：DDEDIT

【操作说明】

下面通过例 6-13 介绍修改尺寸标注文字内容的方法。

【例 6-13】　为图 6-55a 图形中的尺寸 40 添加直径符号"ϕ"。

双击尺寸数字 30，此时系统进入"文字编辑器"；

在原数字前添加"%%c"，此时注意不要删除原有内容；

在绘图区内的任意位置单击鼠标左键，完成修改。

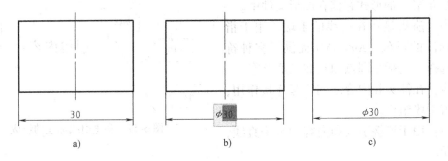

图 6-55　例 6-13 图

a）原始图形　b）添加符号 ϕ　c）添加后的结果

4. 标注样式更新

【功能】将当前的标注样式应用到选中的尺寸标注，可以较为方便地批量调整标注

样式。

【调用方法】

- 选项组：［注释］→［标注］→ 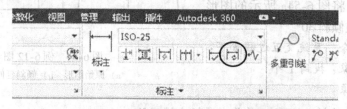（见图 6-56 圈示位置）
- 菜单：［标注］→［更新］
- 工具栏：［标注］

图 6-56　标注样式更新按钮在"标注"选项组中的位置

- 命令名称：– DIMSTYLE

【操作说明】

执行标注样式更新命令时系统交互过程如下：

> 选择对象：
>
> \\ 选择欲调整标注样式的尺寸

5. 利用夹点编辑

编辑尺寸标注的位置时也可以使用在 5.2.12 节中介绍的夹点直接进行调整。

6.3　多重引线标注

多重引线标注用于国家标准规定的标注图样中的指引线标注和旁注，以及装配图的零件序号标注（见第 7 章）等标注内容。

6.3.1　多重引线标注的组成要素

多重引线标注是一个由箭头、引线、基线、内容组成的复合体（见图 6-57），以块（将在第 8 章介绍）的形式存储在图形文件中。

箭头：箭头显示在引线的末端，用于指出引线标注的对象。AutoCAD 提供了多种符号可供选择，包括小圆点和基准三角形等。

引线：在箭头和内容之间，起连接作用，可以由若干段组成。

基线：用于连接引线和内容的水平直线，可以关闭。

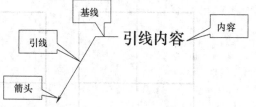

图 6-57　多重引线标注的组成

内容：以多行文字或块（见第 8 章）的形式与引线关联的标注内容。

6.3.2　多重引线样式

AutoCAD 中多重引线样式用于控制多重引线标注的形式和外观。在标注尺寸时，Auto-

CAD 使用设为当前的多重引线样式。在建立新的图形文件时选择样板 acadiso，系统将 stand-srd 设置为默认的标注样式。

【功能】 用于创建和修改多重引线样式。

【调用方法】

● 选项组：[默认] → [注释] → 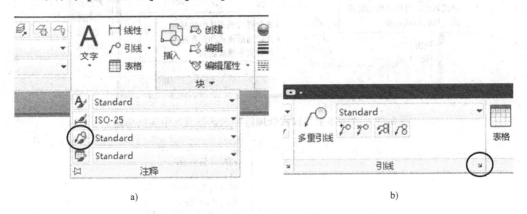（见图 6-58a 圈示位置）

         [注释] → [引线] → （见图 6-58b 圈示位置）

● 菜单：[格式] → [多重引线样式]

● 工具栏：[多重引线] 和 [样式]

a)   b)

图 6-58 多重引线样式在选项组中的位置

a)"注释"选项组 b)"引线"选项组

● 命令名称：MLEADERSTYLE

【操作说明】

AutoCAD 中多重引线样式的操作有两个：新建多重引线样式和修改已有的多重引线样式。

（1）新建多重引线样式

下面通过例 6-14 介绍新建多重引线样式的设置方法。

【例 6-14】 设置工程制图中符合国家标准规定的常用多重引线样式。

欲使工程图中的引线标注符合国家标准的规定，一定要在标注引线前先设置多重引线样式。常用的多重引线样式—共有 5 种，详见 6.3.3 节。

多重引线样式的设置步骤如下：

1）设置多重引线样式前需要先设置好文字样式。

2）调用多重引线样式命令。单击"默认"选项卡注"注释"选项组中的多重引线样式按钮调用命令，然后会打开"多重引线样式管理器"对话框（见图 6-59），其各项功能如图 6-59 所示。

3）建立新样式"倒角"。单击"多重引线样式管理器"对话框中的"新建"按钮，打开"创建新多重引线样式"对话框（见图 6-60），其各项内容含义如图 6-60 所示。设置"基础样式"为"Standard"，将"新样式名"文本框中的"副本 Standard"改为新样式的名称"倒角"；单击"继续"按钮进入"修改多重引线样式"对话框（见图 6-61）。

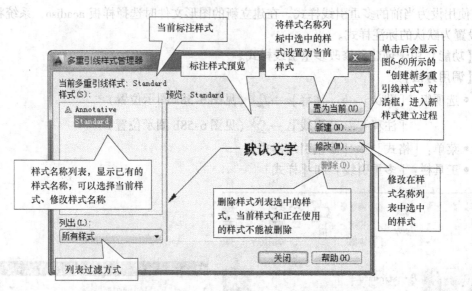

图 6-59 "多重引线样式管理器" 对话框及其中各项功能

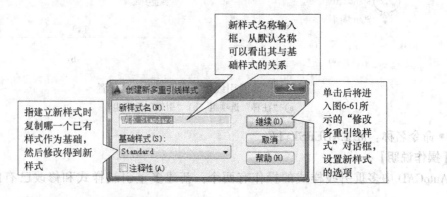

图 6-60 "创建新多重引线样式" 对话框及各项内容的含义

4) 设置新样式"倒角"的选项参数。"新建多重引线样式"对话框中包含3个选项卡，每个选项卡又包含若干个选项区域和一个预览区，根据需要设置其中的相应内容。下面通过倒角样式的设置介绍各选项卡中选项的含义及设置。倒角样式的选项参数见表6-11。

★ 本书中所有的设置均以系统默认的 Standard 初始设置值为基础修改，Standard 与新样式一致的地方均未做说明，若曾经修改过 Standard 的初始设置值，请注意。

①"引线格式"选项卡。"引线格式"选项卡用于设置引线、箭头等的格式和特性，其各选项含义如图 6-61 所示。

倒角样式在"引线格式"选项卡中需要做如下设置：

在"箭头"选项区域中，将"符号"下拉列表框中的"实心闭合"改为"无"选项；其他选项无须改动。

②"引线结构"选项卡。"引线结构"选项卡用于设置引线的段数和角度，基线的开关和长度等参数，其各选项含义如图 6-62 所示。

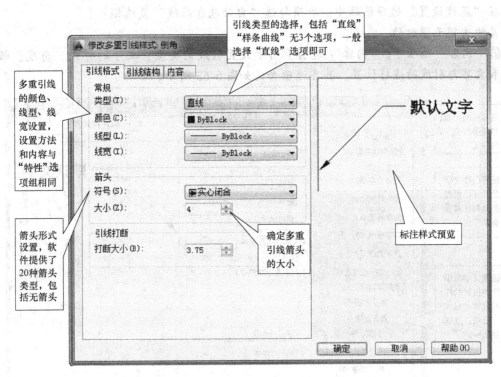

图 6-61 "修改多重引线样式"对话框中的"引线格式"选项卡

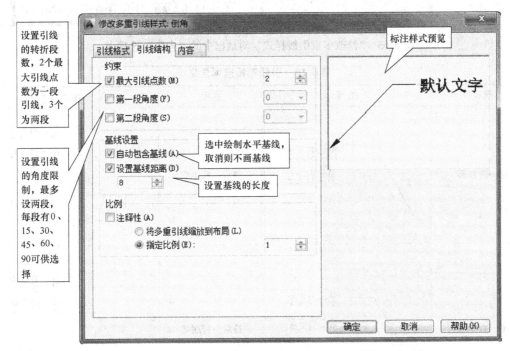

图 6-62 "修改多重引线样式"对话框中的"引线结构"选项卡

倒角样式在"引线结构"选项卡中需要做如下设置：
在"约束"选项区域中勾选"第一段角度"复选框，并将角度值由"0"改为"45"；

在"基线设置"选项区域中，取消勾选"自动包含基线"复选框；

其他选项无须改动。

③"内容"选项卡。"内容"选项卡用于设置引线的类型，文字的样式、角度、颜色、字高和文字与引线的连接位置，其各选项含义如图6-63所示。

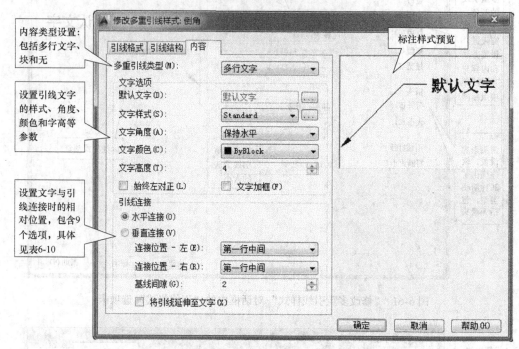

图 6-63 "修改多重引线样式"对话框中的"内容"选项卡

表 6-10 引线连接选项含义

选项	图例	选项	图例
第一行顶部	第一行文字 第二行文字	最后一行中间	第一行文字 第二行文字
第一行中间	第一行文字 第二行文字	最后一行底部	第一行文字 第二行文字

（续）

选项	图例	选项	图例
第一行底部	第一行文字 第二行文字	最后一行加下划线	第一行文字 <u>第二行文字</u>
第一行加下划线	<u>第一行文字</u> 第二行文字	所有文字加下划线	<u>第一行文字</u> <u>第二行文字</u>
文字中间	第一行文字 第二行文字		

倒角样式在"内容"选项卡中需要做如下设置：

在"文字选项"选项区域中，将"文字样式"下拉列表框中的"Standsrd"改为"国标字体"选项；

在"文字选项"选项区域中，将"文字高度"数值框中的值"4"改为"3.5"；

在"引线连接"选项区域中，将"连接位置—左"和"连接位置—右"下拉列表框中的"第一行中间"改为"第一行加下划线"选项；

其他选项无须改动。

5）单击"确定"按钮，确认所做的设置，并返回"多重引线样式管理器"对话框。

6）新建并设置其他样式。请参考 6.3.3 节，完成其他样式的建立和参数设置。

7）单击"关闭"按钮，关闭"多重引线样式管理器"对话框，完成多重引线标注样式的设置。

（2）修改已有的多重引线样式

多重引线样式的修改步骤如下：

1）调用多重引线样式命令，打开"多重引线样式管理器"对话框。

2）选择欲修改的多重引线样式，单击"修改"按钮，打开"修改多重引线样式"对话框。

3）修改样式设置。

4）单击"确定"按钮，确认所做的修改，并返回"多重引线样式管理器"对话框。

5）单击"关闭"按钮，关闭"多重引线样式管理器"对话框，完成多重引线样式的修改。

6.3.3　使引线标注符合国家标准

本书总结了一些常用的多重引线样式的设置，在实际使用中若有其他需要可以参照设置。在本小节中将介绍的所有设置均是在系统样式 Standard 默认设置的基础上完成的，若对 Standard 曾经做过修改需注意。

1. 倒角样式

样式名称：倒角。

用途：45°倒角的尺寸标注。

修改多重引线样式对话框的设置见表 6-11。

表 6-11　"倒角"样式的设置内容

选项卡	选项区域	选项及设置	
引线格式	箭头	符号(S)：	□无
引线结构	约束	☑第一段角度(F)	45
引线结构	基线设置	□自动包含基线(A)	
内容	文字选项	文字样式(S)：	国标字体
内容	文字选项	文字高度(T)：	3.5
内容	引线连接	连接位置 - 左：	第一行加下划线
内容	引线连接	连接位置 - 右：	第一行加下划线

注：对话框中其余选项使用系统默认设置值。

2. 无箭头引线样式

样式名称：无箭头引线。

用途：零件厚度、孔的非圆视图旁注等引线标注。

修改多重引线样式对话框的设置见表 6-12。

表 6-12　"无箭头引线"样式的设置内容

选项卡	选项区域	选项及设置	
引线格式	箭头	符号(S)：	□无
引线结构	基线设置	□自动包含基线(A)	
内容	文字选项	文字样式(S)：	国标字体

（续）

选项卡	选项区域	选项及设置
内容	文字选项	文字高度(T)：　3.5
内容	引线连接	连接位置 - 左：　第一行加下划线
内容	引线连接	连接位置 - 右：　第一行加下划线

注：对话框中其余选项使用系统默认设置值。

3. 箭头引线样式

样式名称：箭头引线。

用途：孔的圆形视图旁注。

修改多重引线样式对话框的设置见表 6-13。

表 6-13　"箭头引线"样式的设置内容

选项卡	选项区域	选项及设置
引线结构	基线设置	□ 自动包含基线(A)
内容	文字选项	文字样式(S)：　国标字体
内容	文字选项	文字高度(T)：　3.5
内容	引线连接	连接位置 - 左：　第一行加下划线
内容	引线连接	连接位置 - 右：　第一行加下划线

注：对话框中其余选项使用系统默认设置值。

4. 基准符号样式

样式名称：基准符号。

用途：绘制几何公差基准符号。

修改多重引线样式对话框的设置见表 6-14。

表 6-14　"基准符号"样式的设置内容

选项卡	选项区域	选项及设置
引线格式	箭头	符号(S)：　实心基准三角形
引线格式	箭头	大小(Z)：　3.5

（续）

选项卡	选项区域	选项及设置	
引线结构	基线设置	□ 自动包含基线(A)	
内容		多重引线类型(M)：	块 ▼
内容	块选项	源块(S)：	□ 方框 ▼
内容	块选项	附着(A)：	插入点 ▼
内容	块选项	比例(L)：	0.625

注：对话框中其余选项使用系统默认设置值。

5. 无内容引线样式

样式名称：无内容引线。

用途：绘制引线后再添加其他内容

修改多重引线样式对话框的设置见表6-15。

表 6-15　"无内容引线"样式的设置内容

选项卡	选项区域	选项及设置	
内容		多重引线类型(M)：	无 ▼

注：对话框中其余选项使用系统默认设置值。

6.3.4　多重引线样式控制

【功能】从多重引线样式名称列表中选择当前多重引线样式。

【调用方法】

● 选项组：[默认]→[注释]→ Standard ▼ （见图6-64a 圈示位置）

　　　　　[注释]→[引线]→ Standard ▼ （见图6-64b 圈示位置）

● 工具栏：[多重引线] 和 [样式]

【操作说明】

下面通过例6-15介绍其使用方法。

【例6-15】 将样式"倒角"设置为当前样式。

设置步骤如下：

1）单击"注释"选项组中的多重引线样式控制下拉列表框；

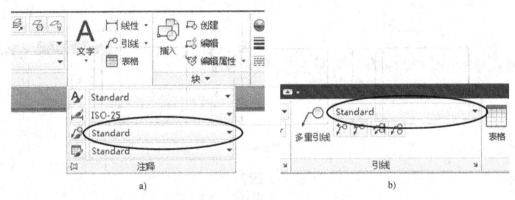

图 6-64 多重引线样式控制在选项组中的位置

a)"注释"选项组 b)"引线"选项组

2)在多重引线样式下拉列表框中单击样式名称"倒角",此时标注样式控制框中显示为"倒角"。

6.3.5 常用的多重引线标注命令

1. 多重引线标注

【功能】创建引线标注。

【调用方法】

- 选项组：[默认]→[注释]→$\nearrow^{\circ}$（见图 6-65 a 圈示位置）

[注释]→[引线]→$\nearrow^{\circ}$（见图 6-65 b 圈示位置）

- 菜单：[标注]→[多重引线]

- 工具栏：[标注] 和 [多重引线]

- 命令名称：MLEADER，别名：MLD

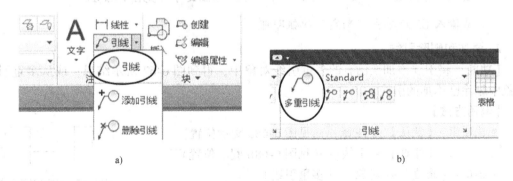

图 6-65 多重引线标注按钮在选项组中的位置

a)"注释"选项组 b)"引线"选项组

【操作说明】

下面通过例 6-16 介绍其使用方法。

【例 6-16】 绘制图 6-66a 所示的图形并标注尺寸（图中未注尺寸自行确定）。

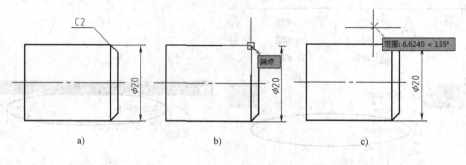

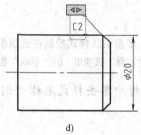

图 6-66 例6-16图

a）原图 b）选择指引箭头的位置 c）指定引线基线的位置 d）在文本输入框中输入文字

首先设置"倒角"为当前多重引线样式，图层"标注"为当前层。

调用多重引线命令，系统交互过程如下：

指定引线箭头的位置或［引线基线优先（L）/内容优先（C）/选项（O）］<选项>：

\\选择图 6-66b 中的端点

指定引线基线的位置：

\\参照图 6-66c 选择一点

\\此后系统进入"文字编辑器"等待输入标注文字（见图 6-66d）

\\输入 C2 后单击"确定"按钮即可

2. 添加和删除引线

【功能】将引线添加至已有的多重引线对象中，得到图 6-67 所示结果；或从多重引线对象中删除已添加的引线。

【调用方法】

- 选项组：［默认］→［注释］→（见图 6-68a 圈示位置）

  ［注释］→［引线］→（见图 6-68b 圈示位置）

- 菜单：［修改］→［对象］→［多重引线］

- 工具栏：［多重引线］

- 命令名称：MLEADEREDIT，别名：MLE

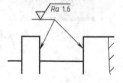

图 6-67 添加引线结果

3. 对齐引线

【功能】将选定的多重引线对象对齐，并按一定间距排列。

【调用方法】

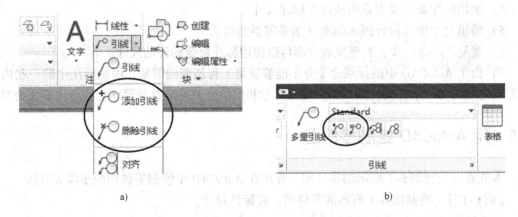

图 6-68 添加和删除引线按钮在选项组中的位置
a)"注释"选项组 b)"引线"选项组

- 选项组：[默认]→[注释]→（见图 6-69a 圈示位置）

  [注释]→[引线]→（见图 6-69b 圈示位置）
- 菜单：[修改]→[对象]→[多重引线]
- 工具栏：[多重引线]
- 命令名称：MLEADERALIGN，别名：MLA

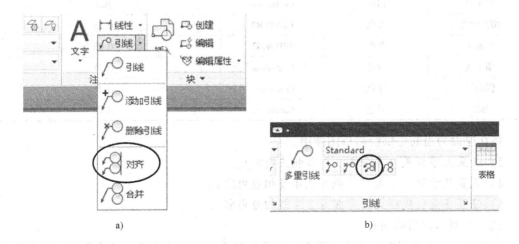

图 6-69 对齐引线按钮在选项组中的位置
a)"注释"选项组 b)"引线"选项组

6.4 零件图的尺寸标注步骤

在 AutoCAD 中标注尺寸的步骤为：

1）设置尺寸标注样式和多重引线样式。

2）选择标注图层为当前层。

3）选择与标注尺寸同类型的标注样式或多重引线样式为当前样式。

4) 使用标注命令或多重引线命令标注尺寸。

5) 编辑尺寸使其符合国家标准（如果需要的话）。

6) 重复3) ~ 5) 步，直至完成全部可以使用标注命令标注的尺寸。

7) 由于 AutoCAD 中的标注命令并不能够满足工程制图的需要，因此标注中的一些内容需要通过绘图命令来完成，如表面粗糙度符号和形位公差基准符号等，这些标注需要绘制。

6.5　用 AutoCAD 绘制零件图

本节通过绘制图 6-1 所示的零件图，介绍在 AutoCAD 中绘制零件图的步骤和方法。

【例 6-17】　绘制图 6-1 所示的零件图，并标注尺寸。

绘图步骤如下：

（1）建立绘图环境

1) 建立新文件。

2) 设置图层。

建立如下图层（见表 6-16）：

表 6-16　图层设置内容

图层名	颜色	线型	线宽/mm
粗实线	白色	Continuous	0.5
细点画线	红色	CENTER2	0.25
细虚线	黄色	HIDDEN2	0.25
细实线	绿色	Continuous	0.25
剖面线	绿色	Continuous	0.25
标注	青色	Continuous	0.25

将 0 层设为当前层供绘制草图使用。

3) 设置文字样式（参照 5.3.1 节相应内容）。

4) 设置尺寸标注样式（参照 6.2.4 节相应内容）。

5) 设置多重引线样式（参照 6.3.3 节相应内容）。

（2）绘制零件图的图形

按照尺寸 1:1 绘制零件图中的图形，注意保证绘图尺寸的准确，以便于下一步的尺寸标注操作。图形中的剖面线暂不绘制，在尺寸标注完成后再填充。绘图步骤略。绘制完成的零件图图形如图 6-70 所示。

（3）标注零件尺寸和技术要求

首先选择"标注"图层为当前层，开始标注尺寸。

本例中尺寸标注的顺序如下：

1) 使用 base 标注样式标注图中的水平、垂直、对齐、半径、直径尺寸。

设置 base 为当前标注样式，标注结果如图 6-71 所示。

2) 标注倒角、不完整要素尺寸、尺寸公差和形位公差。

标注结果如图 6-72 所示。

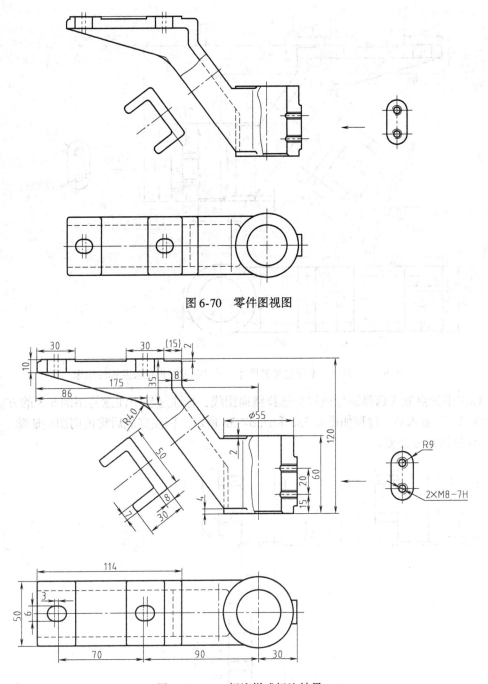

图 6-70　零件图视图

图 6-71　base 标注样式标注结果

① 倒角参照例 6-16 的方法标注。

② 不完整要素标注：使用"半标注"样式标注。

标注此类尺寸时需注意，由于不完整要素在绘制的图形中对称部分是不画的，而 Auto-CAD 在标注尺寸时要求必须选择两点标注，因此在标注时需要先将需标注对象进行"镜像"复制，然后再进行标注。

215

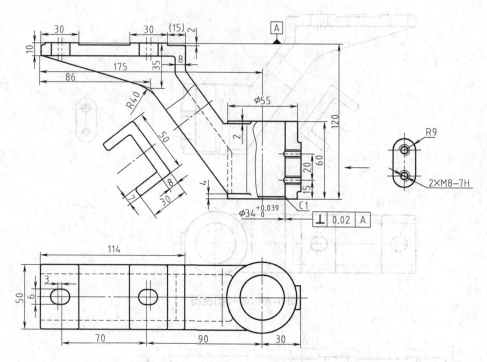

图 6-72   倒角、不完整要素尺寸、尺寸公差和形位公差标注结果

标注中选点应先选择原始图线再选择镜向图线，标注过程中注意使用例 6-3 的方法，通过 "%%c" 输入 φ，过程如图 6-73a 和图 6-73b 所示。标注完成后将镜向图线删除。

③ 标注尺寸公差。

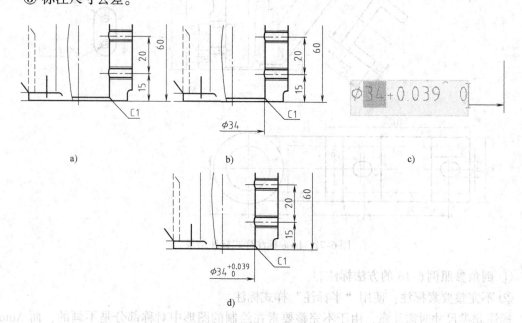

图 6-73   φ34 尺寸及公差的标注
a) 镜向图线 b) 标注尺寸 c) 添加尺寸公差 d) 标注结果

使用例 6-12 的方法，通过"倾斜标注"命令，为 φ34 添加尺寸公差后缀；尺寸公差使用文字堆叠（见图 5-43）的方法实现，注意在公差数值 0 前加一个空格，如图 6-72c 所示。标注结果如图 6-73d 所示。

④ 形位公差标注：使用多重引线的"无内容引线样式"绘制引线，使用公差命令标注公差框格并放置在引线之后。

⑤ 形位公差基准代号使用多重引线的"基准符号样式"绘制。

3）标注表面结构符号。

在工程制图中，表面结构符号常用的形状结构如图 6-74 所示（具体尺寸参考本章习题或相关国家标准）。在标注表面结构符号时应先在图形中按尺寸绘制好图形，标注时根据需要使用"复制"和"旋转"命令将符号放置到指定位置，并编辑其中的文字为需要的数值。图形标注结果如图 6-75 所示。

★ 可以使用块的方法提高绘制表面结构符号的效率，具体方法请参见第 8 章。

图 6-74　表面结构符号

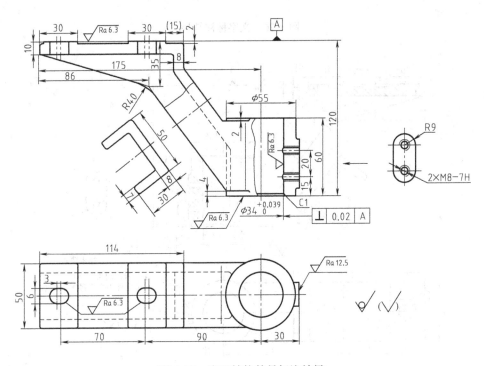

图 6-75　表面结构符号标注结果

4）标注文字：使用多行文字命令标注，标注结果如图 6-76 所示。

（4）填充剖面线

在尺寸全部标注完成后填充剖面线，系统会自动将与剖面线有冲突的尺寸文字位置的剖面线断开，如图 6-77 中主视图的水平尺寸 8。

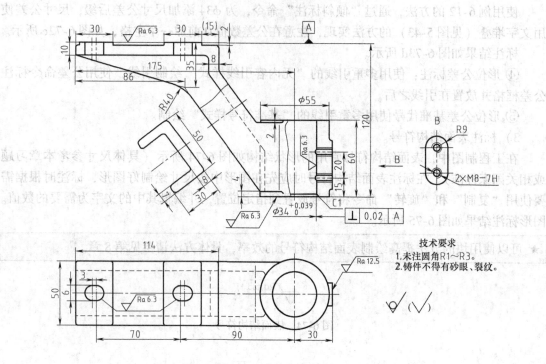

图 6-76　文字标注结果

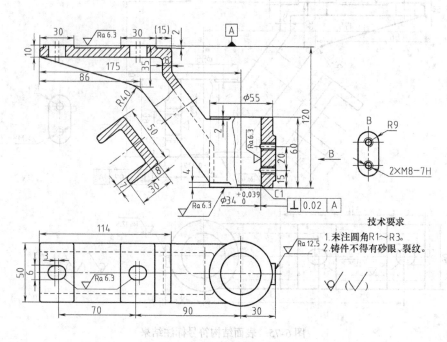

图 6-77　剖面线填充结果

（5）绘制图框及标题栏

绘图的最后一步是给图形添加图框和标题栏。图框线（包括图纸边界）的绘制应使图纸边界的左下角与坐标（0，0）点重合，然后按照所选择的图纸幅面绘制图框线，最后在图框的右下角按尺寸绘出标题栏即可。

> ★ 对于标题栏这类常用的图形内容可以使用图块的方法制作一次后重复使用，具体内容参
> 见第 8 章。

图框和标题栏绘制完毕后，将零件图的图形使用"移动"命令移动到图框中的合适位
置即完成了零件图的绘制，结果如图 6-1 所示。

上机指导及习题

1. 上机指导

本章介绍了在 AutoCAD 绘图中文字、尺寸和多重引线标注样式的设置方法和标注命令的使用方
法，需要熟练掌握。上机练习时建议按照例题的顺序完成操作，依次掌握各种命令的操作及其综合
应用。完成例题的上机练习后，再选择习题中的题目练习，以进一步提高命令的使用能力。

2. 选择题 （单选或多选）

1) 下列标注中，必须先标注出一个尺寸的是 （　　）。

A. 线性　　　　　B. 对齐　　　　　　　　C. 基线　　　　　　　　D. 引线

2) 标注样式中的子样式 （　　）。

A. 对所有的尺寸标注命令均有作用

B. 只针对某种标注命令有作用

C. 可以设置为当前样式

D. 需要输入样式名称

3) 对齐标注可以用于标注 （　　）尺寸。

A. 半径　　　　　B. 与两点连线平行的　 C. 角度　　　　　　　D. 水平

3. 绘图习题

1) 绘制图 6-78 所示的标题栏。

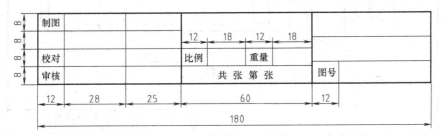

图 6-78　绘图习题一

2) 绘制图 6-79 所示的表面结构符号，文字 3.5 号字。

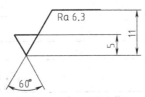

图 6-79　绘图习题二

3）绘制图6-80～图6-84中所示各零件图。

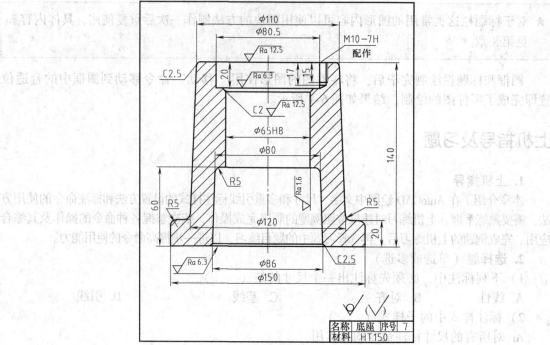

图6-80　绘图习题三

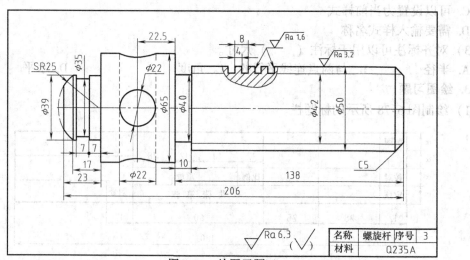

图6-81　绘图习题四

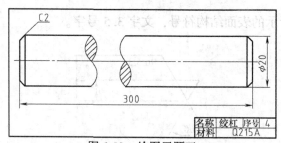

图6-82　绘图习题五

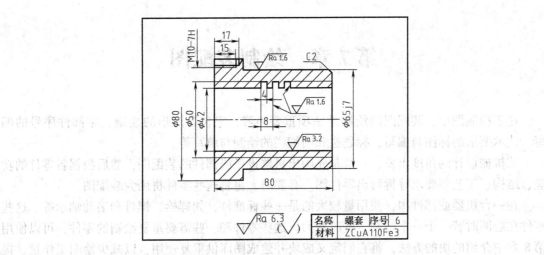

图 6-83　绘图习题六

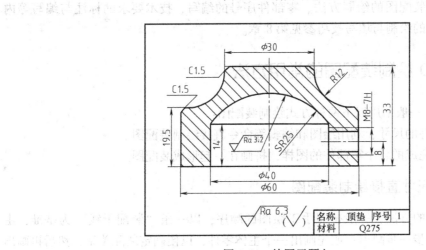

图 6-84　绘图习题七

第 7 章　绘制装配图

在工程制图中，装配图的绘制是一项重要内容，它包含图形的绘制、零部件序号的编写、技术要求的标注与编写、标题栏和明细栏的绘制与填写等。

从机械设计的角度出发，一般是先画出机器设备或部件的装配图，然后根据各零件的功能、结构、工艺等要求等拆画出零件图。必要时，再将这些零件拼画为装配图。

在一台机器或部件中，使用量较大的是一些标准件，如螺栓、螺母和滚动轴承等。这些零件在绘图时若一个一个绘制，费时费力。这些零件和一些需要重复绘制的零件，可以使用第 8 章中介绍的块的方法，将它们定义成块并建成图库供重复使用，以减少绘图工作量，提高绘图效率。

本章将重点介绍装配图的绘制方法、零部件序号的编写、技术要求的标注与编写等内容。标题栏和明细栏的绘制与填写技巧参见第 8 章。

7.1　用 AutoCAD 绘制装配图的常用方法

在 AutoCAD 中，一般采用以下两种方式绘制装配图：

1）根据各零部件的尺寸，利用绘图和编辑等命令直接绘制装配图。

2）利用已绘制完成的各个零部件的图样，拼画在一起形成装配图。

7.1.1　根据零件尺寸直接绘制装配图

这种绘制装配图的方法，一般按照手工绘图的顺序，以一条"装配干线"为基准，由内及外或由外到内一步一步画出；或先画出一个主体零件，以便确定装配关系，然后再画出其余的相关零件。

在画图过程中应十分仔细地确认添加新零件后的图线可见性的变化，应根据遮挡关系及时处理被遮挡零件的轮廓线。对于螺纹装配结构，可以在几个相关零件的其他结构全部完成后，再集中绘制。

下面以绘制图 7-1 所示的螺旋千斤顶的装配图（主视图）为例，介绍绘图方法和步骤，零件尺寸见第 6 章习题。螺钉 2 和螺钉 5 的参数见表 7-1。

表 7-1　螺旋千斤顶标准件参数

序号	名称	件数	标准号	材料
2	螺钉 M8 × 12	1	GB/T 75—1985	Q235A
5	螺钉 M10 × 12	1	GB/T 71—1985	Q235A

绘图参考步骤如下：

1）建立图层。

2）绘制主体零件"底座 7"，如图 7-2 所示。其中，螺钉 5 的连接结构先不绘制。

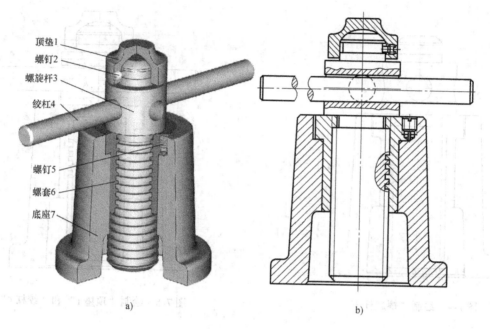

顶垫1
螺钉2
螺旋杆3
绞杠4
螺钉5
螺套6
底座7

a)

b)

图 7-1 螺旋千斤顶

a）立体图 b）装配图（主视图）

3）绘制"螺套6"，如图7-3所示。其中，螺钉5的连接结构未画，螺套6与螺旋杆3的传动螺纹结构也未绘制。

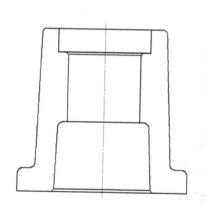

图 7-2 绘制"底座7"

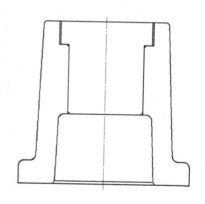

图 7-3 绘制"螺套6"

4）绘制"螺旋杆3"，同时根据螺旋杆与螺套的螺纹结构绘制两者的螺纹连接，如图7-4所示。

5）绘制"顶垫1"和"绞杠4"，根据表达方案在螺旋杆通孔处绘制局部剖，如图7-5所示。

6）绘制"螺钉2"和"螺钉5"及其螺纹连接，如图7-6所示。

7）填充剖面线，完成图形的绘制，结果如图7-1b所示。

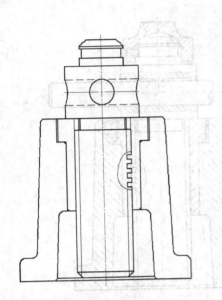

图 7-4 绘制"螺旋杆 3"

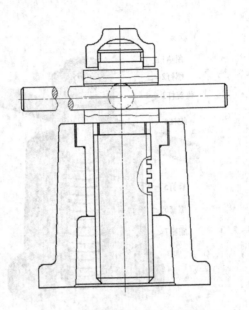

图 7-5 绘制"顶垫 1"和"绞杠 4"

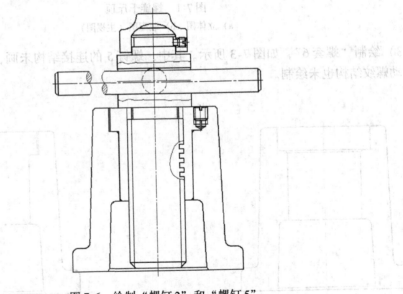

图 7-6 绘制"螺钉 2"和"螺钉 5"

7.1.2 由零件图拼画装配图

在工程设计中经常需要将已绘制好的零件图拼画成装配图。这时可以用下述方法完成：

1）使用编辑菜单中的"复制"命令复制视图（注意与修改菜单的"复制"不是一个命令）。

2）使用"粘贴"将视图插入装配图中。

现仍以图 7-1 的螺旋千斤顶为例，通过已经绘制完成的螺旋千斤顶的零件图，介绍使用零件图拼画装配图的方法。

绘图参考步骤如下：

1）建立一个文件名为"螺旋千斤顶"的新文件。

2）插入底座：

① 打开"底座"文件。

② 将除图形外的其他图层（包括剖面线层、标注层）关闭。

③ 单击"默认"选项卡"剪贴板"选项组中的复制按钮调用命令，选择要复制的图形对象，只选择图形部分，单击鼠标右键确认。

④ 切换至文件"千斤顶"窗口。

⑤ 单击"默认"选项卡"剪贴板"选项组中的粘贴按钮调用命令，指定图形对象的插入位置，将"底座"图形粘贴到新建文件中，结果如图 7-7 所示。

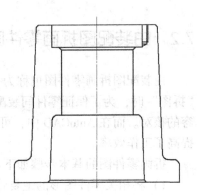

⑥ 将螺纹部分先删除（见图 7-8a）。

3）插入轴套：

① 打开"轴套"文件。

② 使用 2）中的方法复制"轴套"图形，并粘贴到"螺纹千斤顶"文件中的"底座"附近。

③ 使用旋转命令将图形旋转到装配方向，如图 7-8a 所示。

图 7-7 复制并粘贴"底座"结果

④ 使用移动命令，选择轴套图形（不选择中心线），参照图 7-8b 所示，选择图中指示的定位点，将轴套移动到底座内。

⑤ 使用修剪或打断命令根据零件遮挡关系，修整轮廓线。

⑥ 删除轴套的螺纹结构（结果参见图 7-3）。

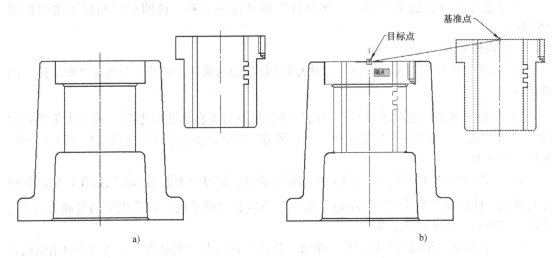

图 7-8 插入"轴套"

a）粘贴后　b）移动及定位点选择

4）使用 3）的方法，依次完成其他零件的装配，注意在定位后及时按照遮挡关系和表达方案要求修改轮廓线，结果如图 7-5 所示。

5）绘制螺钉连接结构，填充剖面线后得到绘图结果（参见图7-1b）。

★ 在各零件装配的过程中，特别要注意移动基准点（即安装的定位点）这一关键问题。

★ 对于诸如"螺钉"这样的标准件，可以画出零件，按上述相同的方法画出装配图，如果已经建立了"标准件"库，则可直接用"插入块"（详见第8章）的方式画图。

★ 装配图中的剖面线最好在标注尺寸后绘制，这样在填充剖面线时，对填充区域中有尺寸的轮廓内，剖面线会"自动"避开尺寸。

7.2 由装配图拆画零件图

由装配图拆画零件图也称为"拆图"，在工程设计中是一个举足轻重的重要环节。人工"拆图"时，为了保证零件间装配尺寸和结构的一致性，需要耗费大量的时间和精力用于内容的核对。而在 AutoCAD 中，可以利用已经完成的装配图直接复制零件的主要结构，大大提高了工作效率。

拆画零件图的基本步骤如下：

1）将相关零件图形的主要轮廓利用编辑菜单中的"复制"命令从装配图中取出。

2）"粘贴"到该零件图的文件中。

3）根据零件表达要求补充在装配图中被遮挡的图线和细节结构，即可完成拆图工作。

在拆画零件图时，为了便于观察和对照，可以利用 AutoCAD 的多文档环境，同时打开装配图和需要拆画的零件图的文件，利用排列窗口的功能，将这两个文件水平或垂直布置在窗口中，然后从装配图中选择所要拆画的图形对象，复制和粘贴或直接拖入零件图中。

下面通过拆画螺旋千斤顶中"螺旋杆"零件图的过程，说明如何利用多文档环境"拆图"。

绘图步骤如下：

1）打开"千斤顶"文件，将与拆图无关的图层暂时关闭。新建一个名为"螺旋杆"的新文件。

2）单击"视图"选项卡"用户界面"选项组中的垂直平铺按钮 ，或单击菜单栏中的"窗口"选项，在下拉菜单中选择"垂直平铺"命令，使两个图形文件按左右位置分布，如图7-9 所示。

3）在需要复制对象的窗口（图形中为左侧窗口，练习中根据实际情况选择）单击鼠标左键激活，使其成为当前窗口。单击"默认"选项卡"剪贴板"选项组中的复制按钮 ，选取"螺旋杆"图形范围复制。

4）单击鼠标左键激活右侧窗口，单击"默认"选项卡"剪贴板"选项组中的粘贴按钮 ，在窗口合适的位置单击，粘贴复制的图形，如图7-10 所示。

5）对照左图，删除右图中多余的图线，并补齐被遮挡的图线。根据零件表达要求调整图形方向，调整表达方案，添加零件的详细结构等。

完成的螺旋杆零件图形如图7-11 所示。

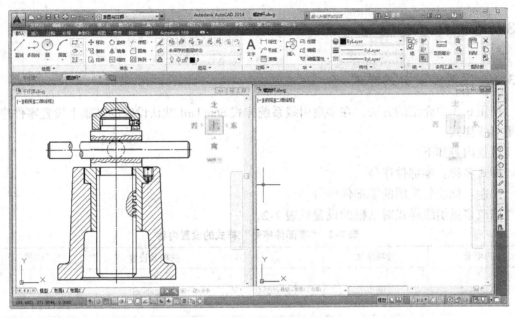

图 7-9 垂直平铺的图形窗口

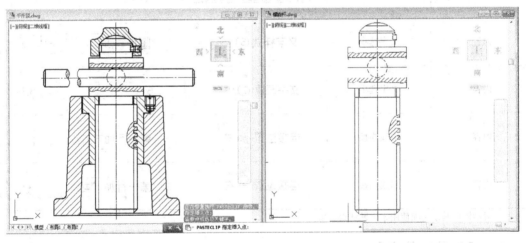

图 7-10 粘贴复制的图形

★ 修改图形时，可单击"螺旋杆"窗口右上角的"最大化"按钮，将窗口放大，以便修改图形。

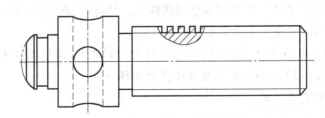

图 7-11 螺旋杆零件图形

7.3　零部件序号编写

7.3.1　设置多重引线样式

使用6.3中介绍的方法，在多重引线系统样式Standard默认设置的基础上设置零件序号多重引线样式。

设置内容如下：

样式名称：零部件序号。

用途：标注装配图的零部件序号。

修改多重引线样式对话框的设置见表7-2。

表7-2　"零部件序号"样式的设置内容

选项卡	选项区域	选项及设置	
引线格式	箭头	符号(S)：	◉小点 ▼
引线结构	基线设置	☐自动包含基线(A)	
内容	文字选项	文字样式(S)：	国标字体 ▼ ...
内容	文字选项	文字高度(T)：	5 ▲▼
内容	引线连接	连接位置 - 左：	第一行加下画线 ▼
内容	引线连接	连接位置 - 右：	第一行加下画线 ▼

注：对话框中其余选项使用系统默认设置值。

7.3.2　标注零部件序号

装配图中零部件序号的编写可以利用多重引线命令完成，下面通过标注螺旋千斤顶的零部件序号介绍零件序号的标注方法。

(1) 为1号零件"顶垫"编号

首先设置"零部件序号"为当前多重引线样式，"标注"图层为当前层。

调用多重引线图标命令，系统交互过程如下：

指定引线箭头的位置或 [引线基线优先 (L)/内容优先 (C)/选项 (O)] <选项>：

　　　　\\在图7-12中的指引线端点小点处选择一点

指定引线基线的位置：

　　　　\\在图形外侧适当位置选择一点

\\此后系统进入"在位文字编辑器"等待输入标注文字

\\输入"1"后单击"确定"按钮即可得到图 7-12 所示的标注

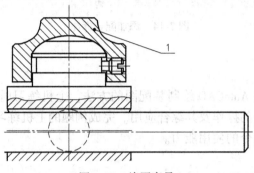

图 7-12 编写序号 1

（2）为 2 号零件"螺钉"编号

操作步骤与为 1 号零件编号相同，只是在响应"指定引线基线的位置"提示时应使用"对象捕捉追踪"功能，与前一个编号的转折点对齐，如图 7-13 所示。

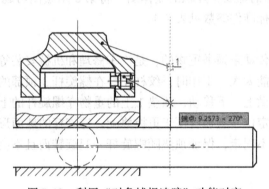

图 7-13 利用"对象捕捉追踪"功能对齐

★ 标注零部件序号时，若没有实时地实现对齐，也可使用对齐引线命令来实现对齐。

（3）重复以上步骤为其他所有零件编号（结果图略）。

7.4 明细栏的填写

装配图中，明细栏需要使用绘图和填写文字的方法完成，较为麻烦。这部分内容可以使用附着属性图块的方法实现，具体内容参见 8.1.7 节。

7.5 技术要求的标注

装配图中的技术要求主要是零件之间的配合关系，其标注方法是通过修改尺寸的标注文字来为尺寸添加，配合的形式可以使用文字堆叠的方法实现，如图 7-14 所示。

图 7-14　添加配合标注

上机指导及习题

1. 上机指导

本章主要介绍了使用 AutoCAD 绘制装配图的方法，上机练习时应按照本章的内容完成操作，依次掌握各种命令的操作及其综合应用。完成例题的上机练习后，再选择习题中的题目练习，以进一步提高命令的使用能力。

2. 习题

1）用 AutoCAD 画装配图的方法常用的有哪几种？

2）如何由装配图拆画零件图？

3）如何用"引出标注"为装配图编写零件序号？

4）如何用定义带属性的块为装配图绘制和填写明细表？

5）参照图 7-1 所示的螺纹千斤顶的立体图，将第 6 章绘图习题 3 中完成的零件图拼画为装配图。螺旋千斤顶标准件参数见表 7-1。

工作原理

千斤顶是利用螺旋传动来顶举重物的，是汽车修理和机械安装等常用的一种起重或顶压工具，但顶举的高度不能太大。工作时，绞杠 4 穿在螺旋杆 3 顶部的孔中，旋动绞杠，螺旋杆在螺套 6 中依靠螺纹做上、下移动，顶垫 1 上的重物靠螺旋杆的上升而被顶起。螺套镶在底座 7 里，并用螺钉 5 定位，磨损后便于更换修配。螺旋杆的球面形顶部套有一个顶垫，靠螺钉 2 与螺旋杆连接而不固定，保证顶垫随螺旋杆一起旋转而且不会脱落。

第8章 提高绘图效率的方法

通过前面几章的介绍，现在已经可以绘制一张完整的工程图了，但是在绘图过程中大家一定也发现了一些问题：对于螺钉等标准件、表面结构符号等符号标注的图形需要一次次地绘制、复制、旋转、编辑，而对于图层、标注样式等烦琐的设置操作在每一个新文件中都要一遍遍地重复，非常影响绘图的效率。有什么办法可以利用曾经做过的工作来减少重复劳动呢？下面将介绍 AutoCAD 提供的几种方法。

8.1 块

块（又称为块定义）是由一组对象组合起来形成的单个对象，存储在图形文件的块表中。

在 AutoCAD 中针对块的操作主要有：创建块、写块、插入块、块分解与重定义、编辑块定义、删除块定义和附着属性。

在图形中插入块意味着创建了块引用，块引用并不是复制了一个块的图形，而只是指明了在图形中放置块的位置等参数。应注意区别块定义与块引用的不同。

使用块可以简化绘图过程，在 AutoCAD 中块的主要功能有：

（1）建立图形符号库

建立常用符号、图形和标准件的图库，这样就可以将同样的块多次插入到图形中，而不必每次都重新创建图形元素。

（2）提高编辑效率

画图时，使用块作为组件进行插入、重定位和复制等操作比使用许多单个几何对象的效率要高。在每次插入块时，可以给插入的块指定比例缩放因子和旋转角，也可以在任一坐标（X，Y，Z）方向上使用不同的值来缩放块引用，可以使一个图块适应多个场合。在图形中还可以将块分解为组成它的对象并且修改这些对象，然后重定义这个块。AutoCAD 会根据块定义更新该块的所有引用，以达到修改图形的目的。

（3）减少文件的存储空间

在图形文件中，AutoCAD 系统将相同块的所有参照存储为一个块定义，这样做可以节省磁盘空间。

8.1.1 创建块

【功能】从选定对象创建块定义。

【调用方法】

● 选项组：[默认]→[块]→创建 （见图 8-1a 圈示位置）

[插入]→[块定义]→创建块 （见图 8-1b 圈示位置）

- 菜单：[绘图]→[块]→[创建]
- 工具栏：[绘图]
- 命令名称：BLOCK，别名：B

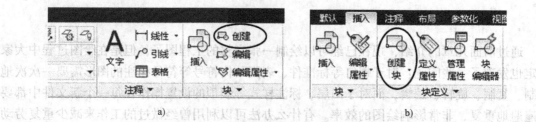

图 8-1　创建块按钮在选项组中的位置

a）"块"选项组　b）"块定义"选项组

【操作说明】

下面通过例 8-1 介绍创建块的方法。

【例 8-1】　制作图 8-2a 所示的螺栓连接中标准件螺母的块。

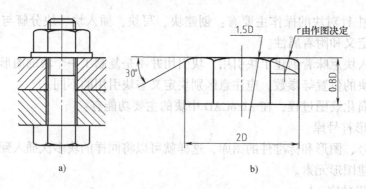

a)　　　　　　　　　　　　　b)

图 8-2　例 8-1 图

a）螺栓连接　b）螺母比例尺寸

分析：创建一个块，需要根据块的用途具体分析它的定义方法，以便在实际使用中有足够的灵活性和实用性。本例中所要制作的标准件螺母在使用中，其公称直径 D 尺寸是根据设计需要变化的，创建的螺母块要能适应不同尺寸的需要。

本例中螺母的绘制采用比例画法，各部分尺寸如图 8-2b 所示。由图可知各尺寸均与公称直径 D 具有比例关系，所以在绘制创建块所用的图形时，将图中各尺寸中的 D 去除，如 $2D$ 按 2mm 绘制等。

创建块的参考步骤如下：

1）创建要在块定义中使用的对象，结果如图 8-3a 所示。

2）调用创建块命令。调用创建块命令后会打开"块定义"对话框（见图 8-4），其各项功能如图 8-4 所示。

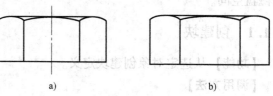

a)　　　　　　　　　　b)

图 8-3　螺母块定义

a）块定义原始图形　b）螺母块

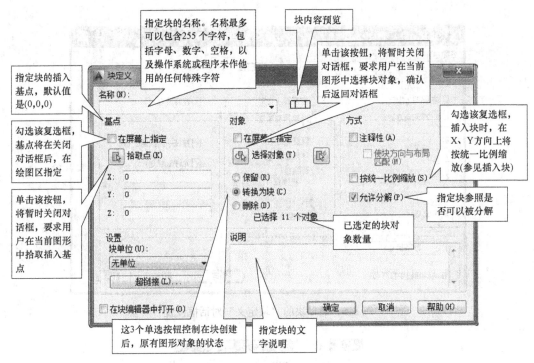

指定块的名称。名称最多可以包含255个字符，包括字母、数字、空格，以及操作系统或程序未作他用的任何特殊字符

块内容预览

单击该按钮，将暂时关闭对话框，要求用户在当前图形中选择块对象，确认后返回对话框

指定块的插入基点，默认值是(0,0,0)

勾选该复选框，基点将在关闭对话框后，在绘图区指定

单击该按钮，将暂时关闭对话框，要求用户在当前图形中拾取插入基点

这3个单选按钮控制在块创建后，原有图形对象的状态

指定块的文字说明

勾选该复选框，插入块时，在X、Y方向上将按统一比例缩放(参见插入块)

指定块参照是否可以被分解

已选定的块对象数量

图 8-4　"块定义"对话框及其各项功能

★ 块的基点应根据所定义块的具体需要选择。

3）修改"块定义"对话框中的参数（见图 8-5）：

① 在"名称"下拉列表框中输入螺母块的名称"螺母"。

② 在"对象"选项区域内选中"转换为块"单选按钮。

③ 在"方式"选项区域内勾选"按统一比例缩放"和"允许分解"两个复选框。

④ 单击"对象"选项区域内的选择对象按钮 ，在绘图区中将选中螺母的图形，不要选中中心线，选择完毕后单击鼠标右键进行确认，系统返回"块定义"对话框。

⑤ 单击"基点"下的拾取点按钮 ，在绘图区中指定块的插入基准点。分析图 8-2a，螺母与垫圈接触并对中，绘图过程是先画垫圈，再画螺母，所以选择螺母下底边的中点作为插入基点。单击鼠标左键选点后系统自动返回"块定义"对话框。

⑥ 在"说明"文本框中输入块定义的说明。此说明将显示在"设计中心"中（详见8.4 节）。

4）单击"确定"按钮，完成块的定义，如图 8-3b 所示。

8.1.2　写块

【功能】将块定义对象写入到单独的图形文件中，用于制作单独的块文件。

【调用方法】

● 选项组：[插入]→[块定义]→写块 （见图 8-6 圈示位置）

● 命令名称：WBLOCK，别名：W

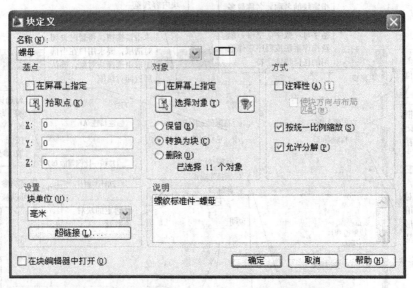

图 8-5　螺母块的"块定义"对话框设置

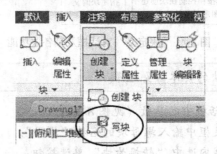

图 8-6　写块按钮在"块定义"选项组中的位置

【操作说明】

下面通过例 8-2 介绍写块的方法。

【例 8-2】　将例 8-1 建立的标准件螺母的块写入到文件中。

写块的参考步骤如下：

1）调用写块命令。调用写块命令后会打开"写块"对话框（见图 8-7），其各项功能如图 8-7 所示。

2）修改"写块"对话框中的插入参数（见图 8-8），在"源"选项区域内选中"块"单选按钮，在其后的下拉列表框中选择"螺母"选项，系统此时已经将"文件名和路径"下拉列表框中的存盘文件名设为了"螺母"。

根据需要修改文件名前的存盘路径。

★ 块存盘建立的新文件与图形文件格式是完全一致的，也就是说，图形文件也可以作为外部块进行插入操作。

3）单击"确定"按钮，完成块的存盘。

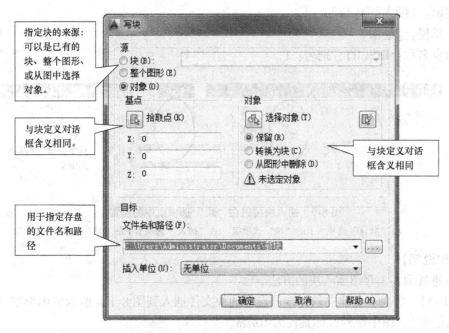

指定块的来源：可以是已有的块、整个图形、或从图中选择对象。

与块定义对话框含义相同。

用于指定存盘的文件名和路径

与块定义对话框含义相同

图 8-7　"写块"对话框及其各项功能

图 8-8　螺母块的存盘设置

8.1.3　插入块参照

【功能】将块或图形插入到当前图形中。

【调用方法】

• 选项组：[默认]→[块]→插入 （见图 8-9a 圈示位置）

[插入]→[块]→插入 （见图 8-9b 圈示位置）

235

- 菜单：［插入］→［块］
- 工具栏：［绘图］
- 命令名称：INSERT，别名：I

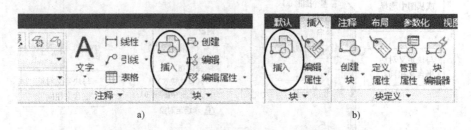

图8-9 插入块按钮在"块"选项组中的位置

a)"默认"选项卡下的"块"选项组 b)"插入"选项卡下的"块"选项组

【操作说明】

下面通过例8-3介绍插入块的方法。

【例8-3】 将例8-2建立的标准件螺母的块文件插入到图8-12a所示的图形中（按比例画法自行绘制），图中螺栓公称直径为10mm。

插入块的参考步骤如下：

1）调用插入块命令。调用插入块命令后会打开"插入"对话框（见图8-10），其各项功能如图8-10所示。

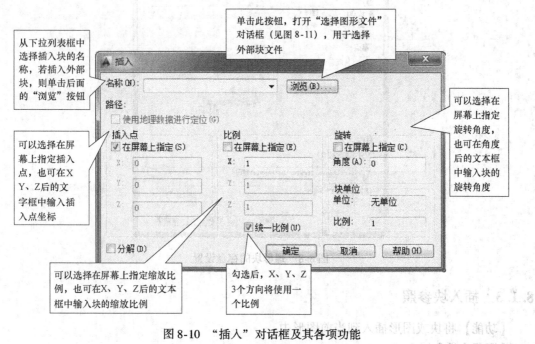

图8-10 "插入"对话框及其各项功能

2）选择块，单击"插入"对话框中的"浏览"按钮，打开"选择图形文件"对话框（见图8-11），选择文件"螺母.dwg"，单击"打开"按钮。

3）修改"插入"对话框中的插入参数（见图8-12b）：

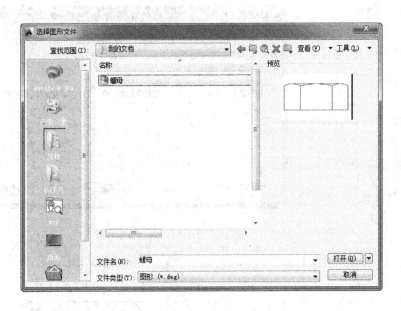

图 8-11 "选择图形文件"对话框

① 在"插入点"选项区域内勾选"在屏幕上指定"复选框。

② 在"比例"选项区域内勾选"统一比例"复选框，并在"X"文本框中输入 10。

③ 在"旋转"选项区域内的"角度"文本框中输入"0"。

4）单击"确定"按钮，返回绘图区，此时可以看到块随着十字光标在移动，如图 8-12c 所示。

5）在屏幕选择插入点。利用对象捕捉功能选择垫圈上底边与中心线的交点，单击鼠标左键，块插入到此位置，结果如图 8-12d 所示。

8.1.4 分解块参照

在使用块时，有时需要单独修改某个插入的块参照，这时需要将组合在一起的对象再分开。下面介绍这种操作——块分解。

【功能】将组合对象分解为单个对象。

【调用方法】

• 选项组：[默认]→[修改]→分解 （见图 8-13 圈示位置）

• 菜单：[修改]→[分解]

• 工具栏：[修改]

• 命令名称：EXPLODE

【操作说明】

执行分解命令时系统交互过程如下：

选择对象：

\\选择要分解的对象，按〈Enter〉键确认

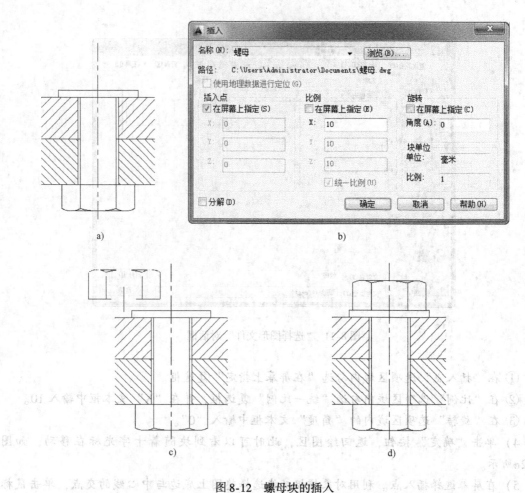

图 8-12 螺母块的插入

a) 基础图形 b) "插入" 对话框的设置 c) 插入过程 d) 插入结果

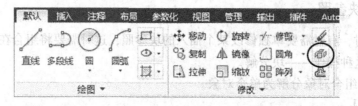

图 8-13 分解按钮在 "修改" 选项组中的位置

★ 块分解只是分解了块的一个引用，块定义仍然存在于图形的块符号表中。

★ 块分解后，对象外观一般看起来是一样的，但该对象的颜色和线型可能会发生改变。

8.1.5 编辑块定义

编辑修改块是通过块编辑器实现的，块编辑器不仅可用来编辑块定义，而且可以创建块定义和将动态行为添加到块定义。在编辑定义块的同时，图形中所有对该块的引用也将随之更新，即实现了对图块的统一修改。

【功能】编辑修改块定义。

【调用方法】

- 选项组：[默认]→[块]→编辑 （见图8-14a圈示位置）

  [插入]→[块定义]→块编辑器 （见图8-14 b圈示位置）
- 菜单：[工具]→[块编辑器]
- 工具栏：[标准]
- 命令名称：BEDIT，别名：B
- 双击图形中的块引用

a)   b)

图8-14 编辑按钮在选项组中的位置

a)"块"选项组 b)"块定义"选项组

【操作说明】

调用块编辑命令后将打开"编辑块定义"对话框（见图8-15），从对话框左侧的列表框中选择需要编辑的块，单击"确定"按钮后，系统会打开"块编辑器"选项卡（见图8-16），并进入块编辑状态。

"块编辑器"选项卡中的绘图和修改功能都能修改块图形，以实现块的编辑。需要注意的是，在块编辑器中 UCS 命令是被禁用的。

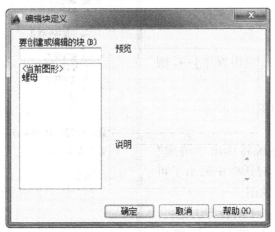

图8-15 "编辑块定义"对话框

此外，"块编辑器"选项卡中还包含许多其他功能，图8-17所示是"打开/保存"选项

图 8-16 "块编辑器"选项卡

组中的部分功能。选项卡中的其他命令大多数都是用于动态块制作的，在8.5.2中有简要的介绍。

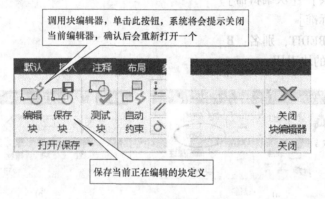

图 8-17 "打开/保存"选项组

8.1.6 删除块定义

将图形文件中不用的块定义删除，能够减小图形文件的大小，提高打开速度。需要说明的是，删除块定义不是块引用，即使把图形中插入的块引用都删除了，块定义仍保留在图形中。要删除某块定义，需要将其清除。

【功能】删除块定义。

【调用方法】

• 应用程序菜单：[应用程序]→[图形实用工具]→清理

• 命令名称：PURGE

【操作说明】

调用清理命令，系统将弹出"清理"对话框（见图8-18），对话框中列出了可以清除的命名对象的树状图。

清除块，可以使用以下两种方法之一：

要清除所有未引用的块，请选择"块"节点。

要清除特定块，请双击"块"节点展

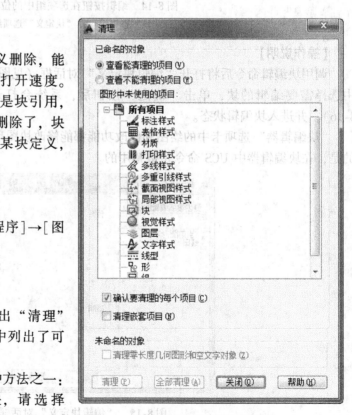

图 8-18 "清理"对话框

开"块"树状图，然后选择要清除的块。

系统将提示用户确认列表中的每个项目，确认后单击"清理"按钮即可。

★ 在清理块定义之前必须先删除块的全部引用。

8.1.7 附着属性

块的属性是从属于块的文字信息。属性常用来作为块的文字内容变量，由使用者在插入时输入需要的内容。

创建块的属性需要使用属性定义来实现，属性定义是一个属性的样板，它指定属性的特性及插入块时将显示的提示信息。使用中当插入带有变量属性的块时，AutoCAD 就会提示输入属性定义的值，如姓名和图纸名称等。

创建包含属性的块需要通过以下步骤实现：

1）绘制块对象图形。

2）定义块需要包含的属性。

3）创建块，对象选择要包含属性。

下面通过装配图明细栏介绍附着属性块的创建步骤，以及插入和编辑附着属性块的方法。

分析：明细栏中各栏的格式与尺寸均相同，表头内容固定（可以制作无属性的块），而表中其他栏的内容是变化的（见图 8-19），此时应将表栏中的一栏表框定义为附着属性的块，将表栏的内容定义为属性，制作为块。在插入表格的同时，输入不同的属性内容即可完成明细栏的绘制与填写。

7		底座	1	HT150			
6		螺套	1	ZCuAl10Fe3			
5	GB/T 71—1985	螺钉M10×12	1	Q235-A			
4		绞杠	1	Q215-A			
3		螺旋杆	1	Q235A			
2	GB/T 71—1985	螺钉M8×12	1	Q235A			
1		顶垫	1	HT150			
序号	代号	名称	数量	材料	单件	总计	备注
					质量		

图 8-19 明细栏格式及属性定义

1. 定义属性

【功能】创建用于在块中存储数据的属性定义。

【调用方法】

- 选项组：[插入]→[块定义]→定义属性 ✎（见图 8-20 圈示位置）
- 菜单：[绘图]→[块]→[定义属性]
- 命令名称：ATTDEF，别名：ATT

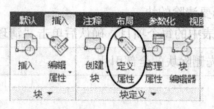

图 8-20   定义属性按钮在"块定义"选项组中的位置

【操作说明】

下面通过例 8-4 介绍定义属性的方法。

【例 8-4】 定义图 8-19 所示的明细栏中内容的属性定义。

定义属性的参考步骤如下:

1) 参照图 8-19 绘制明细栏框格,如图 8-21 所示。图中的斜线为定义属性时定位所用。

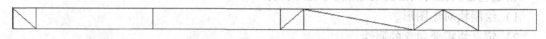

图 8-21   标题栏图形对象

2) 调用定义属性命令。调用定义属性命令后会打开"属性定义"对话框(见图 8-22),其各项功能如图 8-22 所示。

3) 设置"序号"项的"属性定义"对话框的参数(见图 8-24a):

① 在"模式"选项区域内勾选"锁定位置"复选框。

② 在"插入点"选项区域内勾选"在屏幕上指定"。

③ 在"属性"选项区域内的"标记"文本框中输入"XH",在"提示"文本框中输入"请输入零部件的序号"。

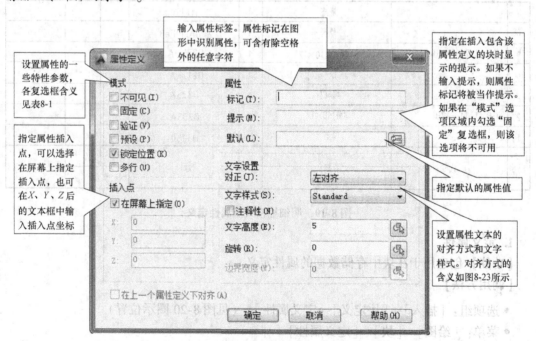

图 8-22   "属性定义"对话框及其各项功能

④ 在"文字设置"选项区域内的"对正"下拉列表框中选择"正中"选项，在"文字样式"下拉列表框中选择"国标字体"选项，在"文字高度"栏中输入"5"。

表 8-1 模式选项含义

选项	含 义
不可见	指定插入块时不显示或打印属性值
固定	在插入块时赋予属性固定值
验证	在插入块时对输入的属性值重复一次提示，验证属性值是否正确
预设	插入包含预设属性值的块时，将属性设置为默认值
锁定位置	锁定块参照中属性的位置。解锁后，属性可以移动，并且可以调整多行文字属性的大小
多行	指定属性值可以包含多行文字

4）单击"确定"按钮，返回绘图区，此时可以看到属性标记内容随着十字光标在移动，如图 8-24b 所示。

5）在屏幕选择插入点。利用对象捕捉功能选择序号栏中定位线的中点，单击鼠标左键，序号属性插入到此位置。

6）序号属性定义结果如图 8-24c 所示。

7）按照序号属性定义的方法定义其他属性。

需要输入的标记、提示内容及对正方式见表 8-2，其他选项与序号相同。为了美观，

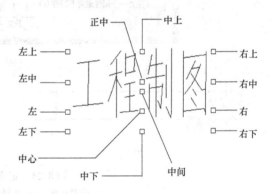

图 8-23 属性定义文字设置对正方式

可将代号、名称和备注属性向右移动一定距离。结果如图 8-25（删除定位辅助线后）所示。

表 8-2 明细栏属性定义参数

属性	选项	输入值	属性	选项	输入值
代号	标记	DH	单件质量	标记	DJ
	提示	请输入零部件代号		提示	请输入零部件单件质量
	对正	左中		对正	正中
名称	标记	MC	总计质量	标记	ZJ
	提示	请输入零部件名称		提示	请输入零部件总计质量
	对正	左中		对正	正中
数量	标记	SL	备注	标记	BZ
	提示	请输入零部件数量		提示	请输入零部件备注内容
	对正	正中		对正	左中
材料	标记	CL			
	提示	请输入零部件材料			
	对正	正中			

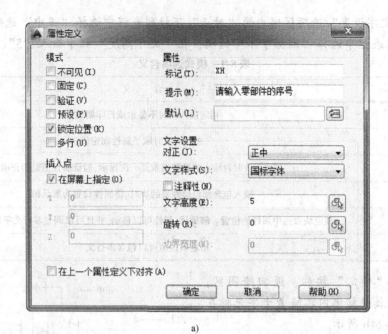

a)

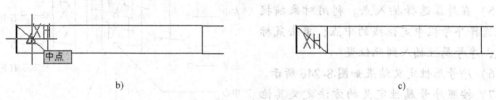

b)   c)

图 8-24　定义序号属性

a）设置参数　b）选择插入点 c）定义结果

XH	DH		MC		SL		CL		DJ	ZJ	BZ

图 8-25　明细栏属性定义结果

★ 属性定义可以作为文字进行编辑修改

2. 将属性附着到块上

创建了属性定义后，必须将所创建的属性附着到块上才可以使用。将属性附着到块的方法是：在定义块的过程中，当选择块要包含的对象时，将需要附着的属性选中，这样属性就会附着到该块上。若块中包含多个属性，则选择属性的顺序决定了在插入块时显示属性提示信息的顺序。

【例 8-5】 在例 8-4 的基础上定义附着有属性的明细栏块。

定义附着属性块的参考步骤如下：

1）调用创建块命令后，打开"块定义"对话框（见图 8-4）。

2）修改"块定义"对话框中的参数（见图 8-26a）

① 在"名称"下拉列表框中输入块的名称"明细栏内容"。

② 在"对象"选项区域内选中"删除"单选按钮。

③ 在"方式"选项区域内勾选"按统一比例缩放"复选框。

④ 单击"对象"选项区域内的选择对象按钮 ▦，在绘图区中先选中明细栏的边框线，然后按从左到右的顺序选择属性定义（选择顺序决定输入属性的提示顺序），完毕后单击鼠标右键确认。

⑤ 单击"基点"选项区域内的拾取点按钮 ▦，在绘图区中指定明细栏的右下角点作为插入基点（见图 8-26b）。单击鼠标左键选点后，系统自动返回"块定义"对话框。

⑥ 在"说明"文本框中输入块定义的说明。

3）单击"确定"按钮，完成块的定义。

4）将明细栏内容块存盘。

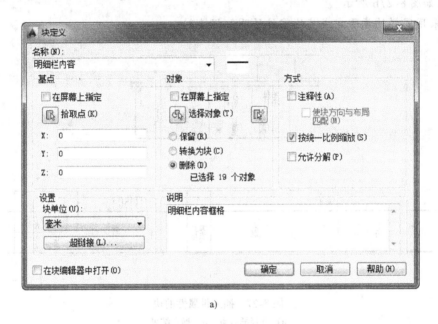

a)

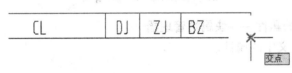

b)

图 8-26 创建附着属性的明细栏内容块

a)"块定义"对话框设置 b) 选择插入点

3. 插入包含属性的块

【例 8-6】 在明细栏表头的上方填写明细栏内容。

插入附着属性块的参考步骤如下：

1）调用插入命令，打开"插入"对话框。

2）单击"插入"对话框中的"浏览"按钮，在打开的"选择图形文件"对话框中选择"明细栏内容"块的文件，单击"打开"按钮。

3）修改"插入"对话框中的插入参数：

① 在"插入点"选项区域内勾选"在屏幕上指定"复选框。

② 在"比例"选项区域内确认各项文本框中的值为1。

③ 在"旋转"选项区域内确认"角度"文本框中的值为0。

4）单击"确定"按钮，返回绘图区，此时可以看到块随着十字光标在移动。

5）在屏幕选择插入点。利用对象捕捉功能选择明细栏表头的右上角点（见图8-27a），单击鼠标左键，块插入到此位置。

6）根据系统提示输入块属性值，输入确认按〈Enter〉键。若属性无内容则直接按〈Enter〉键。

结果如图8-27b所示。

7）采用同样的步骤完成其他零件的明细栏绘制。

a)

1		底座	1	HT150	单件 总计 质 量	备 注
序号	代 号	名 称	数量	材 料	单件 总计 质 量	备 注

b)

图8-27 插入带属性的块

a）选择插入点 b）插入结果

4. 编辑块定义中的属性——块属性管理器

【功能】编辑块定义中的属性。

【调用方法】

• 选项组：［插入］→［块定义］→管理属性 ✎
（见图8-28圈示位置）

• 菜单：［修改］→［对象］→［属性］→［块属性管理器］

• 工具栏：［修改Ⅱ］

• 命令名称：BATTMAN

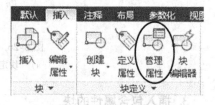

图8-28 管理属性按钮在"块定义"选项组中的位置

【操作说明】

块属性管理器的使用方法如下：

调用管理属性命令后将打开"块属性管理器"对话框（见图8-29），其各项功能如图8-29所示。

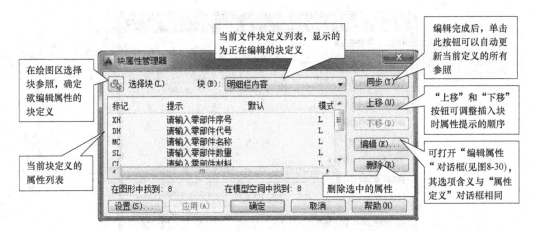

图 8-29 "块属性管理器"对话框及其各项功能

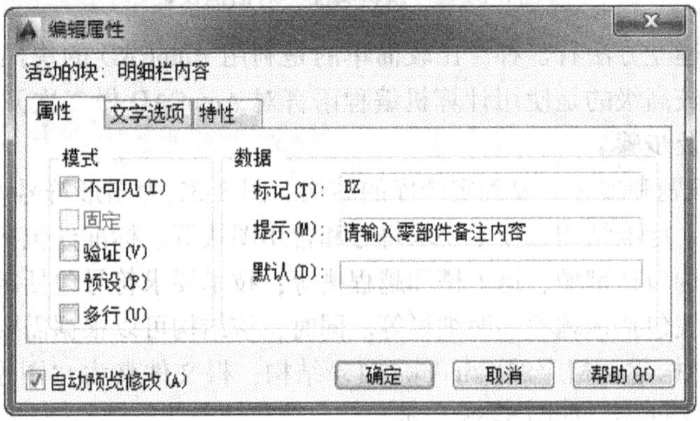

图 8-30 "编辑属性"对话框

5. 编辑块引用中的属性——属性的全局编辑命令

【功能】编辑块引用中的属性值。

【调用方法】

● 命令名称：ATTEDIT，别名：ATE

【操作说明】

属性的全局编辑命令使用方法如下。

  在命令窗口输入全局编辑命令 attedit 后，系统提示如下：

   选择块引用：

    \\ 选择要编辑的块参照对象，单击鼠标左键后

    \\ 打开"编辑属性"对话框（见图8-31），根据需要修改即可

8.1.8 制作图形符号库

在绘图时，有些图形结构是经常出现的，如标准件、表面结构符号、公差基准符号、标题栏、明细栏等。使用块定义将这些常见的图形做成块，建成图形符号库，供绘图中按需插入，可以大大提高工作的效率和质量。

247

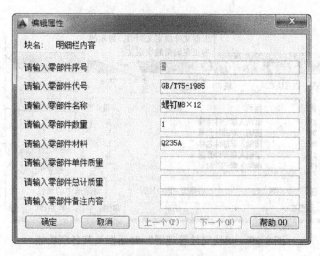

图 8-31 "编辑属性"对话框设置

图形符号库的建立方法有多种，比较简单的是利用 AutoCAD 的块操作和 Windows 系统的目录结构实现，较高级的是使用计算机编程语言对 AutoCAD 做二次开发。这里介绍第一种方法的建库思路及步骤。

1）根据具体问题和实际需要确定图库的结构。图 8-32 为图形符号库结构的一个例子，该图库包括标准件、标准结构、技术要求符号和常用图块等。标准件包括螺钉、螺柱、螺栓和螺母等；标准结构包括键槽、退刀槽和越程槽等；技术要求符号包括粗糙度符号和公差基准符号等；常用图块包括标题栏和明细栏等。同时，该结构可以根据需要不断扩充。

2）按照图库结构建立相应的 Windows 目录结构，根文件夹为"图形符号库"，下面每一层结构为一级子文件夹，如图 8-33 所示。

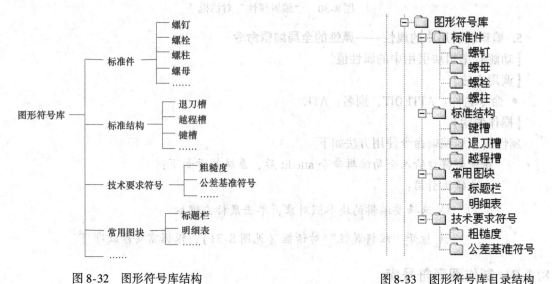

图 8-32 图形符号库结构　　　　　　　　图 8-33 图形符号库目录结构

3）将相应的图形定义为块，存入对应的文件夹中即可建立一个图形符号库。

这样建立的图形符号库可以在插入块时，通过浏览文件的方法插入或使用在 8.4 节中介绍的设计中心中插入。

另外，也可以将第 2 级目录以下的内容做成块，放置在一个文件中，如文件名为"标准件.dwg"的文件内可以包含螺钉和螺母等块。

8.2　创建图形样板

在 AutoCAD 中，图形样板具有与 MS‐Office 系列软件中的模板相似的一种功能，它可以有效地减少建立新文件时的重复劳动，几乎做到一劳永逸；同时又可以利用图形样板来统一绘图标准，达到图纸在使用标准上的一致性。

图形样板的应用，在第 2 章中已经介绍。前面使用的样板都是 AutoCAD 系统提供的，它们的设置并不能满足使用的要求，我们可以根据需要自己创建。

图形样板的创建是通过"保存"或"另存为"命令实现的。在"图形另存为"对话框中，将"文件类型"改为"AutoCAD 图形样板（∗.dwt）"即可，系统自动将该文件存储到如下路径中。

1）Windows XP 系统：

C：\ Documents and Settings \ Administrator \ Local Settings \ Application Data \ Autodesk \ AutoCAD 2014 \ R19.1 \ chs \ Template

2）Windows 7 系统：

C：\ Users \ Administrator \ AppData \ Local \ Autodesk \ AutoCAD 2014 \ R19.1 \ chs \ Template

3）Windows 8 系统：

C：\ Users \ ∗∗∗ \ AppData \ Local \ Autodesk \ AutoCAD 2014 \ R19.1 \ chs \ Template

在 AutoCAD 中任何一个图形均可保存为样板，但使用中应准备一些标准样板，其中包含有符合国家标准或自定义标准的设置。常用的设置包括：

- 单位和精度
- 图形界限
- 图层
- 对象捕捉方式等绘图辅助功能设置
- 文字样式
- 标注样式
- 多重引线样式
- 部分常用块定义

上述内容可以参考前面各章的介绍来设置。

8.3　编组

编组提供以组为单位操作图形对象的简单方法。默认情况下，选择组中任意一个对象即选中了该组中的所有对象，并且可以像修改单个对象那样移动、复制、旋转和修改组。对象可能是多个组的成员，同时这些组本身也可能嵌套在其他组中。选择属于多个组的对象即选择了该对象所属的所有组。

★ 不要创建包含成百或上千个对象的大型组，因为大型组会大大降低程序的性能。

8.3.1　编组对象

【功能】将对象编组。

【调用方法】

* 选项组：［默认］→［组］→组📋（见图8-34圈示位置）
* 菜单：［工具］→［组］
* 工具栏：［组］
* 命令名称：GROUP，别名：G

【操作说明】

1. 编组对象（未命名编组）

选择要组的对象，调用组命令，选定的对象被编入一个指定了默认名称（如 *A1）的未命名组。

2. 创建命名组

调用组命令，在命令提示下，输入 n 和组的名称，选择要编组的对象并按〈Enter〉键确认即可。

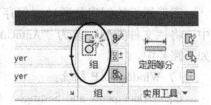

图8-34　组按钮在"组"选项组中的位置

8.3.2　向组中添加对象或从组中删除对象

【功能】调整组中的对象。

【调用方法】

* 选项组：［默认］→［组］→组编辑📋（见图8-35圈示位置）
* 菜单：［工具］→［组］
* 工具栏：［组］
* 命令名称：GROUPEDIT

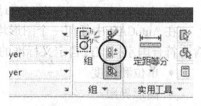

图8-35　组编辑按钮在"组"选项组中的位置

【操作说明】

调用组编辑命令后系统提示：

选择组或［名称（N）］：

　　　\\ 在绘图区中选择一个组。

输入选项［添加对象（A）/删除对象（R）/重命名（REN）］：

　　　\\ 选择"添加对象（A）"或"删除对象（R）"选项

　　　\\ 然后选择要添加到组或要从组中删除的对象即可

8.3.3　编辑组中的对象

如果要编辑组中的对象，则需要关闭组选择。然后即可使用绘图和修改命令编辑图形。

【功能】启用/禁用组选择状态。

【调用方法】

- 选项组：［默认］→［组］→启用/禁用组选择（见图 8-36 圈示位置）
- 工具栏：［组］
- 命令名称：PICKSTYLE

8.3.4　解组对象

【功能】将对象解除编组。

图 8-36　启用/禁用组选择按
钮在"组"选项组中的位置

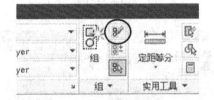

图 8-37　解除编组按钮在"组"
选项组中的位置

【调用方法】

- 选项组：［默认］→［组］→解除编组（见图 8-37 圈示位置）
- 菜单：［工具］→［解除编组］
- 工具栏：［组］
- 命令名称：UNGROUP

【操作说明】

在绘图区域中选择一个组，再调用解除编组命令即可。

8.4　AutoCAD 设计中心简介

AutoCAD 的设计中心是一个用于定位和组织图形数据、插入块、图层、自定义图形等内容的管理工具。

重复利用和共享图形内容是有效管理绘图项目的基础。创建块定义有助于重复利用图形内容。而使用 AutoCAD 设计中心，可以管理块定义和光栅图像等图形内容，以及来自其他源文件的内容，并且可以在图形之间复制和粘贴诸如图层、标注样式等内容来简化绘图过程。

8.4.1　启动及界面说明

【调用方法】

- 选项组：［视图］→［选项板］→设计中心 （见图 8-38 圈示位置）

图 8-38　设计中心按钮在"选项板"选项组中的位置

- 菜单：［工具］→［选项板］→［设计中心］
- 工具栏：［标准］
- 命令名称：ADCENTER，别名：ADC
- 快捷键：〈Ctrl + 2〉

【操作说明】

调用命令后，系统打开"设计中心"窗口，如图8-39所示。

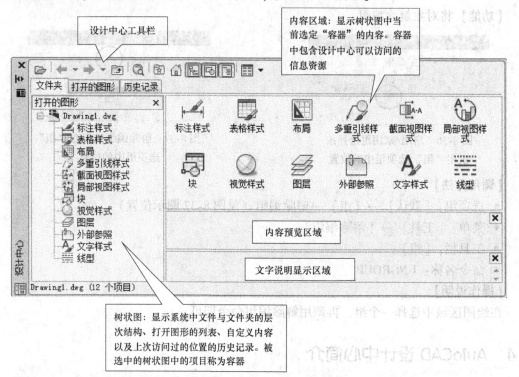

设计中心工具栏

内容区域：显示树状图中当前选定"容器"的内容。容器中包含设计中心可以访问的信息资源

树状图：显示系统中文件与文件夹的层次结构、打开图形的列表、自定义内容以及上次访问过的位置的历史记录。被选中的树状图中的项目称为容器

图8-39 "设计中心"窗口

容器可以是含有AutoCAD设计中心能够访问信息的任何单元，如磁盘、文件夹和文件等。

8.4.2 使用AutoCAD设计中心

使用AutoCAD设计中心通常有两种方法："左键拖放"或"快捷菜单"。

AutoCAD设计中心的使用基本上都是针对"内容区域"的，所以在进行某一操作时，首先应将操作的对象显示在"内容区域"中。

将对象显示在内容区域的方法是：选中该对象的上一级对象作为容器。

1. 打开图形文件

使用左键拖放打开：按住〈Ctrl〉键的同时，用鼠标左键将图形文件图标从AutoCAD设计中心的"内容区域"中拖放到AutoCAD软件窗口中，出现如图8-40所示的图标时，松开鼠标即可打开图形。注意，不要直接拖到绘图区域的空白处。若把图形从AutoCAD设计中心拖到另一个已打开的图形上将进行插入块操作。

图8-40 使用左键拖放打开图形文件

使用快捷菜单打开：在"内容区域"的图形文件图标上单击鼠标右键，然后在弹出的快捷菜单中选择"在应用程序窗口中打开"选项即可，如图 8-41 所示。

2. 插入块

设计中心插入块操作有两种情况，一种是把图形当作块插入，另一种是将当前图形文件或另一个图形文件中的块插入。无论哪一种情况，插入时都要注意，要将插入的内容显示到"内容区域"中。

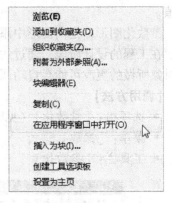

使用左键拖放插入：用鼠标左键将块图标从 Auto-CAD 设计中心的"内容区域"中拖放到当前已打开的图形中即可。系统随后会提示"指定插入点""指定比例因子"和"指定旋转角度"。

使用快捷菜单插入：在"内容区域"的图标上单击鼠标右键，如果是图形文件，则弹出的快捷菜单如图 8-41 所示，选择"插入为块"选项；如果是块，则弹出的快捷菜单如图 8-42 所示，选择"插

图 8-41　使用快捷菜单打开图形文件

入块"选项。系统会打开"插入"对话框，指定选定块的插入参数，按步骤插入即可。

3. 复制图层

使用左键拖放复制：用鼠标左键将图层图标（一个或多个）从 AutoCAD 设计中心的"内容区域"中拖放到当前已打开的图形中即可。

使用快捷菜单复制：在"内容区域"的图层图标上单击鼠标右键，然后在弹出的快捷菜单中选择"添加图层"选项即可，如图 8-43。

图 8-42　使用快捷菜单插入块

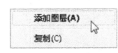

图 8-43　使用快捷菜单复制图层

复制图层的方法也可以用于复制标注样式和文字样式等内容。

8.5　参数化图形和动态块简介

参数化图形和动态块是 AutoCAD 软件提供的参数化设计方法，是基于约束的二维图形设计技术。约束是在设计过程中使模型的几何拓扑形状确定，仅使用尺寸进行驱动的 CAD 技术，主要用于产品的参数化设计。下面简要介绍参数化图形和动态块的主要功能，如需深入学习请参阅软件帮助。

8.5.1　参数化图形

【功能】参数化图形是属于使用约束进行设计的技术。在 AutoCAD 中约束是应用于二维几何图形的关联和限制，有两种常用的约束类型：几何约束和标注约束。其中，几何

约束用于控制对象相对于彼此的关系；标注约束用于控制对象的距离、长度、角度和半径值。

参数化图形即是向图形中添加适当的几何约束和标注约束，使图形满足参数化设计的需要。在工程的设计阶段，通过约束，可以在试验各种设计或进行更改时强制执行要求。对某个对象所做的更改可能会自动调整其他对象，并将更改限制为距离和角度值。

【调用方法】

- 选项组：[参数化]（见图8-44）
- 菜单：[参数]
- 工具栏：[参数化]

图8-44　"参数化"选项卡

【约束作用说明】

（1）几何约束

系统提供的12种几何约束的作用具体见表8-3。

表8-3　12种几何约束的作用

图标	名称	作　用
	重合	约束两个点使其重合，或约束一个点使其位于曲线（或曲线的延长线）上
	共线	使两条或多条直线段沿同一直线方向
	同心	将两个圆弧、圆或椭圆约束到同一个中心点
	固定	约束一个点或一条曲线，使其固定在相对于世界坐标系的特定位置和方向上
	平行	使选定的直线彼此平行
	垂直	使选定的直线位于彼此垂直的位置
	水平	使直线或点对位于与当前坐标系的X轴平行的位置
	竖直	使直线或点对位于与当前坐标系的Y轴平行的位置

（续）

图标	名称	作　　用
⟲	相切	将两条曲线约束为保持彼此相切或其延长线保持彼此相切
⌐	平滑	将样条曲线约束为连续，并与其他样条曲线、直线、圆弧或多段线保持 G2 连续性
[ ]	对称	使选定对象受对称约束，相对于选定的直线对称
＝	相等	将选定圆弧和圆的尺寸重新调整为半径相同，或将选定直线的尺寸重新调整为长度相同

（2）标注约束

系统提供的 7 种标注约束的作用具体见表 8-4。

表 8-4　7 种标注约束的作用

图标	名称	作　　用
🔒	线性	根据延伸线原点和尺寸线的位置创建水平、垂直或旋转约束
🔒	水平	约束对象上的点或不同对象上两个点之间的 X 距离
🔒	竖直	约束对象上的点或不同对象上两个点之间的 Y 距离
🔒	对齐	约束不同对象上两个点之间的距离
🔒	半径	约束圆或圆弧的半径
🔒	直径	约束圆或圆弧的直径
🔒	角度	约束直线段或多段线段之间的角度，由圆弧或多段线圆弧扫掠得到的角度，或对象上 3 个点之间的角度

8.5.2　动态块

【功能】动态块可以实现在图形中插入可以更改形状、大小或配置的一个块，而不是插入多个静态的块定义中的一个。

动态块包含了规则或参数，用于说明当块引用插入图形时如何更改块引用的外观。例如，可以创建一个可改变各种尺寸的螺栓，而无须创建多种不同大小的结构。

动态块的制作是在块编辑器中实现的，块编辑器的调用参见8.1.5节，"块编辑器"选项卡参见图8-16。

从图8-16中可以看到，制作动态块有两种参数：约束参数（几何约束和标注约束）和操作参数（动作参数）。也就是说，除了可以使用8.5.1节中介绍的约束参数来制作动态块，系统还提供了专门用于动态块的动作参数。但软件不建议在同一块定义中同时使用约束参数和动作参数。

动作参数由参数和动作两部分组合使用，以实现驱动效果。

【调用方法】

- 选项组：[块编辑器]→[操作参数]（见图8-45）

  [块编写选项板]（见图8-46）

图8-45 "操作参数"选项组

图8-46 块编写选项板

【动作参数说明】

（1）参数

系统提供的10种参数的作用具体见表8-5。

表 8-5　10 种参数的作用

图标	名称	作　　用
	点	定义块引用的自定义 X 和 Y 特性
	线性	在块定义中定义两个关键点之间的距离
	极轴	在块定义中定义两个关键点的距离和角度
	XY	定义距块定义基点的 X 和 Y 距离
	旋转	定义块引用的角度
	对齐	围绕某个点旋转块引用以便与图形中的其他对象对齐
	翻转	绕投影线镜像对象或整个块参照
	可见性	在块定义中定义会显示或不会显示的对象
	查询	定义由查寻表确定的用户参数
	基点	为动态块引用相对于该块中的几何图形定义一个可更改的基点

（2）动作

系统提供的 8 种动作的作用具体见表 8-6。

表 8-6　8 种动作的作用

图标	名称	作　　用
	移动	指定在动态块引用中触发该动作时，对象的选择集将进行移动。移动动作可以与点参数、线性参数、极轴参数或 XY 参数相关联
	缩放	指定在动态块引用中触发该动作时，对象的选择集将相对于定义的基点进行缩放。比例缩放动作仅可以与线性、极轴或 XY 参数相关联
	拉伸	指定在动态块引用中触发拉伸动作时，对象选择集将拉伸或移动。拉伸动作可以与点参数、线性参数、极轴参数或 XY 参数相关联

（续）

图标	名称	作　用
	极轴拉伸	指定在动态块引用中触发该动作时，对象的选择集将进行拉伸或移动。极轴拉伸动作仅可以与极轴参数相关联
	旋转	指定在动态块引用中触发该动作时，对象的选择集将进行旋转。旋转动作仅可以与旋转参数相关联
	翻转	在块引用中触发该动作时，对象集将绕翻转参数的投影线进行翻转。翻转动作仅可以与翻转参数相关联
	阵列	指定在动态块引用中触发该动作时，对象的选择集将排成阵列。阵列动作可以与线性、极轴或 XY 参数相关联
	查询	查寻动作将显示"特性查寻表"对话框，从中可以为块引用创建查寻表

上机指导及习题

1. 上机指导

本章介绍了 AutoCAD 中块的使用、图形样板的建立、对象编组和设计中心的使用方法。上机练习时建议按照例题和章节内容的顺序完成操作，依次掌握各种命令的操作。完成例题的上机练习后，再选择习题中的题目练习，以进一步提高命令的使用能力。

2. 习题

1）按照机械制图弹簧垫圈比例画法的尺寸参数，制作弹簧垫圈的块，图形尺寸如图 8-47 所示。

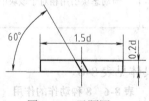

图 8-47　习题图一

2）参照图 6-77 绘图习题一所示的标题栏中需要填写内容的位置建立对应的属性定义，再将其定义为带属性的块。

3）参照图 6-78 绘图习题二所示的表面结构符号，建立对应的属性定义，再将其定义为带属性的块。

4）建立自己的常用图形样板文件。

5）通过插入命令和设计中心练习块插入的操作。

第9章 图形打印输出

用 AutoCAD 绘图的最终目的，一般是将所绘制的图形通过打印机或绘图仪打印输出到图纸上。AutoCAD 可以用各种绘图仪和 Windows 系统打印机来打印输出图形。

AutoCAD 的工作环境在默认情况下包含一个模型空间和两个图纸空间布局，一般情况下应在模型空间绘图，而打印输出则在模型空间和图纸空间中均可完成。使用模型空间和图纸空间输出图样各有利弊。在图纸空间打印出图可以将一些图样中不需要变换比例的内容，如标题栏、明细栏等绘制在布局中，减少一些比例变换操作。但也有问题，如为了合理利用图纸，想拼合图样就较难实现了。本章将讨论模型空间的打印输出问题。

打印输出图样，需要我们花大量的时间去熟悉 AutoCAD 的绘图设置以及绘图仪和打印机的使用，以寻求 AutoCAD 与绘图设备协同工作的最佳方式。

9.1 从模型空间打印的注意事项

在模型空间中绘图和打印，必须在打印前按照打印输出比例确定一个比例因子，并做相关设置。可按照以下步骤操作。

1. 指定图形的测量单位（图形单位）

在模型空间中进行绘制之前，需确定屏幕上每种单位所代表的内容，如英尺（ft，1ft = 0.3048m）、毫米（mm）或千米（km）。例如，如果绘制发动机零件，则可以将一个图形单位确定为等于1mm。如果绘制地图，则可以将一个单位确定为等于1km。

2. 指定图形单位的显示样式

确定图形的图形单位后，需要指定图形单位的显示样式，以显示图形单位，包括单位类型和精度。

使用 UNITS 命令指定图形单位的显示样式，默认的图形单位是十进制形式。

3. 确定打印比例因子 P

要从模型空间打印图形，需要将图形比例转换为比例因子。此比例因子用于设置与打印出图相关注释内容的绘图比例。

例如，如果要打印的比例为1:2，则可以按如下方法得出比例因子 $P = 2$：

$$1(打印单位) = 2(图形单位)$$
$$比例因子 P = 2 \div 1 = 2$$

如果要打印的比例为2:1，则可以按如下方法得出比例因子 $P = 0.5$：

$$2(打印单位) = 1(图形单位)$$
$$比例因子 P = 1 \div 2 = 0.5$$

4. 设置图形界限

例如，图纸尺寸为 420×297（A3 纸），比例因子为2，则图形界限为：

$$420 \times 2 = 840mm$$

$$297 \times 2 = 594\text{mm}$$

5. 设定标注、注释和块的比例

在绘制之前，应该设定图形中的标注、注释和块的比例。事先对这些元素进行缩放可确保在打印最终图形时它们的尺寸正确。

需要输入以下对象的比例：

文字——创建文字时设置文字高度。

$$\text{文字高度} = \text{标准高度} \times \text{比例因子 P}$$

标注——在标注样式中设置标注比例。

$$\text{标注比例} = \text{比例因子 P}$$

线型——在 [格式] 和 [线型] 中设置非连续线型的全局比例因子。

$$\text{全局比例因子} = \text{比例因子 P}$$

填充图案——在"图案填充和渐变色"对话框中设置填充图案的比例。

$$\text{比例} = \text{原比例} \times \text{比例因子 P}$$

注释性内容块——对于图框、标题栏、明细栏、表面粗糙度等图纸格式和注释性内容，在插入块时需按打印比例因子指定块的插入比例，或在"插入"对话框和"设计中心"中设置插入比例。

$$\text{插入比例} = \text{比例因子 P}$$

6. 在模型空间中按实际比例（1:1）进行图形绘制

绘图时需要注意的是，图形中间距小于"1 绘图单位 × 粗实线线宽 × 比例因子"的平行线或同心圆，需要采用不按比例的方法将间距扩大。

例如，绘图单位为 mm，粗实线线宽为 0.5mm，比例因子为 5，此时若平行线间距小于"$1 \times 0.5 \times 5 = 2.5\text{mm}$"，则需要把间距扩大。

7. 创建标注、注释和标签

8. 按预先确定的比例打印图形

9.2　打印输出参数设置

打印输出图形需要对各种打印输出参数进行设置，其中包括：选择打印设备和样式、选择图纸幅面、设定打印区域、设定打印比例、设定图形打印的方向和位置等。

在 AutoCAD 中打印参数的设置可以通过两个命令实现：页面设置和打印。两个命令的对话框内容相同，不同的是"页面设置"命令的对话框只能完成参数设置，而"打印"命令的对话框可以完成打印输出。

下面通过页面设置对话框介绍打印参数设置。

9.2.1　页面设置命令的调用

【调用方法】

- 选项组：[输出]→[打印]→页面设置管理器 （见图9-1 圈示位置）
- 应用程序菜单：[打印]→[页面设置]
- 菜单：[文件]→[页面设置管理器]

- 命令名称：PAGESETUP

图 9-1　页面设置管理器按钮在"打印"选项组中的位置

【操作说明】

页面设置命令执行后，将显示"页面设置管理器"对话框（见图 9-2），其各项功能如图 9-2 所示。

单击"新建"按钮后将打开图 9-3 所示的"新建页面设置"对话框。

单击"修改"按钮后将打开图 9-4 所示的"页面设置"对话框。下面介绍"页面设置"对话框的功能及使用方法。

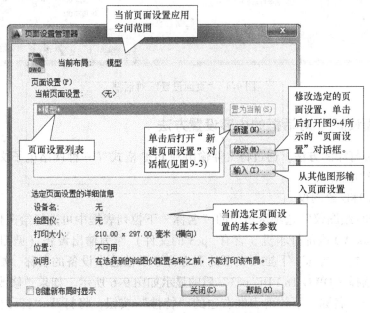

图 9-2　"页面设置管理器"对话框及其各项功能

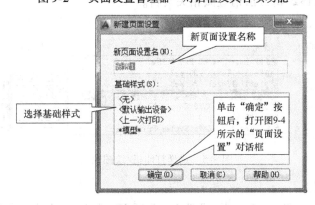

图 9-3　"新建页面设置"对话框

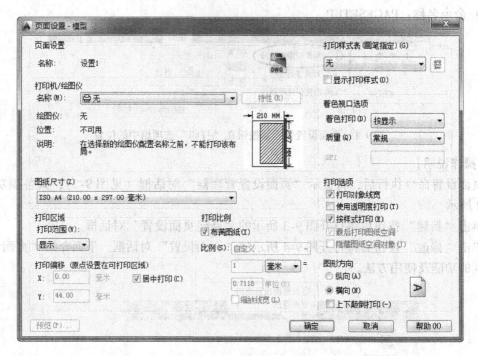

图9-4 "页面设置"对话框

9.2.2 "页面设置"对话框的内容设置方法

下面以模拟打印的方法，通过将文件输出到 PDF 格式（一种网络电子文档）文件的页面设置介绍设置方法。

1. 选择打印机/绘图仪

在"打印机/绘图仪"选项区域中的"名称"下拉列表框中可选择绘图仪、Windows 系统打印机或 AutoCAD 内部打印机（含有 . pc3 的文件）作为输出设备（见图9-5）。当选定某种打印机后，在"名称"下拉列表框的下方将显示被选中设备的名称、端口位置以及其他说明信息，选择"DWG To PDF. pc3"后的显示如图9-6所示。如果想修改当前打印机的设置，则可单击"名称"下拉列表框右边的"特性"按钮，将打开"打印机配置编辑器"对话框进行编辑，具体编辑方法请查阅相关资料。

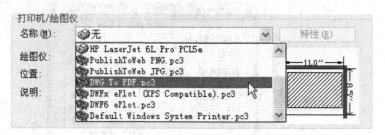

图9-5 选择打印机/绘图仪

2. 选择打印样式

如图 9-7 所示，在"打印样式表"选项区域内的下拉列表框中选择样式

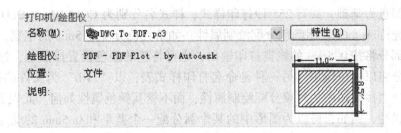

图9-6　当前打印机/绘图仪的描述

"monochrome.ctb"，选择样式时系统会弹出"问题"对话框，要求用户确认该选择是否指定给所有布局（见图9-8），根据需要选择是或否。样式列表右侧的按钮用于编辑修改打印样式，单击后将打开"打印样式表编辑器"对话框（见图9-9）。图形中每个对象或图层均具有打印样式属性，通过修改打印样式，可以改变打印对象原有的线型、线宽和颜色等。

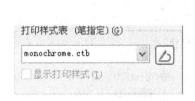

图9-7　选择打印样式

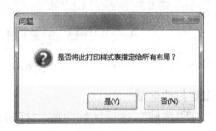

图9-8　"问题"对话框

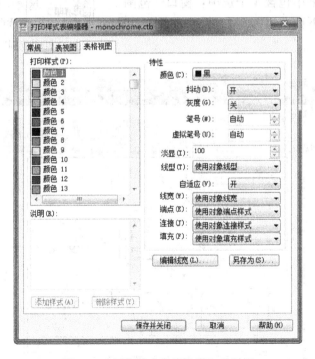

图9-9　"打印样式表编辑器"对话框

打印样式表有两种：一种是颜色打印样式表，以".ctb"为文件的扩展名保存，此表以打印对象的颜色为基础，共有255种打印样式，样式名分别为COLOR1、COLOR2等。颜色打印样式表允许AutoCAD用颜色分配绘制属性，如给红色分配0.5mm的笔宽，这样图形中所有的红色部分将按0.5mm的线宽打印输出，也可将笔的颜色设置成黑色，这样图形中所有红色的部分将以黑色输出。另一种是命名打印样式表，以".stb"为文件的扩展名保存，此表允许用户直接为图中的对象分配绘制属性，而不管其颜色属性如何。此表也可以为层直接分配绘制属性，例如，可以为图形中的某个圆分配一个蓝笔和0.5mm的线宽，而不管圆弧本身的颜色如何。

　　需要注意的是，图形打印样式表的类型（颜色或命名）取决于新建文件时"选项"对话框"打印与发布"选项卡中"打印样式表设置"的设置情况。

3. 选择图纸尺寸

　　在"图纸尺寸"选项区域内的下拉列表框中指定打印图纸的幅面大小，如图9-10所示，此下拉列表框中包含了所选定的打印设备可用的标准图纸尺寸。

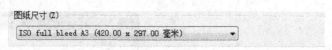

图9-10　选择图纸尺寸

4. 设定打印区域

　　在"打印区域"选项区域内的"打印范围"下拉列表框中设置要打印输出的图纸范围，如图9-11所示。此下拉列表框中包含4个选项：窗口、范围、图形界限和显示。下面通过图9-12所示的图样说明这些选项的功能。

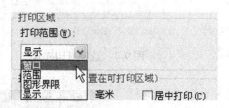

图9-11　"打印范围"下拉列表框中的选项

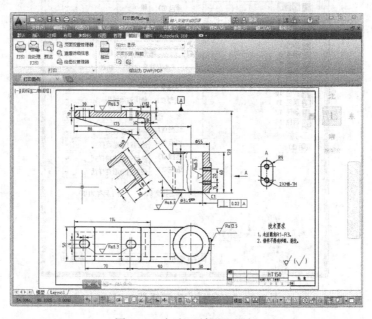

图9-12　打印区域设置图例

1）"显示"选项：可将窗口中所显示的图形打印输出。如果图 9-12 中的窗口只显示了全部图样的左下部分（未出图），那么选择"显示"选项后，只打印窗口显示的部分图样，没有在窗口显示的那部分则不打印，这时的打印结果如图 9-13 所示。

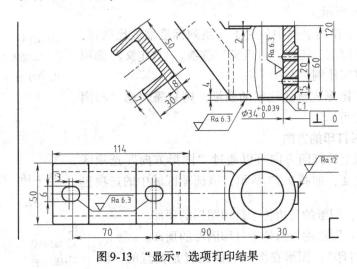

图 9-13 "显示"选项打印结果

2）"范围"选项：可将所绘制的全部图样打印输出，不受预先设置的图纸幅面大小限制，即超出图纸幅面范围的图形也将被打印。若图形文件中没有任何图线，则该选项不可用。

3）"图形界限"选项：可将预先设定的绘图区域中的图形打印输出。例如，设定图纸为 A3 幅面，绘图时将图形全部绘制在该幅面内，当选用"图形界限"选项打印时，可将 A3 幅面区域内的图形全部打印输出。

4）"窗口"选项：可根据需要自行设定打印区域，灵活方便。选择该选项后，在下拉列表框右侧将出现"窗口"按钮（见图 9-14），单击该按钮后进入绘图区，用矩形区域指定一个打印范围，则打印输出这个矩形所选区域的图形，如图 9-15 所示。

图 9-14 选择窗口方式

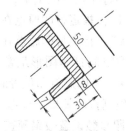

图 9-15 "窗口"选项打印结果示例

5. 设定打印比例

在人工绘制工程图样时，需在绘图前根据所绘实体实际尺寸的大小、形状结构的简繁等，选择好绘图比例并确定图幅。而在用 AutoCAD 绘图时，均采用 1∶1 的比例绘图，不同图样所需的实际比例是由打印输出时通过设置打印比例来实现的，而图纸幅面的确定也可在图形绘制完成后进行。实际上，打印输出的图纸是否符合要求，打印输出比例能否正确设置是重要环节之一。

在工程制图中比例的定义是指"图形与实物之比"；出图比例的定义是指"图纸尺寸单位与图形单位的比值"，其概念是相似的。在"打印比例"选项区域内取消勾选"布满图纸"复选框，当图纸单位为 mm，选择打印输出比例为 1:2 时，表示图纸上的 1mm 代表图形 2mm，如图 9-16 所示。

在"比例"下拉列表框中包含了一系列标准缩放比例值，为了满足不同的要求，还有"自定义"选项。"自定义"选项用于自行设置打印比例。

如果需要使图形充满所选定的图纸，则只需勾选"布满图纸"复选框即可。

图 9-16 打印比例的设置

6. 设定图形打印的方向

图形在图纸上的打印方向可以通过"图形方向"选项区域中的选项来改变，如图 9-17 所示，该选项区域中的选项包含以下 3 个。

1）"纵向"：图纸的短边位于打印图形的顶部。

2）"横向"：图纸的长边位于打印图形的顶部。

3）"反向打印"：图形在图纸上的位置是倒置的，该选项与前两项结合使用。

"图形方向"选项区域内右边的字母"A"的字头的不同朝向，形象地表示了当前所设定的图纸方向。

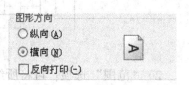

图 9-17 设置打印方向

7. 设定图形打印的位置

图形在图纸上的打印位置由"打印偏移"来确定，如图 9-18 所示。在默认状态下，坐标值是（0，0）。可以在该区域中设置新的 X 和 Y 坐标，使图形在图纸中沿新的 X 和 Y 坐标移动。

"打印偏移"选项区域内包含以下 3 个选项。

1）"居中打印"：系统自动计算 X 和 Y 的坐标值，将图形打印在图纸正中。

2）"X"：指定打印原点在 X 方向的偏移值。

3）"Y"：指定打印原点在 Y 方向的偏移值。

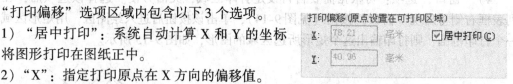

图 9-18 "打印偏移"选项区域中的选项

在模型空间打印图形最常用的是"居中打印"。

需要使用 X、Y 确定打印位置时，如果不能直接确定打印原点的坐标，则可试着改变一下坐标，然后预览打印效果，根据预览结果再调整坐标值，直到满意为止。

8. 打印参数设置效果预览

在打印参数设置完成后，可通过打印预览来观察图形的打印效果。如不理想，可再进行调整。

单击"页面设置"对话框左下角的"预览"按钮，则可模拟显示实际的打印效果，如图 9-19 所示。由于使用完全预览时，系统要重新生成图形，因此处理复杂图形时较费时。在完全预览时，光标变成" ⊕ "，可以进行实时缩放操作。预览查看后，可单击鼠标右键，在弹出的快捷菜单中选择"退出"选项，返回"页面设置"对话框。如果预览不符合要求，则可继续调整参数设置，直到符合要求为止。

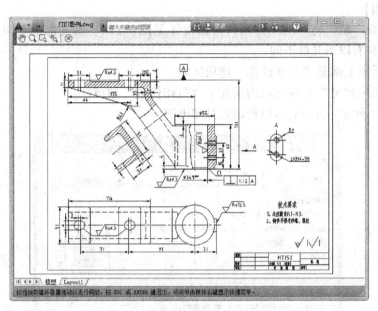

图 9-19 打印参数设置效果预览

9. 完成打印参数设置

在打印参数设置完成后，单击"页面设置"对话框右下方的"确定"按钮即可将设置保存，并返回页面设置管理器。

9.3 打印出图实例

上一节中已经详细介绍了从模型空间打印出图参数设置的方法，本节通过图 9-12 所示的图样完成打印出图的过程。

9.3.1 打印命令的调用

【调用方法】

- 选项组：[输出]→[打印]→打印 🖶（见图 9-20 圈示位置）
- 应用程序菜单：[打印]→[打印]
- 菜单：[文件]→[打印]
- 工具栏：[标准] 和 [快速访问工具栏]

图 9-20 打印按钮在"打印"选项组中的位置

- 命令名称：PLOT

267

【操作说明】

执行打印命令后,将显示"打印"对话框(见图9-21),其功能与"页面设置"对话框基本相同,只有以下几处不同:

1)在对话框上部是"页面设置"选项区域。

2)在"图纸尺寸"选项区域内增加了"打印份数"数值框。

3)单击"确定"按钮后可以按设置打印出图。

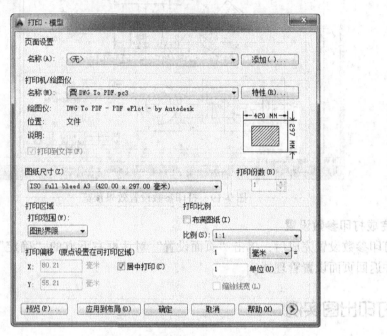

图9-21　"打印"对话框

对话框右下角的按钮 ⊙ 控制是否显示"打印"对话框中的其他选项,单击该按钮后将打开"打印"对话框的另一部分,内容与"页面设置"对话框右侧的内容相同。

9.3.2　打印过程

1)调用打印命令,打开"打印"对话框。

2)参照"页面设置"对话框的设置方法进行设置,如果想调用已经设置好的打印样式,则在"页面设置"选项区域内的下拉列表框中将其选中即可。本例使用9.2节中设置好的打印样式,将图形输出到PDF文件中。

3)在"打印份数"数值框中设置打印份数,若打印到文件,则只能为1份。

4)单击"预览"按钮,预览打印效果。

5)返回"打印"对话框,单击"确定"按钮,打印出图。

6)到保存文件中查看打印效果。

9.4　将不同比例的几个图样打印在一张图纸上

有时为了充分利用图纸,需要将几个不同比例的、独立图形文件的图样打印在同一张图纸上。这时，可以新建一个文件，利用"插入块"命令（参见第 8 章）将各图形文件插入到新建文件中，一次操作只能插入一个图形文件。将文件插入后，调整各图样的比例为打印出图比例。因为原图样的绘制均采用 1:1 的比例，只有经过这样的比例变换才能在打印时按 1:1 出图。例如，一个图样的打印输出比例为 1:2，就使用"比例"命令将其缩小一半；另一个图样的打印输出比例为 2:1，就将其放大一倍等。这里还要注意尺寸标注和文字大小的调整问题，将这些问题处理好后，再调整各个图样的位置，然后按 1:1 的比例打印输出。

上机指导及习题

1. 上机指导

本章介绍了 AutoCAD 图形打印输出的方法。上机练习时建议按照章节的顺序，先通过页面设置练习打印参数的设置，然后在通过选择虚拟打印机的方法将图形打印输出到 PDF 文件，实现打印操作的练习目的。

2. 习题

1）打印出图时，一般应设置哪些打印参数？如何设置？

2）打印比例的设置具有什么意义？

3）打印预览的作用是什么？

4）如何将几个独立图形文件的图样拼在一个新的图形文件中？

5）为什么将几个不同比例的图样打印在同一张图纸上时，要将各图样的比例调整为出图比例？

6）建立输出 PDF 格式文件的打印样式。

7）将第 6 章完成的零件图打印输出到 PDF 格式文件中。

出工，具前。此外，可以配置一个文件，把内容复制的及又性的输入
到原因文名的。一次择其只需提供一个图纸文名，就配着各图的打印风格设计
出图图，因为选择的打印颜色已经标准配是，所以输出的图是不用考虑打印的方
由电图，例如一个图纸的每打当出当比图为 1:2，输出印、比例。每多各类各一半。一
个图纸其图打当出比图为 2:1，那么其准大。当呈标然程度及于相印比图是大尺水的。

上机操作及习题

本章介绍了 AutoCAD 图形文件的输出的方法。上机习题引导读之性操作展以，完成
其他配置这厂的多先的问题等，然后介绍直充选者的打印面出的面出。

文件、实现打印体的面出习习的。

2. 习题

1) 打开图出图图，一般应各您置使用打印机支置，即测应该 ，

如果几己知各先的质文当性存各存在一个新的图图文件内?

5) 当在文件当当性图图有自的一张图图当上而，整先各级时图样的长图置力划
置成相。

6) 置习置思路：图出出，对打印机定工。

打打 C 号于，置对出图图 ，即即出现习 打印印或此习。

第 10 章　三维实体造型

三维造型设计是机械产品设计的趋势，AutoCAD 也提供了一些三维造型的功能，可以
作为产品造型或设计的基础工具。本章将在软件"三维基础"工作空间中简单介绍三维实
体造型的方法。

★　请将工作空间切换到"三维基础"，操作方法参见第 1 章。

10.1　三维造型概述

10.1.1　三维模型的分类

三维（Three Dimensional，3D）模型根据其计算机内部描述（数据结构）可以分为：线
框模型（Wireframe Modeling）、表面模型（Surface Modeling）和实体模型（Solid Modeling），
如图 10-1 所示。

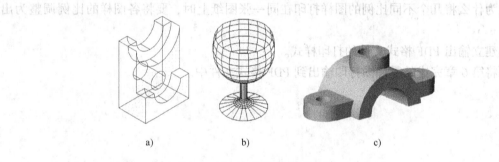

图 10-1　三维模型分类

a）线框模型　b）表面模型　c）实体模型

1. 线框模型

线框模型描绘三维对象的骨架。线框模型中没有面，只有描绘对象边界的点、直线和曲
线。在线框模型中，因为没有面和体的概念，所以无法区别物体的内部和外部，断面也不能
表示，并且无法采用连接简单几何对象的方式来构造复杂的立体。使用线框模型可以绘制任
何形状的轴测图，但表达结果通常不是唯一的。为了解决表达的唯一性，需要隐去被遮住的
棱边，而由于线框模型缺少表面信息，消隐操作不能够自动进行，必须采用费时费力的交互
方式来完成，因此处理中等复杂程度的模型就已经非常困难了。

由于缺少足够的信息量，纯粹的线框模型的应用受到了很大的限制，一般已不再采用线
框模型建模。然而作为一种表现形式，线框模型常常被作为表面模型和实体模型的基础。在
AutoCAD 中就用其作为实体模型的基本显示方式。

在 AutoCAD 中也可以通过在三维空间中绘制二维对象或简单三维线框对象的方法来创

建线框模型。由于每个对象都必须单独绘制和定位，因此建模非常耗时。

2. 表面模型（曲面模型）

表面模型不仅定义三维对象的边而且定义了表面。表面模型由于增加了有关面的信息，因此可以比线框模型提供更完整、严密的三维立体信息，能够比较完整地定义三维立体的表面。另外，表面模型可以提供面面求交、线面消隐、数控编程及立体渲染所需的表面信息。

但是表面模型由于面与面之间没有必然的关系，实体在面的哪一侧无法明确定义，并且所描述的仅仅是物体的表面，不能切开物体展示其内部结构，因此不能表达物体的立体属性，也不能指出所描述的物体是实心还是空心。所以，在物性计算和有限元分析等应用中受到了限制。

在 AutoCAD 的表面模型中使用多边形网格定义镶嵌曲面，由于网格面是平面，因此网格只能近似于曲面，也就是说，AutoCAD 中没有真正的曲面。

3. 实体模型

实体模型在表面模型的基础上增加了体的信息，实现了在计算机内部对几何物体进行唯一的、无冲突的、完整的描述。这使得每一次有效的操作都可以产生一个有效的模型，并且使设计者从费时费力的几何一致性检查中摆脱出来，从而能把精力放在创造性的工作中。

实体模型的计算机内部描述方法主要有边界表示法（B-Rep）和构造实体几何法（CSG）。实体模型经过近几年的发展，取得了大量成果，不仅能够精确描述规则的物体，对于无法用准确数学模型定义的形状也能方便地造型和存储。

实体模型可以通过接口为其他应用提供物体的完整的计算机内部描述，使得 CAD 的过程可以实现完全自动化。实体建模的主要目标在于为 CAD/CAM 一体化提供数据库，这个数据库不仅存储几何信息，而且还可以集成开发过程中所有收集到的信息，使得模型数据可以提供给尽可能大的范围和后续过程使用。例如工程图的绘制，它占用了很大一部分的设计时间，使用建立的实体模型可以直接生成常用的视图，此时，断面生成和消隐的处理可以半自动地进行。

10.1.2　实体模型造型方法

实体模型常见的造型方法有体素法和扫描法。

1. 体素法

实体模型通过组合连接具有相应形状和大小的，并且确定了相对位置的基本体素来构造，如图 10-2 所示。

使用中先将实体分解成系统已经提供的基本体素或可以由系统生成的基本体素。

每个实体建模系统都拥有一定数量的、预先定义好的简单体素和一些基本体素的生成方法，AutoCAD 提供了多段体、长方体、楔体、圆锥体、球体、圆柱体、圆环体和棱锥体 8 种简单体素。分解实体的方法与工程制图中分析立体的形体分析法有些相似，只是体素法分解的结果是根据建模系统的造型能力决定的，可以比较图 10-2 和图 10-3。

然后将基本体素依次定位，再使用连接操作进行组合。

连接操作包括：加连接（并集∪），减连接（差集 −）和相交连接（交集∩）。通过这

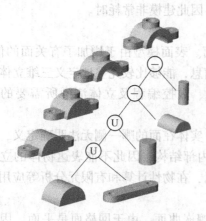

图 10-2 体素法造型

图 10-3 工程制图形体分析

些连接操作，复杂的物体就逐步产生了。这样的连接操作被称为布尔操作或集合运算。在利用布尔操作生成实体模型时，设计者在空间中确定两个实体对象，它们在空间中相邻、相交或分割，在调用了相应的操作（并、交或差）后，所有其余的步骤均由系统自动执行，从而生成新几何体的实体模型。布尔操作可以利用较少的步骤构造较复杂的实体模型。

布尔操作的缺点是要求使用者有较高的抽象能力。

使用体素法造型时，实体模型的分解方式和布尔操作的操作数顺序十分重要，这需要在学习使用中不断体会。大家可以考虑图 10-2 还有没有其他的分解方法。

2. 扫描法

扫描法的原理是：首先生成一个二维轮廓，然后沿某一导向曲线进行三维扩展，从而形成三维实体（见图 10-4）。二维轮廓使用 CAD 系统的二维功能产生，作为扫描操作的基础。在 AutoCAD 中 4 种扫描法分别称为"拉伸""旋转""扫掠"和"放样"。扫描法常作为基本体素的生成方法使用。图 10-4 所示为拉伸和旋转扫描法。

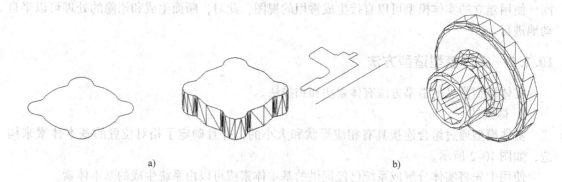

a)

b)

图 10-4 扫描法造型

a）拉伸 b）旋转

10.1.3 实体模型体素分解的常见思路

将一个零件实体分解为若干个基本体素的思路常见的有 3 种：立体形状造型法、功能结构造型法和工艺结构造型法。

1. 立体形状造型法

立体形状造型法是指在分解体素的过程中，优先考虑立体的造型简便，以造型为目的，将立体分解为若干个功能结构体素的方法。

2. 功能结构造型法

功能结构造型法是指在分解体素的过程中，将立体按照零件设计思路，满足零件功能的需要，将立体分解为若干个功能结构体素的方法。

3. 工艺结构造型法

工艺结构造型法是指在分解体素的过程中，将立体按照零件加工生产的需要，将立体分解为若干个工艺结构体素的方法。

10.2　三维绘图基础

10.2.1　三维坐标

相对于平面坐标系统来说，三维坐标只是增加了第三维坐标（即 Z 轴），而指定三维坐标与指定二维坐标是相同的。

1. 确定 Z 轴正方向和绕轴旋转的正方向——右手定则

在三维坐标系中知道了 X 和 Y 轴的方向（通过坐标系图标），根据右手定则就能确定 Z 轴的正方向。同时，右手定则也可以确定三维空间中绕任一坐标轴旋转时的正旋转方向。

要确定 Z 轴的正方向，请将右手背对 XY 平面放置，拇指指向 X 轴的正方向。伸出食指和中指，如图 10-5 所示，食指指向 Y 轴的正方向，中指所指示的方向就是 Z 轴的正方向。

要确定绕某个轴旋转的正旋转方向，请将右手的大拇指指向该轴的正方向并弯曲其他 4 个手指，如图 10-6 所示。右手四指所指示的方向即为绕该轴旋转时的正旋转方向。

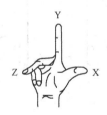

图 10-5　确定 Z 轴

图 10-6　确定正旋转方向

2. 三维直角坐标

三维直角坐标格式（X，Y，Z）与二维直角坐标格式（X，Y）相似，但除了指定 X 和 Y 值以外，还要指定 Z 值。例如，点坐标（10，7，8）表示一个沿 X 轴正方向 10 个单位，沿 Y 轴正方向 7 个单位，沿 Z 轴正方向 8 个单位的点。

3. 柱坐标

柱坐标的格式（R<α，Z）与二维极坐标的格式（R<α）相似，只是还需要输入点的 Z 坐标值（即点到 XY 平面的距离）。空间点是通过指定与 X 轴夹角为 α 的方向上的距离 R，以及垂直于 XY 平面的 Z 值进行定位的。例如，坐标 10<45，8 表示点在 XY 平面上的投影到原点的距离为 10 个单位，与 X 轴的夹角为 45°，且沿 Z 轴方向有 8 个单位的点。

4. 球面坐标

三维空间的球面坐标的格式（R＜α＜β）与二维空间极坐标的格式（R＜α）相似。定位点时，分别指定该点与原点的距离 R，该点与坐标原点的连线在 XY 平面上的投影与 X 轴的夹角 α，以及该点与坐标原点的连线与 XY 平面的夹角 β。例如，坐标 25＜40＜70 表示一个点，它相对原点的距离为 25 个单位，在 XY 平面上的投影与 X 轴的夹角为 40°，该点与坐标原点的连线与 XY 平面的夹角为 70°。

10.2.2　观察三维模型的基本方法

绘图中，可以从任何位置查看三维模型，可以生成消隐视图、着色视图或渲染视图。

1. 通过标准视点观察

工程设计人员已经习惯了通过轴测角度和视图投影方向观察零件，AutoCAD 提供了 6 个标准视图和 4 个等轴测视图查看方向，如图 10-7 所示。为了使图形清晰，将视觉样式调整为"隐藏"（方法参见图 10-14 所示的相关内容）。

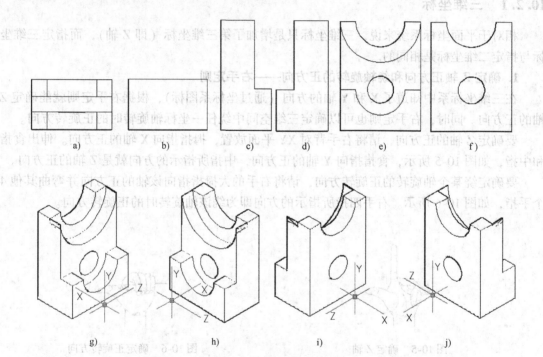

图 10-7　标准视点观察模型

a) 俯视　b) 仰视　c) 左视　d) 右视　e) 主视　f) 后视　g) 西南等轴测
h) 东南等轴测　i) 东北等轴测　j) 西北等轴测

这 10 个标准视点可以通过如下方法调用。

【调用方法】

- 绘图区视图控件：如图 10-8a 所示
- 选项组：［默认］→［图层和视图］→视觉样式（见图 10-8b 圈示位置）
- 菜单：［视图］→［三维视图］
- 工具栏：［视图］和［三维导航］

● 命令名称：-VIEW

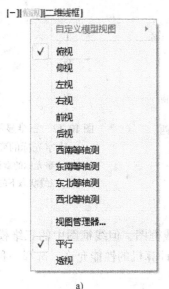

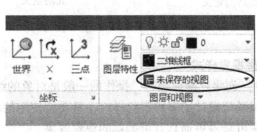

a) 　　　　　　　　b)

图 10-8　标准视点的位置

a）绘图区视图控件　b）"图层和视图"选项组

【操作说明】

图 10-8 中的标准视图，从上至下依次与图 10-7 中的观察视点相对应。在绘图过程中，当需要选择其中一个观察视点时，单击打开列表选择即可。

如图 10-7g～图 10-7j 所示，十字光标在轴测观察状态下也会变为轴测显示，并且在不同轴测方向的显示也不同，从光标中可以知道当前的轴测观察方向。在隐藏样式中，坐标系图标如图 10-9 所示。

在 AutoCAD 中，上下、左右、前后的定义如图 10-10 所示，标准视点的 6 个基本视图的观察方向如下：

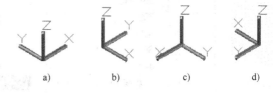

a)　　　b)　　　c)　　　d)

图 10-9　轴测视图坐标系图标的变化

a）西南等轴测　b）东南等轴测
c）东北等轴测　d）西北等轴测

1）俯视图：从上方（Z 轴正方向）观察，视图平行于 WCS 的 XY 平面。

2）仰视图：从下方（Z 轴负方向）观察，视图平行于 WCS 的 XY 平面。

3）左视图：从左方（X 轴负方向）观察，视图平行于 WCS 的 YZ 平面。

4）右视图：从右方（X 轴正方向）观察，视图平行于 WCS 的 YZ 平面。

5）主视图：从前方（Y 轴负方向）观察，视图平行于 WCS 的 ZX 平面。

6）后视图：从后方（Y 轴负方向）观察，视图平行于 WCS 的 ZX 平面。

东、南、西、北的定义如图 10-11 所示。

2. 三维状态下的光标

在 AutoCAD 中，当绘图区由平面观察转换到三维观察角度时，系统的十字光标将从图 10-12a 变换为图 10-12b 所示的形式。

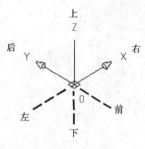

图 10-10 上下、左右、
前后的定义

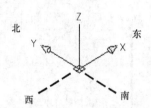

图 10-11 东、南、西、
北的定义

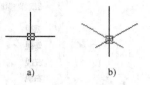

图 10-12 三维显示状态下
十字光标的变化
a) 十字光标的默认状态
b) 三维状态下的光标

3. 调整视觉样式

【功能】创建三维模型时，操作的一般是对象的线框图，但线框图中的三维模型显示不清晰，所以系统设计了多种视觉样式，只要所使用的计算机的性能允许，选择一种三维的视觉样式，便可获得更逼真且可编辑的观察效果。

【调用方法】

- 绘图区视图控件：如图 10-13a 所示。
- 选项组：[默认]→[图层和视图]→视觉样式（见图 10-13b 圈示位置）
- 菜单：[视图]→[视觉样式]
- 工具栏：[视觉样式]
- 命令名称：VSCURRENT，别名：VS

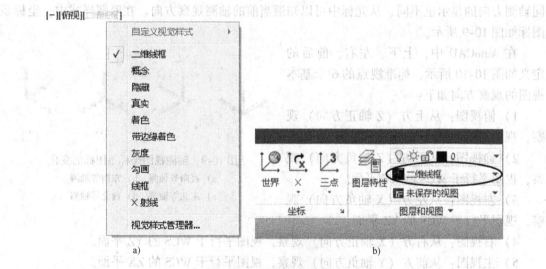

图 10-13 视觉样式的位置
a) 绘图区视图控件 b)"图层和视图"选项组

【操作说明】

设置视觉样式只需从视图控件列表中选择以下选项之一即可：

二维线框——显示用直线和曲线表示边界的对象，即线框图编辑模式，如图 10-14a

所示。

概念——着色多边形平面间的对象，并使对象的边平滑化。着色时采用一种冷色和暖色之间的过渡，而不是从深色到浅色的过渡。虽然效果缺乏真实感，但是可以更方便地查看模型的细节，如图 10-14b 所示。

隐藏——三维状态下的消隐模式，显示用三维线框表示的对象，同时消隐隐藏表示背面的线，如图 10-14c 所示。

真实——使用平滑着色和材质显示对象，如图 10-14d 所示。

着色——使用平滑着色显示对象，如图 10-14e 所示。

带边缘着色——使用平滑着色和可见边显示对象，如图 10-14f 所示。

灰度——使用平滑着色和单色灰度显示对象，如图 10-14g 所示。

勾画——使用线延伸和抖动边修改器显示手绘效果的对象，如图 10-14h 所示。

线框——显示用直线和曲线表示边界的对象，以及一个着色的 UCS 三维图标，如图 10-14i 所示。

X 射线——以局部透明度显示对象，如图 10-14j 所示。

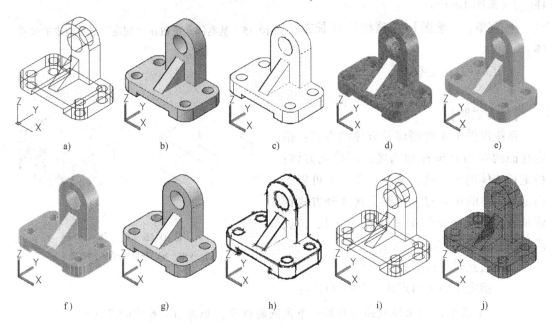

图 10-14　视觉样式各选项效果

a）二维线框　b）概念　c）隐藏　d）真实　e）着色　f）带边缘着色
g）灰度　h）勾画　i）线框　j）X 射线

10.3　简单基本体素

在 AutoCAD 中，创建实体模型是采用体素法实现的，其中基本体素包括 8 种：长方体、圆柱体、圆锥体、球体、棱锥体、楔体、圆环体和多段体，如图 10-15 所示。其中，多段体主要用来绘制墙体，该命令不做介绍。其他基本体素中除了球体和圆环体是通过指定球半径来定义外,其余体素都是通过先指定底面的形状和尺寸,再指定立体的高度来定义的。

在 AutoCAD 中,系统支持动态显示当前的建模状态,在指定长度时即显示一条直线,确定一个面时显示一个矩形或圆,输入高度时则显示三维建模结果的预览。此外,在三维显示状态下输入距离时也可使用在绘图区拾取点的方式。

10.3.1 长方体

【调用方法】

● 选项组:[默认]→[创建]→长方体 (见图 10-15)

● 菜单:[绘图]→[建模]→[长方体]

图 10-15 基本体素按钮在"创建"选项组中的位置

● 工具栏:[建模]

● 命令名称:BOX

【操作说明】

系统提供了 3 种创建长方体的方式:指定底面两对角点坐标和高度;创建正方体;指定长方体的长、宽、高。另外,也可以先指定长方体的中心点,再按上述 3 种方式创建长方体。下面介绍最常用的指定长、宽、高创建长方体的方法。

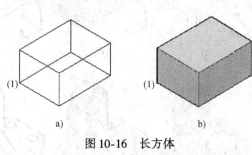

图 10-16 长方体
a) 线框　b) 灰度视觉样式效果

系统交互过程如下:

指定第一个角点或[中心(C)]:

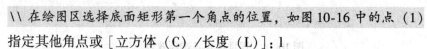\\ 在绘图区选择底面矩形第一个角点的位置,如图 10-16 中的点(1)

指定其他角点或[立方体(C)/长度(L)]:l

\\ 输入 l,选择使用指定长、宽、高的方法创建长方体

指定长度 <0.0000>:

\\ 输入长度尺寸(将光标移动到(1)的右侧,平行于 X 的方向)

指定宽度 <0.0000>:

\\ 输入宽度尺寸(将光标移动到长度线的下方)

指定高度或[两点(2P)] <0.0000>:

\\ 输入高度尺寸

10.3.2 圆柱体

【调用方法】

- 选项组：［默认］→［创建］→圆柱体 ⬛ （见图 10-15）
- 菜单：［绘图］→［建模］→［圆柱体］
- 工具栏：［建模］
- 命令名称：CYLINDER，别名：CYL

【操作说明】

系统交互过程如下：

　　指定底面的中心点或［三点（3P）/两点（2P）/切点、切点、半径（T）/椭圆（E）］：

　　\\ 指定底面中心点，或选择确定底面圆的方式

　　\\ 或选择绘制椭圆柱

　　指定底面半径或［直径（D）］＜0.0000＞：20

　　\\ 输入底面圆的半径或直径

　　指定高度或［两点（2P）/轴端点（A）］＜0.0000＞：

　　\\ 输入圆柱体高度，或通过在绘图区拾取两点确定高度距离

　　\\ 或通过指定底面圆心点（轴端点）来确定高度和轴线方向

作图结果示例如图 10-17 所示。

10.3.3 圆锥体

【调用方法】

- 选项组：［默认］→［创建］→圆锥体 △ （见图 10-15）
- 菜单：［绘图］→［建模］→［圆锥体］
- 工具栏：［建模］
- 命令名称：CONE

【操作说明】

系统交互过程如下：

　　指定底面的中心点或［三点（3P）/两点（2P）/切点、切点、半径（T）/椭圆（E）］：

　　\\ 指定底面中心点，或选择确定底面圆的方式

　　\\ 或选择绘制圆锥体

　　指定底面半径或［直径（D）］＜0.0000＞：

　　\\ 输入底面圆的半径或直径

　　指定高度或［两点（2P）/轴端点（A）/顶面半径（T）］＜0.0000＞：.

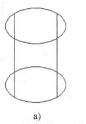

a)　　　　　　　　b)

图 10-17　圆柱体

a) 线框　b) 灰度视觉样式效果

\\ 输入圆锥体高度，或通过在绘图区拾取两点确定高度距离

\\ 或通过指定锥顶点（轴端点）确定高度和轴线方向

\\ 或输入顶面半径绘制圆锥台

作图结果示例如图10-18所示。

10.3.4 球体

【调用方法】

- 选项组：[默认]→[创建]→球体 （见图10-15）
- 菜单：[绘图]→[建模]→[球体]
- 工具栏：[建模]
- 命令名称：SPHERE

【操作说明】

系统交互过程如下：

指定中心点或 [三点（3P）/两点（2P）/切点、切点、半径（T）]：

\\ 指定球心点，或选择确定断面圆方法绘制球体

指定半径或 [直径（D）] <0.0000>：

\\ 输入球半径或直径

作图结果示例如图10-19所示。

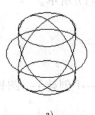
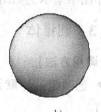

图10-18 圆锥体
a) 线框 b) 灰度视觉样式效果

图10-19 球体
a) 线框 b) 灰度视觉样式效果

10.3.5 棱锥体

【调用方法】

- 选项组：[默认]→[创建]→棱锥体 （见图10-15）
- 菜单：[绘图]→[建模]→[棱锥体]
- 工具栏：[建模]
- 命令名称：PYRAMID，别名：PYR

【操作说明】

使用棱锥体命令可以绘制棱锥体、棱锥台和棱柱3种截断面为正多边形的立体。系统提供了两种绘制棱锥体的方法：已知底边长（即底面多边形外切于一个圆）和高；已知底面

对角线长（即底面多边形内接于一个圆）和高。两种方法系统交互过程类似，下面简介已知底边长的系统交互过程：

指定底面的中心点或［边（E)/侧面（S)]：

> \\ 指定底面中心点，或选择通过指定底边两端点确定底面多边形（边选项）

> \\ 或选择修改底面边数（侧面选项）

指定底面半径或［内接（I)]＜0.0000＞：

> \\ 输入底面多边形外切圆的半径，或改为按内接方式确定底面多边形

指定高度或［两点（2P)/轴端点（A)/顶面半径（T)]＜0.0000＞：

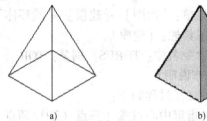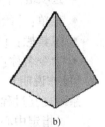

> \\ 输入棱锥体高度，或通过在绘图区拾取两点确定高度距离
> 或通过指定锥顶点（轴端点）来确定高度和轴线方向

> \\ 或输入顶面半径绘制棱锥台或棱柱

作图结果示例如图 10-20 所示。

图 10-20　棱锥体

a）线框　b）灰度视觉样式效果

10.3.6　楔体

【调用方法】

- 选项组：［默认]→［创建]→楔体　（见图 10-15）
- 菜单：［绘图]→［建模]→［楔体]
- 工具栏：［建模]
- 命令名称：WEDGE，别名：WE

【操作说明】

系统提供了 3 种创建楔体的方式：指定底面两对角点坐标和高度；创建长、宽、高相等的楔体；指定长方体的长、宽、高。另外，也可以先指定楔体的中心点，再按上述 3 种方式创建楔体。下面介绍最常用的指定长、宽、高来创建楔体的方法。

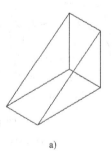

图 10-21　楔体

a）线框　b）灰度视觉样式效果

系统交互过程如下：

指定第一个角点或［中心（C)]：

> \\ 在绘图区选择底面矩形第一个角点的位置

指定其他角点或［立方体（C)/长度（L)]：1

> \\ 输入 1，选择使用指定长、宽、高的方法创建楔体

指定长度＜0.0000＞：

> \\ 输入长度尺寸

指定宽度 <0.0000>：

　　\\ 输入宽度尺寸

指定高度或 ［两点（2P）］ <0.0000>：

　　\\ 输入高度尺寸

作图结果示例如图 10-21 所示。

10.3.7　圆环体

【调用方法】

- 选项组：［默认］→［创建］→圆环体◎ （见图 10-15）
- 菜单：［绘图］→［建模］→［圆环体］
- 工具栏：［建模］
- 命令名称：TORUS，别名：TOR

【操作说明】

系统交互过程如下：

指定中心点或 ［三点（3P）/两点（2P）/切点、切点、半径（T）］：

　　\\ 指定圆环的中心点，或选择确定圆环体的方式

指定半径或 ［直径（D）］ <20.0000>：

　　\\ 指定圆环的半径或直径

指定圆管半径或 ［两点（2P）/直径（D）］：

　　\\ 指定圆管的半径或直径

作图结果示例如图 10-22 所示。

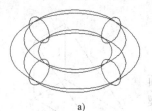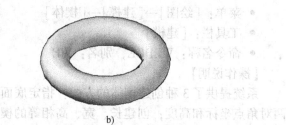

a)　　　　　　　　　　　　　　b)

图 10-22　圆环体

a) 线框　b) 灰度视觉样式效果

10.4　基本体素的创建方法

基本体素的创建方法有两种：通过扫描法由二维图形轮廓创建实体和切割已有实体获得新实体。

由二维图形轮廓创建实体的方法有 4 种，即拉伸、旋转、扫掠和放样，对于相对复杂的扫掠和放样本书不再介绍，有兴趣的读者可以参考软件帮助。

在使用扫描法创建实体的操作中，需要将平面绘图命令绘制的平面图形转换为 AutoCAD 扫描法生成实体可用的二维图形轮廓形式——面域。

10.4.1 面域

【功能】 面域是由封闭的边界构成的二维封闭区域。在三维空间中它就像是一张纸，不透明，但没有厚度，可以遮挡其他物体，并且可以挖孔（见布尔操作）。其边界可以是一条图线对象或一系列相连的图线对象，组成边界的对象可以是直线、圆、圆弧、椭圆、椭圆弧和样条曲线等。这些对象要求自行封闭形成封闭区域，或与其他对象首尾相接形成封闭区域。如果边界对象内部相交，就不能生成面域。在 AutoCAD 中，面域不论由多少图线组成，它都是一个对象。

【调用方法】

- 菜单：［绘图］→［面域］
- 工具栏：［绘图］→面域 〇
- 命令名称：REGION，别名：REG

【操作说明】

系统交互过程如下：

选择对象：

\\ 选择创建面域的二维对象

选择对象：

\\ 按 < Enter > 键结束选择并完成面域的创建

已提取 1 个环。

已创建 1 个面域。

\\ 系统提示在选择的对象中找到的环数量和最终创建的面域数量

创建面域的过程如图 10-23 所示。

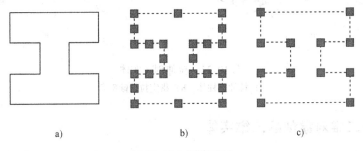

a)   b)   c)

图 10-23 创建面域

a) 原始图形 b) 未生成面域前选择对象夹点的状态 c) 生成面域后选择对象夹点的状态

10.4.2 拉伸二维对象创建三维实体

【功能】 将面域拉伸生成三维实体。

【调用方法】

- 选项组：［默认］→［创建］→拉伸 （见图 10-24 圈示位置）
- 菜单：［绘图］→［建模］→［拉伸］
- 工具栏：［建模］
- 命令名称：EXTRUDE，别名：EXT

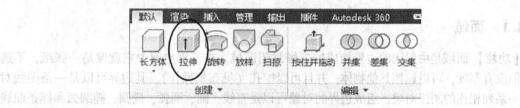

图 10-24 拉伸按钮在 "创建" 选项组中的位置

【操作说明】

系统交互过程如下：

选择要拉伸的对象或 [模式 (MO)]：

\\ 选择要拉伸的面域对象

选择要拉伸的对象或 [模式 (MO)]：

\\ 按 < Enter > 键结束选择

指定拉伸的高度或 [方向 (D)/路径 (P)/倾斜角 (T)/表达式 (E)]：

\\ 指定拉伸形成实体的高度（见图 10-25a），或选择指定方向或路径拉伸

\\ 或选择输入拉伸倾斜角（见图 10-25b），或输入公式或方程式以指定拉伸高度

作图结果示例如图 10-25 所示。

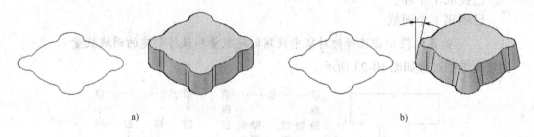

图 10-25 拉伸创建实体

a）拉伸为柱体 b）指定拉伸倾斜角

10.4.3 旋转二维对象创建三维实体

【功能】将面域旋转生成三维实体。通过将某一平面图形绕一个预先定义好的轴旋转而形成一个新物体的方法称为旋转扫描法。旋转扫描法中，轴必须位于面域轮廓线的一侧，不能相交。

【调用方法】

- 选项组：[默认]→[创建]→旋转 （见图 10-26 圈示位置）
- 菜单：[绘图]→[建模]→[旋转]
- 工具栏：[建模]
- 命令名称：REVOLVE，别名：REV

【操作说明】

系统交互过程如下：

选择要旋转的对象或［模式（MO）］：

　　\\ 选择要旋转的面域对象

选择要旋转的对象或［模式（MO）］：

　　\\ 按＜Enter＞键结束选择

指定轴起点或根据以下选项之一定义轴［对象（O）/X/Y/Z］＜对象＞：

　　\\ 指定旋转轴线上的第一点或输入一个选项选择确定轴线的方法

指定轴端点：

　　\\ 指定旋转轴线上的第二点

指定旋转角度或［起点角度（ST）/反转（R）/表达式（EX）］＜360＞：

　　\\ 指定所创建实体的包含角度，或选择输入起点角度，或更改旋转方向

　　\\ 或输入公式或方程式以指定旋转角度

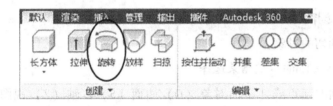

图 10-26　旋转按钮在"创建"选项组中的位置

作图结果示例如图 10-27 所示。

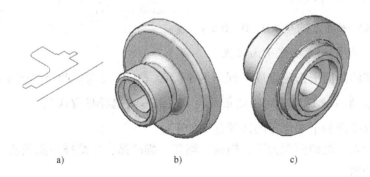

图 10-27　旋转创建实体

a）面域及轴线　b）西南等轴测视点观察　c）东南等轴测视点观察

10.4.4　切割实体

【功能】将三维实体切割获得新的实体结构。

【调用方法】

- 选项组：［默认］→［编辑］→剖切 （见图 10-28 圈示位置）
- 菜单：［修改］→［三维操作］→［剖切］

● 命令名称：SLICE，别名：SL

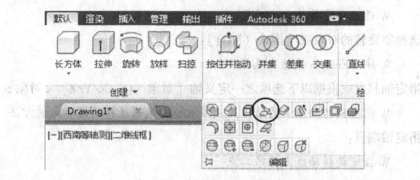

图 10-28 剖切按钮在"编辑"选项组中的位置

【操作说明】

系统交互过程如下：

选择要剖切的对象：

　　\\ 选择要剖切的实体对象

选择要剖切的对象：

　　\\ 按 < Enter > 键结束选择

指定切面的起点或 [平面对象 (O)/曲面 (S)/Z 轴 (Z)/视图 (V)/XY (XY)/YZ (YZ)/ZX (ZX)/三点 (3)] <三点> : xy

　　\\ 通过选择选项中的一种方法来剖切平面，不同选项有不同的提示（下面以选择 XY 为例）

指定 XY 平面上的点 < 0, 0, 0 > :

　　\\ 指定一点确定平面位置

在所需的侧面上指定点或 [保留两个侧面 (B)] <保留两个侧面> :

　　\\ 在要保留的一侧指定点或按 < Enter > 键选择保留两侧

提示中获取截面的平面位置的选项含义如下：

平面对象：剖切面取为圆、椭圆、圆弧、椭圆弧、二维样条曲线或二维多段线等对象所在的平面。

曲面：剖切面取为与曲面对齐的平面。

Z 轴：由平面 Z 轴（法线）的原点定义剖切平面。

视图：剖切平面与当前视口的视图平面平行。

XY：剖切面与当前 UCS 的 XY 平面平行。

YZ：剖切面与当前 UCS 的 YZ 平面平行。

ZX：剖切面与当前 UCS 的 ZX 平面平行。

三点：定义剖切面上的三点。

作图结果示例如图 10-29 所示。

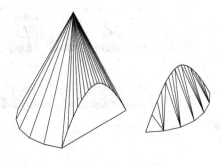

图 10-29 切割实体

10.5 复杂立体的构建

在完成了组成立体的基本体素的构建后，需要将它们组合在一起，构成所要的立体结构。组合基本体素包含两个操作：基本体素的定位和组合。

10.5.1 基本体素的定位

1. 使用二维的移动命令

三维移动可以使用与二维移动相同的命令——移动命令来实现。进行三维移动时通过直接指定三维坐标定位目标点，或在定位对象实体上捕捉相应的特殊点。如图 10-30 所示，通过捕捉中点将立体的侧板定位到底板上。

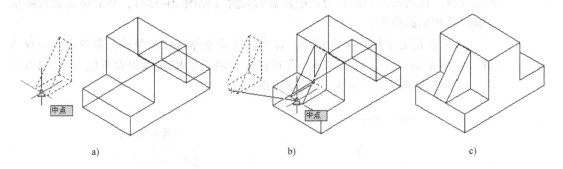

图 10-30 使用二维移动定位基本体素

a）捕捉移动实体上的特殊点作为基点　b）捕捉固定实体上的特殊点作为目标点　c）移动结果

2. 三维移动

【功能】在三维视图中显示移动夹点工具（见图 10-31），并沿指定方向将对象移动指定的距离。注意，只有在三维视觉样式中才会显示移动夹点工具。

【调用方法】

- 选项组：[默认]→[选择]→移动小控件 ⬡（见图 10-32 圈示位置）

【操作说明】

移动夹点工具类似二维绘图的夹点编辑，设置好当前打开的小控件的种类后，在三维视觉样式状态下，选择欲移动的对象，即会显示移动小控件。

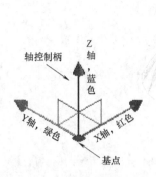

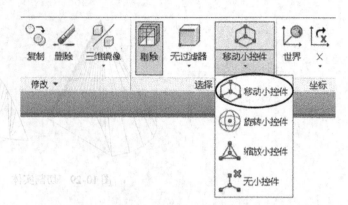

图 10-31　移动夹点工具

注：图中颜色说明为对应轴在屏幕中的颜色。

图 10-32　移动小控件按钮在
"选择"选项组中的位置

移动操作步骤如下：

1) 选择要移动的对象。

2) 此时，系统将显示附着在光标上的移动夹点工具。

3) 单击鼠标左键指定移动的基点，完成移动夹点工具的放置。

4) 此时可以使用以下 3 种方式移动对象。

　　① 若将对象移动到指定点：与二维移动相同，将光标移动到目标点上，然后单击鼠标左键。

　　② 若沿指定的轴移动对象：将光标移动并停留在夹点工具上的轴控制柄上，观察屏幕，直到轴控制柄变为黄色并显示矢量（见图 10-33a），然后单击轴控制柄并输入欲移动的距离。

　　③ 若在指定坐标平面内移动：将光标移动并停留在两条轴控制柄之间的直线（用于确定平面）上，观察屏幕，直到直线和两条轴控制柄变为黄色（见图10-33 b），然后单击鼠标左键并输入欲移动的距离。

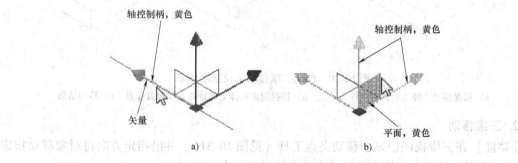

图 10-33　三维移动轴控制柄状态

a）沿指定轴移动　b）在指定坐标平面内移动

3. 三维旋转

【功能】在三维视图中显示旋转夹点工具（见图 10-34），并绕指定轴将对象旋转指定的角度。注意，只有在三维视觉样式中才会显示旋转夹点工具。

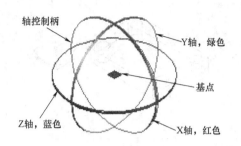

图 10-34 旋转夹点工具

【调用方法】

- 选项组：[默认]→[选择]→旋转小控件⊙（见图 10-35 圈示位置）

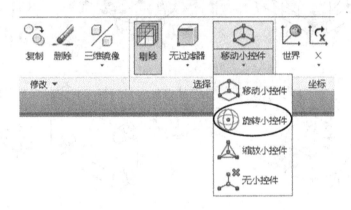

图 10-35 旋转小控件按钮在"选择"选项组中的位置

【操作说明】

旋转小控件类似二维绘图的夹点编辑，设置好当前打开的小控件的种类后，在三维视觉样式状态下，选择欲移动的对象，即会显示旋转小控件。

旋转操作步骤如下：

1）选择要旋转的对象（见图 10-36b）。

2）此时，系统将显示附着在光标上的旋转夹点工具。

3）单击鼠标左键指定旋转的基点（见图 10-36c），完成旋转夹点工具的放置。

4）将光标移动并停留在夹点工具的轴控制柄上，直到轴控制柄圆环变为黄色并显示矢量（见图 10-36d 箭头位置处），然后单击轴控制柄。

5）输入欲旋转的角度。

旋转结果如图 10-36e 所示。

★ 三维移动和旋转小控件都有对应的命令，位于菜单栏［修改］→[三维操作］中。

4. 三维对齐

【功能】通过移动、旋转和按比例缩放使一个对象与其他对象对齐。给要对齐的对象加上源点（见图 10-38a 中的 1、3、5），给要与其对齐的对象加上目标点（见图 10-38a 中的 2、4、6），其中 1 对齐 2、3 对齐 4、5 对齐 6（1、2 为点对齐，其他为方向对齐）。

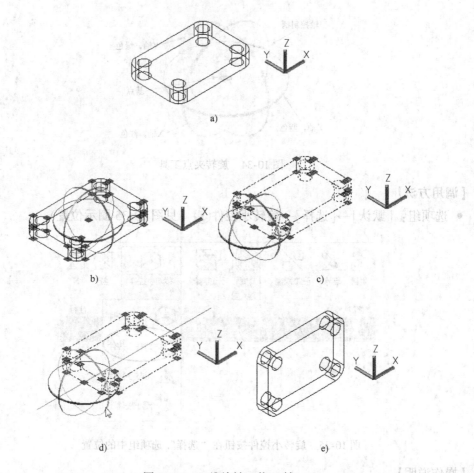

图 10-36 三维旋转（绕 X 轴）

a）初始状态 b）选择旋转对象 c）指定旋转基点 d）选择旋转轴 e）旋转结果

【调用方法】

- 选项组：[默认]→[修改]→三维对齐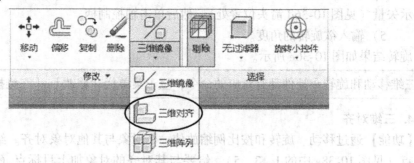（见图 10-37 圈示位置）
- 菜单：[修改]→[三维操作]→[三维对齐]
- 工具栏：[建模]
- 命令名称：3DALIGN

图 10-37 三维对齐按钮在"修改"选项组中的位置

【操作说明】

三维对齐命令在三维空间对齐对象的交互步骤如下：

　　选择对象：

　　　　\\ 选择要对齐的对象

　　选择对象：

　　　　\\ 对象选择完成后，按 <Enter> 键

　　指定源平面和方向...

　　指定基点或 [复制 (C)]：

　　　　\\ 指定源平面基点的第一点，见图 10-38a 中的点 1

　　指定第二个点或 [继续 (C)] <C>：

　　　　\\ 指定源平面基点的第二点，见图 10-38a 中的点 3

　　指定第三个点或 [继续 (C)] <C>：

　　　　\\ 指定源平面基点的第三点，见图 10-38a 中的点 5

　　指定目标平面和方向...

　　指定第一个目标点：

　　　　\\ 指定目标平面的第一点，见图 10-38a 中的点 2

　　指定第二个目标点或 [退出 (X)] <X>：

　　　　\\ 指定目标平面的第二点，见图 10-38a 中的点 4

　　指定第三个目标点或 [退出 (X)] <X>：

　　　　\\ 指定目标平面的第三点，见图 10-38a 中的点 6

作图结果示例如图 10-38b 所示。

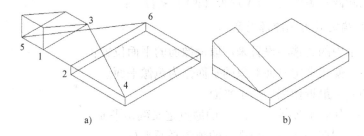

图 10-38　三维对齐

a）选择源点和目标点　b）对齐结果

5. 三维镜像

【功能】 根据镜像平面，创建所选三维实体的对称实体。

【调用方法】

- 选项组：[默认]→[修改]→三维镜像 ✎ （见图 10-39 圈示位置）
- 菜单：[修改]→[三维操作]→[三维镜像]
- 命令名称：MIRROR3D

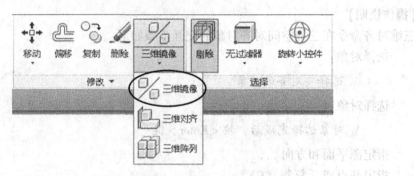

图 10-39　三维镜像按钮在"修改"选项组中的位置

【操作说明】

三维镜像命令在三维空间镜像对象的交互步骤如下：

选择对象：

\\ 选择要镜像的对象

选择对象：

\\ 对象选择完成后，按 <Enter> 键

指定镜像平面（三点）的第一个点或

［对象（O)/最近的（L)/Z 轴（Z)/视图（V)/XY 平面（XY)/YZ 平面（YZ)/ZX 平面（ZX)/三点（3)］<三点>：

\\ 指定镜向平面上的第一点或输入一个选项选择确定镜向面的方法

\\ 此后的提示与所选择的方法相对应，如选择 XY 平面则提示"指定 XY 平面上的点"

是否删除源对象？［是（Y)/否（N)］<否>：

\\ 确定是否删除源对象

可以使用提示中的各选项设置来获取镜像面的平面位置：

对象——使用选定平面对象的平面作为镜像平面。

最近的——最近使用的一个平面。

Z 轴——由平面 Z 轴（法线）的原点定义剖切平面。

视图——剖切平面与当前视口的视图平面平行。

XY 平面——剖切面与当前 UCS 的 XY 平面平行。

YZ 平面——剖切面与当前 UCS 的 YZ 平面平行。

ZX 平面——剖切面与当前 UCS 的 ZX 平面平行。

三点——定义剖切面上的三点。

作图结果示例如图 10-40 所示。

6. 三维阵列

【功能】 按照矩形的行、列、层方式或绕指定轴方式创建三维实体均匀分布的批量复制。

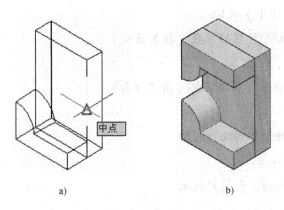

a)　　　　　　　　　　　　　　b)

图 10-40　3D 镜向（对称于 XY 平面）

a）选择 XY 平面的通过点　b）镜向结果

【调用方法】

- 选项组：［默认］→［修改］→三维阵列 ⬚（见图 10-41 圈示位置）
- 菜单：［修改］→［三维操作］→［三维阵列］
- 工具栏：［建模］
- 命令名称：3DARRAY

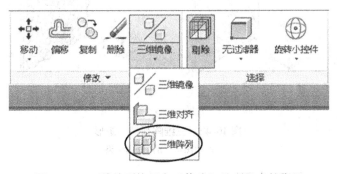

图 10-41　三维阵列按钮在"修改"选项组中的位置

【操作说明】

与二维阵列相似，三维阵列也包含矩形阵列和环形阵列两种方式。

1）三维矩形阵列的交互步骤如下：

　　选择对象：

　　　　\\ 选择要阵列的对象

　　选择对象：

　　　　\\ 对象选择完成后，按 <Enter> 键

　　输入阵列类型［矩形（R）/环形（P）］<矩形>：

　　　　\\ 输入"R"，选择矩形阵列

　　输入行数（---）<1>：

　　　　\\ 输入矩形阵列的行数（指 Y 方向）

输入列数（｜｜｜）<1>：

> \\ 输入矩形阵列的列数（指 X 方向）

输入层数（...）<1>：

> \\ 输入矩形阵列的层数（指 Z 方向）

指定行间距（---）：

> \\ 输入矩形阵列的行间距

指定列间距（｜｜｜）：

> \\ 输入矩形阵列的列间距

指定层间距（...）：

> \\ 输入矩形阵列的层间距

作图结果示例如图 10-42 所示。行数 =5，列数 =1，层数 =7。

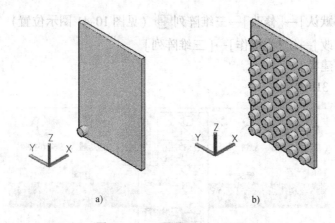

图 10-42　三维阵列——矩形

a) 原始图形　b) 阵列结果

2) 三维环形阵列的交互步骤如下：

选择对象：

> \\ 选择要阵列的对象

选择对象：

> \\ 对象选择完成后，按 <Enter> 键

输入阵列类型 [矩形（R）/环形（P）] <矩形>：

> \\ 输入 "P"，选择环形阵列

输入阵列中的项目数目：6

> \\ 输入阵列对象的个数，包括源对象

指定要填充的角度（ + =逆时针， − =顺时针）<360>：

> \\ 输入阵列对象分布的角度

旋转阵列对象？[是（Y）/否（N）] <Y>：

　　　　　\\ 确定阵列时是否旋转对象

指定阵列的中心点：

　　　　　\\ 指定阵列轴线上的第一点

指定旋转轴上的第二点：

　　　　　\\ 指定阵列轴线上的第二点

作图结果示例如图 10-43 所示。数量 6，填充角度为 360，阵列轴线为圆盘的轴线。

10.5.2　基本体素的组合——布尔操作

　　在 10.1 节中介绍过：创建复杂立体的连接操作通过加连接（并集∪）、减连接（差集−）和相交连接（交集∩）这些称作布尔操作或集合运算的功能来实现。

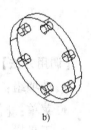

图 10-43　三维阵列——环形

a）原始图形　b）阵列结果

1. 并集

【功能】将两个或多个实体合并起来形成新的实体。

【调用方法】

- 选项组：［默认］→［编辑］→并集◎◎（见图 10-44 圈示位置）
- 菜单：［修改］→［实体编辑］→［并集］
- 工具栏：［建模］
- 命令名称：UNION，别名：UNI

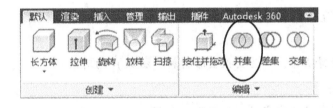

图 10-44　并集按钮在"编辑"选项组中的位置

【操作说明】

并集操作的交互步骤如下：

　　选择对象：

　　　　　\\ 选择要合并的实体对象组

　　选择对象：

　　　　　\\ 重复提示，直到对象选择完成后，按＜Enter＞键

作图结果示例如图 10-45 所示。

2. 差集

【功能】从一组（一个或多个）实体中减去另一组实体形成一个新的实体。

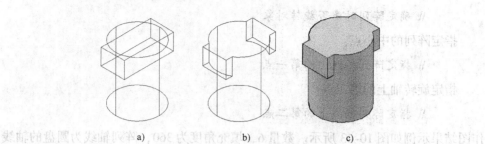

图 10-45　布尔操作——并集

a）合并前　b）合并后　c）灰度样式

【调用方法】

- 选项组：[默认]→[编辑]→差集（见图 10-46 圈示位置）
- 菜单：[修改]→[实体编辑]→[差集]
- 工具栏：[建模]
- 命令名称：SUBTRACT，别名：SU

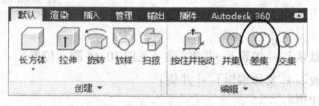

图 10-46　差集按钮在"编辑"选项组中的位置

【操作说明】

差集操作的交互步骤如下：

选择对象：

\\ 选择实体，作为要被去除材料（被减）的对象

选择对象：

\\ 对象选择完成后，按 <Enter> 键

选择要减去的实体、曲面和面域...

选择对象：

\\ 选择实体，作为要去除（减去）的对象

选择对象：

\\ 对象选择完成后，按 <Enter> 键

作图结果示例如图 10-47 所示。

3. 交集

【功能】 获得两个或多个实体重叠部分形状的新实体。

【调用方法】

- 选项组：[默认]→[编辑]→交集（见图 10-48 圈示位置）

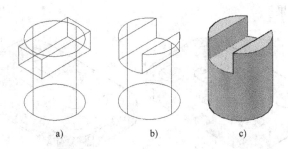

图 10-47 布尔操作——差集

a）相减前 b）相减后 c）灰度样式

- 菜单：［修改］→［实体编辑］→［交集］
- 工具栏：［建模］
- 命令名称：INTERSECT，别名：IN

图 10-48 交集按钮在"编辑"选项组中的位置

【操作说明】

交集操作的交互步骤如下：

　　　选择对象：

　　　　　\\ 选择要求交的实体对象组

　　　选择对象：

　　　　　\\ 对象选择完成后，按 < Enter > 键

作图结果示例如图 10-49 所示。

4. 布尔操作在复杂面域中的应用

对于图 10-50a 所示的底板结构，如果能够从其断面形状一次拉伸成形，就可以减少许多绘图步骤。但是使用"面域"命令对该断面图形创建面域得到的不是一个面域（面域的数量是由封闭轮廓的数量确定的），直接使用断面图形生成的面域拉伸得到的实体结果如图 10-50b 所示，可以看到图中没有做出孔结构，也就是说各面域是分别拉伸的。如果要一次拉伸成形，则需要建立包含

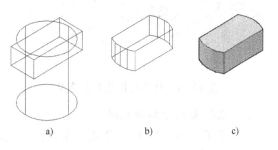

图 10-49 布尔操作——交集

a）求交前 b）求交后 c）灰度样式

孔结构的复杂面域，这样的面域利用布尔操作，使用并集、差集、交集，将不同面域组合为复杂的单一面域。在图 10-50 中，将边线轮廓面域与中间的孔结构面域做差集后，即可拉伸

出图 10-50a 所示的结果。

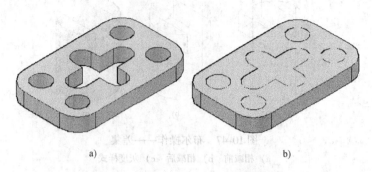

图 10-50 布尔操作——复杂面域

a) 目标结果 b) 错误结果

10.5.3 体素法构建复杂实体模型实例

【例 10-1】 构建图 10-51 所示立体的实体模型。

在本例中将介绍一种实体模型的构建步骤。在入门阶段，使用这个步骤绘制复杂实体，相对较容易掌握。在将来熟练以后，可以使用较直接的指定位置绘制基本体素，不必反复移动体素。

分析图 10-51 所示的立体，按照体素法，将立体分解为如图 10-52 所示的几个基本体素结构。建模的步骤如下：

1）建立新文件，并绘制底板平面图形。

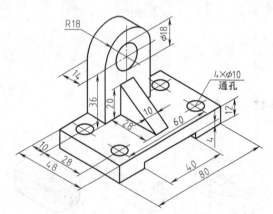

图 10-51 体素法构建实体模型

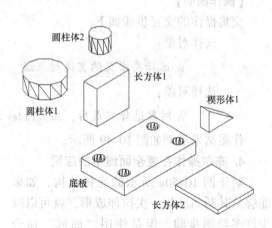

图 10-52 体素法分解实体

2）选择西南等轴测视图。

3）使用"面域"和"差集"命令，完成底板的断面轮廓面域，使用矩形面域减去 4 个圆形面域，如图 10-53 所示。

4）使用拉伸命令拉伸底板的断面轮廓面域，形成底板的实体，如图 10-54 所示，命令运行响应参数如下：

拉伸的高度 = 12

5）使用长方体、圆柱体和楔形体命令分别绘制图 10-52 所示的其余基本体素，各实体参数如下。

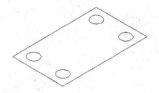

图 10-53 底板断面轮廓面域

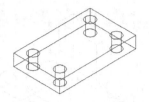

图 10-54 底板实体

长方体 1：使用指定长、宽、高的方法创建长方体

第一个角点 = 任意点；长度 = 36；宽度 = 14；高度 = 36

长方体 2：使用指定长、宽、高的方法创建长方体

第一个角点 = 任意点；长度 = 40；宽度 = 48；高度 = 4

圆柱体 1：底面的中心点 = 任意点

底面半径 = 18；高度 = 14

圆柱体 2：底面的中心点 = 任意点

底面半径 = 9；高度 = 14

楔形体 1：第一个角点 = 任意点；长度 = 28；宽度 = 10；高度 = 20

6）使用"移动"或"三维移动"命令将长方体 1 和长方体 2 分别移动到相应位置，移动时的"基点"和"第二点"如图 10-55a 和图 10-55b 所示，移动结果如图 10-55c 所示。

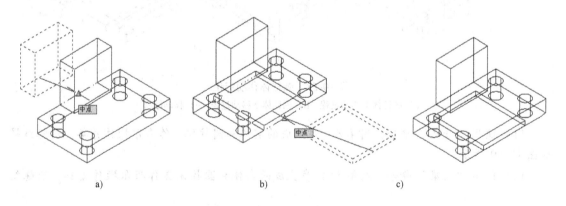

a)　　　　　　　　　　b)　　　　　　　　　　c)

图 10-55 长方体移动定位

a）长方体 1 移动过程　b）长方体 2 移动过程　c）移动结果

7）使用"差集"命令，对底板和长方体 2 作布尔操作差集。

8）使用"交集"命令，对底板和长方体 1 作布尔操作并集，两次布尔操作后的结果如图 10-56 所示。

9）使用"三维旋转"命令，将圆柱体 1、圆柱体 2 分别绕 X 轴旋转至图 10-57 所示的位置，命令运行的相应参数如下：

指定基点 = 选择圆柱底面圆心

拾取旋转轴 = X 轴

角度 = 90

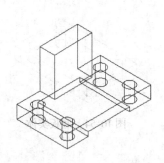
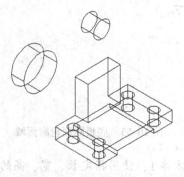

图 10-56 长方体 1、2 布尔操作结果   图 10-57 圆柱体 1、2 三维旋转结果

10）使用"移动"或"三维移动"命令将圆柱体 1 和圆柱体 2 分别移动到相应位置，移动时的"基点"和"第二点"如图 10-58a 和图 10-58b 所示，移动结果如图 10-58c 所示。

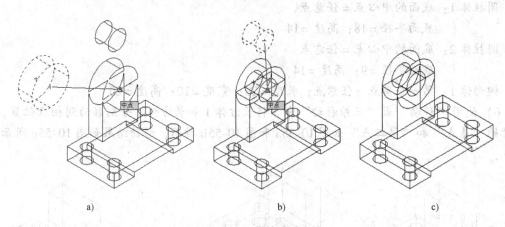

图 10-58 圆柱体移动定位

a）圆柱体 1 移动过程   b）圆柱体 2 移动过程   c）移动结果

11）使用"并集"命令，对第 8）步生成的实体和圆柱体 1 作布尔操作并集，消隐结果如图 10-59 所示。

12）使用"差集"命令，对第 11）步生成的实体和圆柱体 2 作布尔操作差集，消隐结

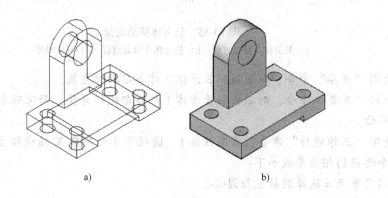

图 10-59 圆柱体 1 并集操作

a）结果线框图   b）结果消隐图

果如图 10-60 所示。

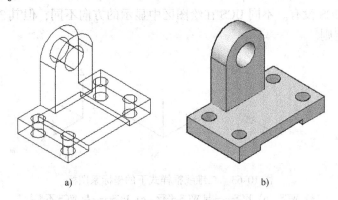

图 10-60 圆柱体 2 差集操作

a) 结果线框图 b) 结果消隐图

13) 使用"三维对齐"命令,将楔形体 1 定位到图 10-61a 所示的位置,命令运行中的 3 对"源平面"的 3 个基点、"目标平面"的 3 个目标点即对应关系如图 10-61b 所示。

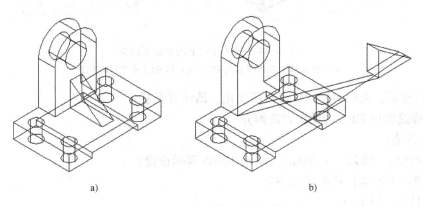

图 10-61 楔形体 1 对齐操作

a) 结果 b) 对齐点选择

14) 使用"并集"命令,对第 12) 步生成的实体和楔形体 1 作布尔操作并集,完成实体的构建,最终结果如图 10-62 所示。

10.5.4 用户坐标系

第 5 章介绍了 UCS 在二维绘图中的使用,其在三维绘图中具有更广泛的用途。由于在 AutoCAD 中,大多数绘图和编辑命令只能在 XY 平面上操作,因此为了方便在三维空间中绘制图形,需要经常使用 UCS 来调整坐标系的位置。

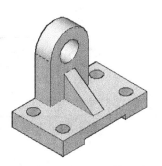

图 10-62 完成的实体模型

1. 三维显示下的坐标系图标及显示状态

前面的实体造型都是在世界坐标系 (WCS) 中操作的,WCS 与 UCS 在图形界面中通过图标来区别,其中二维线框样式中的坐标系图标用线条表示 (见图 10-63),三维样式中的坐标系图标用着色图显示（见图10-64）。在二维线框样式中，WCS 坐标系图标的原点处有一个小方框，而 UCS 没有。不同 UCS 在绘图区中显示的方向不同，但其 3 个坐标轴之间的关系均符合右手定则。

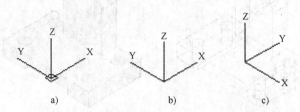

图 10-63　二维线框样式下的坐标系图标

a）WCS　b）UCS——与 WCS 平行　c）UCS——与 WCS 不平行

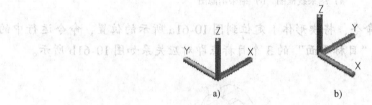

图 10-64　三维样式下的坐标系图标

a）WCS 和与 WCS 平行的 UCS　b）与 WCS 不平行的 UCS

UCS 变化后，光标的显示也会有所变化，请注意观察。

2. 三维造型中 UCS 的设置方法简介

【调用方法】

- 选项组：［默认］→［坐标］（见图 10-65 圈示位置）
- 菜单：［工具］→［新建 UCS］
- 工具栏：［UCS］

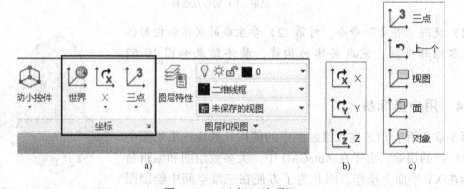

图 10-65　"坐标"选项组

a）在"坐标"选项组中的位置　b）绕轴旋转菜单　c）其他方法菜单

【操作说明】

AutoCAD 提供了多种建立 UCS 的方法。其中，"世界""上一个""原点""三点""Z"

这几个最常用的方法已在 5.2.1 节中做了介绍，因此已经有了相关知识的基础，这里只简要说明在三维造型中其他几种 UCS 设置方法的功能。

1）X、Y：绕 X、Y 轴旋转当前的 UCS，操作方法与 Z 相同。

2）视图：以平行于屏幕的平面为 XY 平面，建立新的坐标系。UCS 的原点保持不变。

3）面 UCS：使用实体表面定义 UCS，以选定实体对象的面为 XY 平面，将找到的第一个面上的最近的边确定为 UCS 的 X 轴。要选择一个面，在此面的边界内或面的边上单击即可，被选中的面将高亮显示。

4）对象：根据选定的三维对象定义新的坐标系。新 UCS 的 Z 轴正方向与选定对象的拉伸方向相同。

10.5.5　动态 UCS

【功能】使用动态 UCS 功能，可以在创建对象时使 UCS 的 XY 平面自动与实体模型上的平面临时对齐。使用绘图命令时，可以通过在面上移动光标来对齐 UCS，而无须使用 UCS 命令。结束该命令后，UCS 将恢复到其上一个位置和方向。

【设置方法】

● 状态栏：单击状态栏中的动态 UCS 按钮 （见图 10-66 圈示位置），图标变亮为打开，图标变暗为关闭。

图 10-66　动态 UCS 按钮在状态栏中的位置

● 键盘快捷键：<F6>，重复按<F6>键可在打开和关闭状态之间切换。

● 快捷菜单：右键单击状态栏中的按钮 即可打开快捷菜单，如图 10-67 所示。选中"启用"选项为打开，取消选中"启用"选项为关闭。

【操作说明】

动态 UCS 的使用方法和步骤如下：

1）打开动态 UCS。

2）将光标指针移动到欲绘制图形的面的上方，该面将变成灰色或虚线显示，光标将更改为显示动态 UCS 轴的方向（见图 10-68a）。要在光标指针上显示 X、Y、Z 标记，则在动态 UCS 快捷菜单中选择"显示十字光标标签"选项即可。

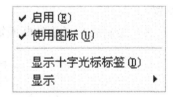

图 10-67　动态 UCS 快捷菜单

3）单击鼠标后，即可在该面绘图（见图 10-68b），动态 UCS 的 X 轴沿面的一条边定位，且 X 轴的正向始终指向屏幕的右半部分。

4）按照命令操作顺序，在平面上进行操作，完成实体建模，绘图结果如图 10-68c 所示。

10.5.6　利用用户坐标系帮助构建复杂实体模型

【例 10-2】利用 UCS 构建图 10-51 所示立体的实体模型。

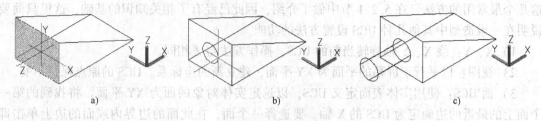

图 10-68 动态 UCS

a) 选择动态 UCS 对齐的面　b) 确定动态 UCS　c) 绘图结果

本例将介绍另一种实体建模的思路和步骤，这一步骤近似于现在流行的基于特征的三维参数化设计软件造型方法。

利用 UCS 构建模型，立体的分解方法与例 10-1 有区别，分解方法如图 10-69 所示。绘图步骤如下，各操作中的参数请参照图 10-51 中所示的尺寸。

1) 参照例 10-1，首先绘制底板的实体，结果如图 10-70 所示。

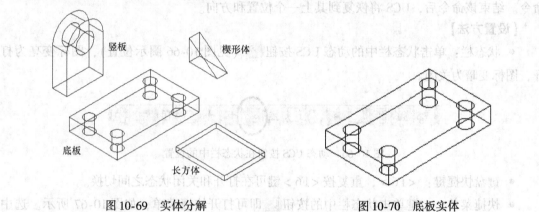

图 10-69　实体分解　　　　　　　　　　图 10-70　底板实体

2) 使用"三点"方法将 UCS 设置到图 10-71 所示的边线中点的位置，注意 XY 平面的位置。

3) 绘制底板通槽的断面矩形，如图 10-72 所示。

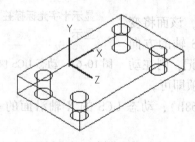
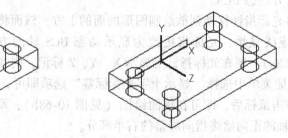

图 10-71　三点设置 UCS　　　　　　　　图 10-72　通槽断面矩形

4) 使用拉伸命令拉伸该矩形，形成图 10-69 所示的长方体，结果如图 10-73 所示。

5) 使用"差集"命令，对底板和长方体 2 作布尔操作差集，结果如图 10-74 所示。

6) 绘制竖板的形状，并将其做成一个复杂面域，如图 10-75 所示。

7) 使用拉伸命令拉伸该面域，结果如图 10-76 所示。

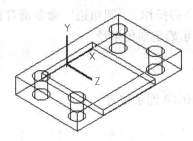

图 10-73　矩形拉伸为长方体

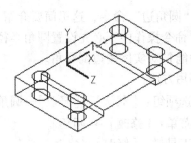

图 10-74　底板与长方体作布尔运算差集

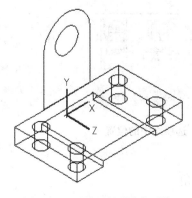

图 10-75　竖板平面图形面域

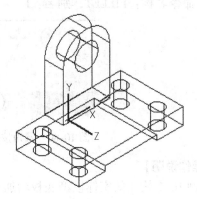

图 10-76　竖板拉伸

8）使用 "Y" 方法将 UCS 旋转 –90°到图 10-77 所示的位置。

9）绘制楔形体的断面形状，并将其做成一个面域，如图 10-78 所示。

10）使用拉伸命令拉伸该面域，高度为 10，结果如图 10-79 所示。

11）将楔形体沿当前 UCS 的 Z 轴移动 –5 后，与竖板和底板作并集操作，完成实体的构建。

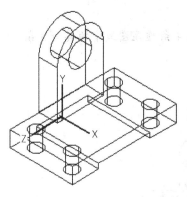

图 10-77　绕 Y 轴旋转 UCS

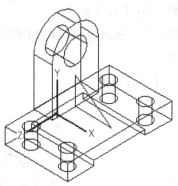

图 10-78　楔形体断面面域

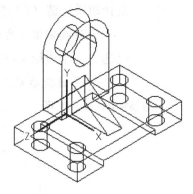

图 10-79　楔形体拉伸结果

10.6　实体修饰

10.6.1　实体圆角

实体圆角的操作有两个命令可用，"修改" 选项组中的 "圆角" 命令和 "编辑" 选项组中的"圆角边"命令，这里简要介绍"圆角"命令的操作，"圆角边"命令请自行尝试。"圆角"命令操作中不必先设置圆角半径，系统会提示确定圆角半径。

【功能】 对实体棱边倒圆角。

【调用方法】

- 选项组：［默认］→［修改］→圆角 ⌐ （见图 10-80 圈示位置）
- 菜单：［修改］→［圆角］
- 工具栏：［修改］
- 命令名称：FILLET，别名：F

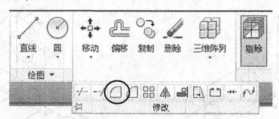

图 10-80 圆角按钮在"修改"选项组中的位置

【操作说明】

为例 10-1 构建的实体模型底板增加 $R = 12$ 的圆角。

交互步骤如下：

选择第一个对象或［放弃（U)/多段线（P)/半径（R)/修剪（T)/多个（M)］：

\\ 选择图 10-81 所示的 4 条虚显图线中的一条

输入圆角半径或［表达式（E)］：12

\\ 输入圆角半径 12

选择边或［链（C)/环（L)/半径（R)］：

\\ 选择需做圆角的棱边，包括图 10-81a 所示的 4 条虚显图线中的其余 3 条

已选定 4 个边用于圆角。

\\ 系统提示完成了 4 个边的圆角

结果如图 10-81b 所示。

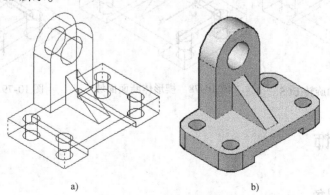

a)   b)

图 10-81 实体圆角

a) 圆角边选择 b) 圆角结果

命令中各选项功能如下：

链——通过选择具有相切关系的棱边中的一条边，将其他边全部选中。

环——在实体的面上指定边的环。对于任何边都有两种可能的循环。选择环边后，系统将提示接受当前选择或选择下一个环。

半径——设置以后所选棱边的圆角半径。

10.6.2 实体倒角

实体倒角的操作有两个命令可用，"修改"选项组中的"倒角"命令和"编辑"选项组中的"倒角边"命令，这里简要介绍"倒角"命令的操作，"倒角边"命令请自行尝试。对于实体操作，"倒角"命令中包含第一个倒角距离和第二个倒角距离的概念，只是在实体操作中倒角棱边是两面的交线，与两个倒角距离相对应，两面分别称作"基面"和"其他曲面"，第一个倒角距离称作"基面的倒角距离"，第二个倒角距离称作"其他曲面的倒角距离"。

【功能】对实体棱边倒斜角。

【调用方法】

- 选项组：[默认]→[修改]→倒角 （见图 10-82 圈示位置）
- 菜单：[修改]→[倒角]
- 工具栏：[修改]
- 命令名称：CHAMFER，别名：CHA

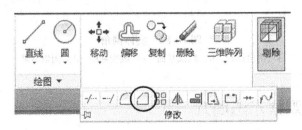

图 10-82 倒角按钮在"修改"选项组中的位置

【操作说明】

对图 10-83a 所示圆筒上表面的两棱边倒角。

交互步骤如下：

选择第一条直线或[放弃（U）/多段线（P）/距离（D）/角度（A）/修剪（T）/方式（E）/多个（M）]：

\\ 选择图 10-83a 中方框标识的棱边

基面选择…

\\ 进入基面选择，此时图形显示默认基面，如图 10-83b 所示

输入曲面选择选项[下一个（N）/当前（OK）]＜当前（OK）＞：n

\\ 输入"n"选择包含棱边的另一面作为基面，此时图形显示如图 10-83c 所示

输入曲面选择选项[下一个（N）/当前（OK）]＜当前（OK）＞：n

　　　　　\\ 输入"n"将基面改回默认，本例必须用该面作为基面

　　输入曲面选择选项 [下一个（N）/当前（OK）] ＜当前（OK）＞：

　　　　　\\ 按＜Enter＞键确认选择

　　指定基面的倒角距离或 [表达式（E）]：5

　　　　　\\ 输入基面的倒角距离

　　指定其他曲面的倒角距离或 [表达式（E）] ＜5.0000＞：5

　　　　　\\ 输入另一表面的倒角距离

　　选择边或 [环（L）]：

　　　　　\\ 分别选择需做倒角的棱边，即立体上表面的两边

　　选择边或 [环（L）]：

　　　　　\\ 按＜Enter＞键确认选择

结果如图 10-83d 所示。

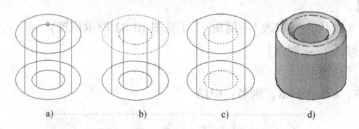

图 10-83　实体倒角

a）倒角选择　b）默认基面　c）改变基面　d）倒角结果

10.7　其他三维观察方法简介

10.7.1　平铺视口的应用

　　第1章介绍了平铺视口的特点及基本用法。"模型"选项卡可以分解成平铺的、不重叠的视口，在三维建模中，可以使用多个视口来提供模型的不同视图，以方便建模时观察。例如，可以设置显示主视图、俯视图、左视图和等轴测视图的视口，并且可以为每个视口定义不同的 UCS，从而更方便地在不同的视图中编辑对象。在系统默认的状态下，视口每次设置为当前视口时，都可以使用上一次作为当前视口时用到的 UCS。

　　用于三维的视口设置如图 10-84 所示，将"视口"对话框"新建视口"选项卡下的"设置"下拉列表框中的值改为"三维"选项，则"标准视口"列表显示的视口配置名称将与三维视口设置对应，如图中选择的"三个：右"，在"预览"区域显示为左侧上方为前视、下方为俯视，右侧为东南等轴测的配置，将该配置应用于例 10-1 的模型中，结果如图10-85 所示。

　　在预览区域中选中某个视口后，在"修改视图"下拉列表框中可以调整该视口的视图

种类；在"视觉样式"下拉列表框中可以调整该视口的模型显示方式。

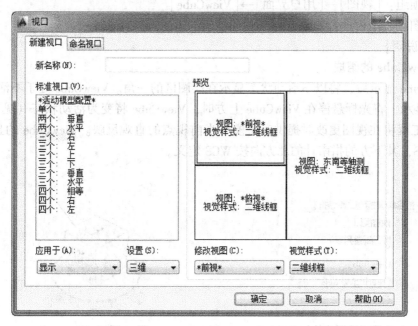

图 10-84　"新建视口"选项卡

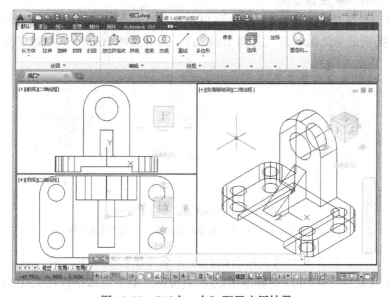

图 10-85　"三个：右"配置应用结果

10.7.2　ViewCube

【功能】ViewCube 是用户在二维模型空间或三维视觉样式中处理图形时显示的导航工具。ViewCube 在打开后是持续存在的、可单击和可拖动的界面，可用于在模型的标准与等轴测视图之间切换。

【调用方法】
- 选项组：[视图]→[用户界面]→[ViewCube]
- 绘图区视图控件：如图 10-86 所示。

【操作说明】

1. ViewCube 的组成

ViewCube 显示后，将以不活动状态显示在绘图区的一角。ViewCube 处于不活动状态时，将半透明显示。将光标悬停在 ViewCube 上方时，ViewCube 将变为活动状态（见图 10-87）。ViewCube 工具将在视图更改时提供有关模型当前视点的直观反映。ViewCube 的显示状态基于当前 UCS，其下方的指南针的北方向按 WCS 定义。

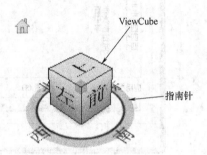

图 10-86　从绘图区视图控件打开 ViewCube　　　　图 10-87　ViewCube

2. 使用 ViewCube 更改视图

ViewCube 提供了 26 个预定义区域，可以单击这些区域更改模型的当前视图。这 26 个预定义区域按类别分为 3 组：面（见图 10-88a）、角（见图 10-88b）和边（见图 10-88c）。

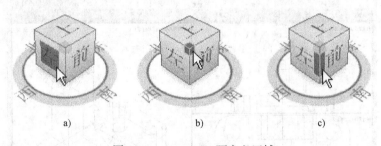

图 10-88　ViewCube 预定义区域
a）面预定义区域　b）角预定义区域　c）边预定义区域

其中，ViewCube 的 6 个面代表模型的标准正交视图：上、下、前、后、左、右，通过单击 ViewCube 上的一个面可以设置所需的正交视图。8 个角基于模型每个角的 3 个侧面，将模型的当前视图更改为 3/4 视图。12 条边是基于模型的两个侧面，将模型的视图更改为 3/4 视图。

可以通过单击 ViewCube 上的预定义区域或拖动 ViewCube 来更改模型的当前视图。

选择了一个预定义面视图时，ViewCube 附近会显示两个弯箭头图标和 4 个三角形图标（见图 10-89）。使用弯箭头可以将当前视图沿逆时针（或顺时针）绕视图中心旋转 90°。通过三角形，用户可以旋转当前视图，以显示与当前面视图相邻的面视图。

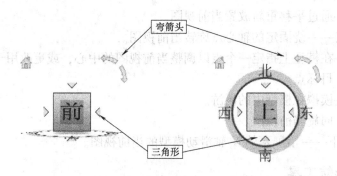

图 10-89　弯箭头和三角形图标

10.7.3　SteeringWheels

【功能】SteeringWheels 是划分为不同部分的追踪菜单。SteeringWheels 也称作控制盘，其上的各部分也称作按钮。控制盘上的每个按钮代表一种导航工具，可以以不同方式平移、缩放或操作模型的当前视图。

【调用方法】

- 绘图区视图控件：如图 10-90a 所示
- 导航栏：⊚（见图 10-90b）
- 菜单：［视图］→［SteeringWheels］
- 命令名称：NAVSWHEEL

a)

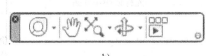

b)

图 10-90　打开 SteeringWheels

a) 绘图区视图控件　b) 导航栏

【操作说明】

三维状态下，控制盘包含 3 种类型：全导航控制盘（见图 10-91）、查看对象控制盘和巡视建筑控制盘。每种控制盘又分别包含大和小两个版本，可以通过控制盘右下角的三角按钮打开控制盘菜单切换。

下面简单介绍全导航控制盘大版本的功能：

　　　　缩放——调整当前视图的比例。

　　　　回放——恢复上一视图。用户可以在先前视图中向后或向前查看。

图 10-91　SteeringWheels
全导航控制盘

平移——通过平移重新放置当前视图。

动态观察——绕固定的轴心点旋转当前视图。

中心——在模型上指定一个点以调整当前视图的中心，或更改用于某些导航工具的目标点。

漫游——模拟在模型中的漫游。

环视——回旋当前视图。

向上/向下——沿屏幕的 Y 轴滑动模型的当前视图。

10.7.4　三维导航工具

【功能】使用鼠标操纵模型的视图，选择观察角度。

【调用方法】

- 导航栏：如图 10-92 所示
- 菜单：［视图］→［动态观察］
- 工具栏：［动态观察］

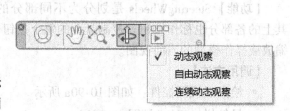

【操作说明】

当三维导航工具运行时，查看的目标保持不动，而查看点（或相机的位置）围绕目标移动。目标点是转盘的中心，而不是被查看对象的中心。运行三维导航工具命令时可以选择着色的视觉样式。

图 10-92　导航栏

三维导航工具运行时，在导航栏中选择执行不同的命令会显示不同的光标或操作界面。

使用三维导航工具可以实现的功能说明见表 10-1。

表 10-1　三维导航工具的功能

功能	光标或操作界面	说　明
动态观察		显示三维动态观察光标图标。如果水平拖动光标,则相机将平行于世界坐标系（WCS）的 XY 平面移动;如果垂直拖动光标,则相机将沿 Z 轴移动
自由动态观察		激活三维自由动态观察视图,显示一个导航球,被小圆分成 4 个区域。观察时,相机位置或视点绕目标移动。目标点是导航球的中心,而不是正在查看的对象的中心。此时使用鼠标拖动即可从各个角度观察模型。三维自由动态观察器的使用请参阅软件帮助
连续动态观察		连续地进行动态观察。在要使连续动态观察移动的方向上单击并拖动鼠标,然后松开鼠标按钮,轨道沿该方向继续移动

10.8　实体的面、边、体编辑命令简介

【功能】系统在三维模型的修改方面提供了一些实用的命令，用来编辑实体的面、边和体。下面简要介绍各种命令的功能。

【调用方法】

- 选项组：[默认]→[编辑]（见图10-93）
- 菜单：[修改]→[实体编辑]
- 工具栏：[实体编辑]

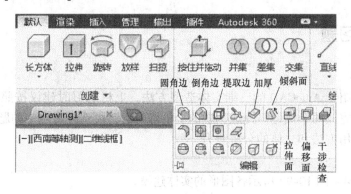

图 10-93　实体编辑选项组

- 命令名称：SOLIDEDIT

【操作说明】

1. 按住并拖动

通过拉伸和偏移动态修改对象。在选择二维对象以及由闭合边界或三维实体面形成的区域后，在移动光标时可获取视觉反馈。按住或拖动行为响应所选择的对象类型，以创建拉伸和偏移。

2. 圆角边

为实体对象的边建立圆角。

3. 倒角边

为三维实体的边和曲面的边建立倒角。

4. 提取边

为三维实体、曲面、网格、面域或子对象的边创建线框几何图形。

5. 加厚

以指定的厚度将曲面转换为三维实体。这个命令可以用于创建复杂的三维曲线式实体，步骤是：首先创建一个曲面，然后通过加厚将其转换为三维实体。

6. 倾斜面

按一个角度将面进行倾斜。倾斜角度的旋转方向由选择基点和第二点的顺序决定。正角度将往里倾斜选定的面，负角度则往外倾斜选定的面。例如，可以使圆柱变为圆锥。

7. 拉伸面

指定一个高度值和倾斜角，或沿一条路径拉伸实体平面。可以在现有实体面的基础上制

作相同截面的实体。

8. 偏移面

按指定的距离等间距偏移面，通过将现有的面从原始位置向内或向外偏移指定的距离来修改图形的尺寸。例如，可以改变实体对象上孔的尺寸，指定正值将增大实体的尺寸或体积，指定负值将减少实体的尺寸或体积。

9. 干涉检查

通过分析两组选定三维实体之间的干涉区域来创建临时的三维实体。

★ 在软件的"三维建模"工作空间中提供了更为丰富的实体建模和编辑功能。

上机指导及习题

1. 上机指导

本章简要介绍了 AutoCAD 的三维实体造型方法。上机练习时建议按照讲解顺序依次练习各命令，然后完成两个例题。完成例题的上机练习后，再选择习题中的题目练习，以进一步掌握命令的使用方法和立体的分析能力。

2. 习题

完成图 10-94～图 10-99 所示各图形的实体建模。

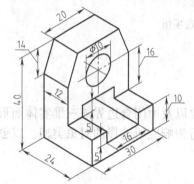

图 10-94　习题图一

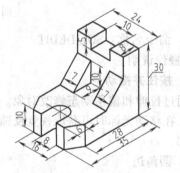

图 10-95　习题图二

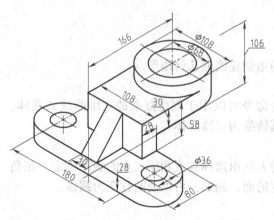

图 10-96　习题图三

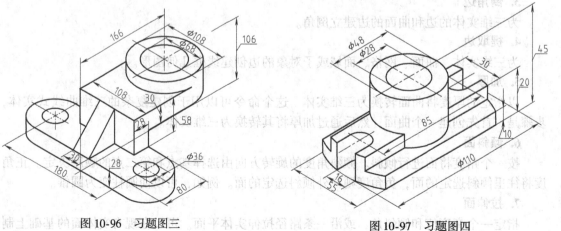

图 10-97　习题图四

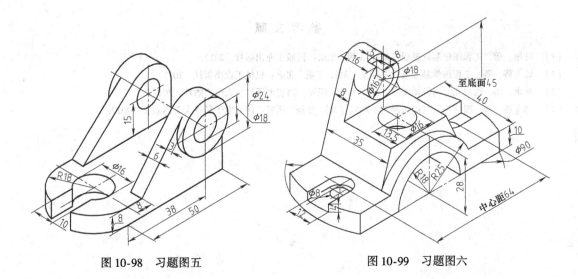

图 10-98　习题图五　　　　　　　图 10-99　习题图六

参 考 文 献

[1] 叶琳，等. 工程图学基础教程 [M]. 3 版. 北京：机械工业出版社，2013.

[2] 邱龙辉，等. 工程图学基础教程习题集 [M]. 3 版. 北京：机械工业出版社，2013.

[3] 叶琳，等. 画法几何与机械制图 [M]. 2 版. 西安：西安电子科技大学出版社，2012.

[4] 邱龙辉，等. 画法几何与机械制图习题集 [M]. 2 版. 西安：西安电子科技大学出版社，2012.

《AutoCAD 2014 工程制图》

(第3版)

邱龙辉　主编

读者信息反馈表

尊敬的老师:

您好! 感谢您多年来对机械工业出版社的支持和厚爱! 为了进一步提高我社教材的出版质量, 更好地为我国高等教育发展服务, 欢迎您对我社的教材多提宝贵意见和建议。另外, 如果您在教学中选用了本书, 欢迎您对本书提出修改建议和意见。

机械工业出版社教育服务网网址: http://www.cmpedu.com

一、基本信息

姓名: _____　性别: _____　职称: _____　职务: _____

邮编: _____　地址: _____

任教课程: _____

电话: _____ — _____ (H) _____ (O)

电子邮箱: _____　手机: _____

二、您对本书的意见和建议

(欢迎您指出本书的疏误之处)

三、您对我们的其他意见和建议

请与我们联系:

邮编及地址: 100037　北京市西城区百万庄大街 22 号　机械工业出版社·高等教育分社　舒恬　收

电话: 010—8837 9217　　传真: 010—6899 7455

电子邮件: shutianCMP@gmail.com